자가용/사업용/운송용 조종사를 위한

항공교통안전공단 시행
항공종사자 자격증명 학과시험 문제집

VOL. 3

항공기상

필기

편집부 엮음

항공출판사

Preface

　1903년 12월 17일 미국의 라이트형제가 인류 최초로 동력비행을 실시한 이후 비행기의 성능은 급속도로 발전하였습니다. 특히 최초의 제트여객기인 B707 항공기가 1954년 2월 승객 100명을 태우고 비행에 성공하여 대형기의 실용화 시대의 막을 열어 주었습니다. 이어 점보제트기의 보급률 증가와 고속화로 대량수송이 가능하게 되었으며, 비행기의 설계, 제작기술 및 생산력의 향상 등 항공기술의 모든 분야에 걸쳐 급격한 발전을 이룩하였습니다.

　우리나라는 1969년 3월 대한항공공사를 민영화하여 오늘날의 대한항공을 설립하였으며, 이후 본격적인 민항공시대로 돌입하여 국제경쟁력을 갖춘 항공운송산업이 발전하는 계기가 되었습니다. 국내 항공운송시장은 2009년 항공운송사업 면허체계 개정으로 국내/국제 항공운송사업과 더불어 소형항공운송사업을 규정함으로써 다양한 항공운송시장의 설립 토대를 마련하였으며, 우리나라의 경제발전과 더불어 세계적인 항공사로 성장하였습니다.

　항공기 제작산업을 살펴보면 1991년 창공-91이 국내기술로 개발한 첫 공식 승인 비행기입니다. 한국 최초의 고유 모델 항공기인 'KT-1'은 터보프롭엔진을 장착한 공군 초등 기본훈련기로 1988년에 개발이 결정되어 1996년에 시험비행을 성공한 후 1999년부터 양산되었으며, 이후 대량 생산되어 외국에도 수출되었습니다. 2002년에는 한국항공우주산업(KAI)이 개발한 초음속 고등 훈련기인 'T-50'의 시험비행에 성공했습니다. 미국의 록히드 마틴과 같은 외국 기술의 도움을 상당히 받긴 했지만, 우리나라는 아음속(亞音速) 비행기와는 차원이 다른 고도의 기술집약체인 초음속 고유 모델 항공기의 세계 12번째 생산국이 된 것입니다. 이후 노후화된 UH-1, 500MD를 대체하기 위해 2006년 6월에 한국형 중형 기동 헬리콥터인 KUH(수리온) 개발에 착수하였고, 2010년에 초도비행에 성공하여 2012년 12월부터 실전 배치되었습니다.

　또한 2021년 4월에는 최초의 국산 전투기인 'KF-21 보라매' 시제기 1호가 출고되었으며, 2022년 7월 초도비행에 성공하였습니다. KF-21 사업은 대한민국의 자체 전투기 개발능력 확보 및 노후 전투기 대체를 위해 추진 중인 공군의 4.5세대 미디엄급 전투기 개발사업입니다. 오는 2026년 6월까지 지상·비행시험을 거쳐 KF-21 개발을 완료하면 우리나라는 세계 8번째 초음속 전투기 독자 개발 국가가 될 전망입니다.

이러한 국내 항공관련 산업 전반에 걸친 확대와 폭넓은 발전에 따라 항공종사자의 역할과 수요도 갈수록 커지고 있습니다.

　차후 항공업계에 진출하기 위해 항공종사자 자격증명시험(조종사)을 준비하고 있는 예비 조종사들이나 현재 항공업계에 재직중인 현직 조종사들이 운송용/사업용/자가용 조종사 학과시험 과목인 항공기상을 공부하는 데 있어서 본서가 도움이 되기를 바라며, 본서의 특징을 들면 다음과 같습니다.

1. 전체 내용을 제1편-항공기상학, 제2편-항공기상 예보 및 관측으로 구분하여 장절을 구성하고, 항공종사자 자격증명시험 항공기상 학과시험의 과목별 세목에 해당하는 내용을 수록하였습니다.
2. 장마다 학과시험에 주로 출제되는 주요 내용을 요약하여 수록하였습니다. 또한 각 장의 말미에 지난해 기출문제를 분석한 총 600여 문항의 출제예상문제를 수록하여 자격증명시험의 출제경향을 파악하고, 이에 대비할 수 있도록 구성하였습니다. 출제예상문제의 추천하는 학습방법은 다음과 같습니다.
   - 적당한 크기의 시트지를 준비하여 문제 아래에 있는 해설 및 정답을 가립니다.
   - 정답을 보지 않고 문제를 풉니다. 먼저 답지를 보고 정답만 알아서는 안됩니다.
   - 틀린 문제에는 체크를 하고, 해설을 확인하여 관련 내용을 숙지합니다.
   - 예상문제를 전부 풀었다면 틀렸던 문제는 다시 풀어봅니다. 틀렸던 문제를 다시 틀리지 않도록 주의를 기울이는 것이 무엇보다 중요합니다.
3. 출제빈도가 높은 문제 위주로 13회 분량(325문제)의 모의고사를 출제하여 본인의 실력 정도를 테스트해 볼 수 있도록 하였습니다. 또한 문제마다 해설을 수록하여 정답/오답의 관련 내용을 파악하여 이해도를 높일 수 있도록 하였습니다.

　끝으로 본서를 발간할 수 있도록 예상문제 및 모의고사의 출제, 편집, 교정/교열과 검수, 그리고 출판에 이르기까지 모든 부분에 걸쳐 도움을 주신 분들에게 깊은 감사의 말씀을 드립니다.

편집부

Table of Contents

I 항공기상학

제1장. 항공기상 일반
- 제1절. 대기 ··6
- 제2절. 기상일반 ···13
- 출제예상문제 ···22

제2장. 항공기상 이론
- 제1절. 바람(Wind) ···41
- 제2절. 구름과 강수 ··45
- 제3절. 안개(Fog) ···48
- 제4절. 기단과 전선 ··51
- 출제예상문제 ···57
- 제5절. 뇌우와 번개 ··76
- 제6절. 착빙(Icing) ··79
- 제7절. 태풍 ···83
- 제8절. 난기류(Turbulence) ··86
- 출제예상문제 ···94

II 항공기상 예보 및 관측

제1장. 항공기상 예보
- 제1절. 일기도(Weather Chart) ···120
- 제2절. 항공기상 예보 ··126
- 출제예상문제 ···134

제2장. 항공기상 관측 및 보고
- 제1절. 항공기상 관측 ··152
- 제2절. 항공기상 보고 ··160
- 제3절. 항공기상 정보 ··161
- 출제예상문제 ···163

III. 모의고사

항공종사자 자격증명시험(항공기상) 제1회 모의고사 …………………………183
항공종사자 자격증명시험(항공기상) 제2회 모의고사 …………………………188
항공종사자 자격증명시험(항공기상) 제3회 모의고사 …………………………192
항공종사자 자격증명시험(항공기상) 제4회 모의고사 …………………………196
항공종사자 자격증명시험(항공기상) 제5회 모의고사 …………………………201
항공종사자 자격증명시험(항공기상) 제6회 모의고사 …………………………206
항공종사자 자격증명시험(항공기상) 제7회 모의고사 …………………………211
항공종사자 자격증명시험(항공기상) 제8회 모의고사 …………………………216
항공종사자 자격증명시험(항공기상) 제9회 모의고사 …………………………221
항공종사자 자격증명시험(항공기상) 제10회 모의고사 ………………………226
항공종사자 자격증명시험(항공기상) 제11회 모의고사 ………………………231
항공종사자 자격증명시험(항공기상) 제12회 모의고사 ………………………236
항공종사자 자격증명시험(항공기상) 제13회 모의고사 ………………………241

항공기상 (Aviation Weather)

PART 1

항공기상학

- 항공기상 일반
- 항공기상 이론

1 항공기상 일반

제1절 대기

1. 기상요소

어느 특정 지점에 있어서 특정 시각의 대기상태를 나타내는데 필요한 요소를 기상요소라고 한다. 주요 기상요소로는 기온, 기압, 습도, 풍향, 풍속과 강수량 등이 있다.

태양 에너지는 지구에서 물질 순환과 기상 변화를 일으키는 근본 원인이 된다. 기상현상은 주로 대류권 내의 대기 중에서 일어나고 있으며, 이는 지구 에너지 수지(收支)와 관련된다. 지구는 태양 에너지를 받아 다시 방출함으로써 전체적으로 에너지의 균형을 이루고 있으나 지역적으로는 불균형 상태에 놓여 있다. 이 불균형을 해소하기 위해 에너지가 큰 적도지역에서 작은 극지역으로 에너지의 이동이 일어나고 있으며, 이를 통해 전 지구적인 에너지의 균형이 이루어지고 있다. 이러한 에너지의 이동 중 많은 부분이 주로 대기에 의해 일어나고 있으며, 이는 대기 중에서 발생하는 모든 기상현상을 통해 나타난다.

2. 대기의 성분

대기는 끊임없이 변화하고 있는 복잡한 혼합기체로서 그 성분은 시간과 장소에 따라 다르다. 그러나 수증기를 제외한 건조공기의 성분은 거의 일정한 비율로 구성되어 있으며, 해발고도에서 건조공기의 주성분은 다음 표 1-1과 같다.

표 1-1. 해발고도에서 건조공기의 주성분 (ICAO)

기 체	분자 기호	체적비(%)
질소(Nitrogen)	N_2	78.09
산소(Oxygen)	O_2	20.95
아르곤(Argon)	Ar	0.93
이산화탄소(Carbon dioxide)	CO_2	0.03
기타	-	0.01

3. 대기권의 분류

가. 대류권(Troposphere)

대류권은 지표면으로부터 평균 고도 11 km(36,000 ft) 사이에 있는 최하층으로서, 기온은 고도가 증가함에 따라 약 6.5℃/km의 비율로 감소하고 풍속은 높이에 따라 증가한다. 이 층은 불안정한 층이며 공기 분자, 수증기 및 기타 불순물이 다량 존재한다. 난기류나 대류작용으로 인한 수직운동이 활발하므로 강수와 같은 기상현상을 비롯해서 온대저기압, 전선, 태풍 등 일기변화를 초래하는 거의 모든 대기운동이 이 대류권 내에서 일어난다.

대류권계면은 대류권과 성층권 간의 대기의 전이층(transition layer)이다. 대류권계면의 특징은 기온감률의 급격한 변화가 있다는 것이다. 대류권계면 고도, 즉 대류권의 높이는 적도 지방에서 가장 높고 고위도 지방으로 갈수록 낮아지며, 계절과 위도에 따라 변한다. 같은 위도일 때에는 여름철에 높고 겨울철에 낮다. 대류권계면의 평균 고도는 적도 부근에서는 약 16~18 km, 극 지방에서는 약 6~8 km 정도이며, 중위도 지방에서는 약 10~12 km 정도가 된다. 대류권계면의 온도는 적도 부근에서는 -75℃, 극 지방에서는 -55~-45℃ 정도이다.

나. 성층권(Stratosphere)

대류권계면에서부터 고도 약 50 km까지의 대기층이다. 성층권은 기온이 일정하다가 어느 고도 이상에서부터 고도에 따라 기온이 증가하는데, 이는 고도 약 15~40 km에 존재하는 오존이 태양의 자외선을 흡수하기 때문이다. 특히 고도 약 25 km를 중심으로 오존이 밀집되어 있는데, 이 층을 오존층(ozone layer)이라 한다.

성층권은 대단히 안정한 층이며, 대류권과 같은 대류현상이 없으므로 일기변화도 거의 없다. 그러나 가끔 권운이나 진주모운이 나타나기도 한다.

다. 중간권(Mesosphere)

중간권은 성층권계면 상층에서부터 높이 약 80 km 정도까지의 층으로 적외복사에 의해 열을 잃기 때문에 고도의 증가에 따라 기온이 감소하는 경향을 보이는 층이다.

중간권과 열권의 경계인 중간권계면은 대기권 내에서 가장 낮은 기온을 나타낸다. 이곳의 기온은 약 -90℃ 정도이나 때때로 -130℃까지 내려가기도 한다.

라. 열권(Thermosphere)

열권은 온도가 고도에 따라 상승하는 층으로 중간권 위의 층이다. 열권에 있는 질소나 산소가 자외선을 흡수하기 때문에 온도가 높아지며, 대체로 고도 약 200 km까지는 온도가 급격히 상승하지만 그 위에서는 서서히 상승한다.

열권의 하부에는 희박한 대기가 태양의 자외선과 X선에 의해 강하게 전리되는 전리층(D, E 및 F층)이 있다. 이 전리층에서는 전파가 반사되는 현상이 일어나며, 이 현상은 원거리 통신을 가능하게 한다.

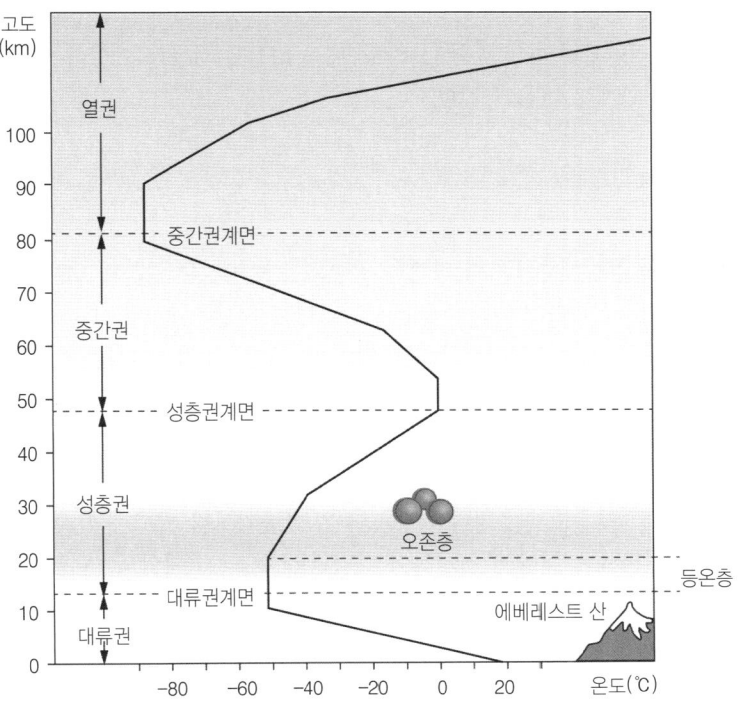

그림 1-1. 대기권의 수직구조

4. 국제표준대기(ISA)

가. 국제표준대기(ISA : International Standard Atmosphere)

대기 중을 비행하는 항공기의 비행특성이나 성능은 대기의 물리적 상태량인 기온, 기압, 밀도 등에 좌우되며 이들 상태량은 시간, 장소, 고도에 따라 변화된다. 따라서 국제민간항공기구(ICAO)에서는 항공기의 설계, 운용에 기준이 되는 대기상태를 정하였는데, 이것을 국제표준대기 또는 표준대기라 한다.

나. 국제표준대기의 조건

(1) 공기는 건조공기로서 이상기체의 상태방정식을 만족해야 한다.
(2) 표준 해면고도의 기압, 밀도, 온도 및 중력가속도는 다음과 같이 정한다.
- 기압(P_0)=760 mmHg=29.92 inHg=1013.25 hPa[mb]=14.7 psi=10332.3 kg/m^2
- 밀도(ρ_0)=0.12492 kg·s^2/m^4
- 온도(t_0)=15℃=59°F=288.16K
- 중력가속도(g_0)=9.8066 m/s^2=32.1742 ft/s^2
- 음속(a_0)=340.429 m/s

(3) 고도 11 km까지는 기온이 1,000 m 당 6.5℃(1,000 ft 당 약 2℃)의 일정한 비율로 감소하고, 그 이상의 고도에서는 -56.5℃로 일정한 기온을 유지한다고 가정한다. 이와 같이 고도가 높아짐에 따라 기온이 감소하는 비율을 표준기온감률(standard temperature lapse rate)이라고 한다.
(4) 대기압은 고도 10,000 ft 까지 1,000 ft 당 약 1 inHg의 비율로 감소한다.

5. 기압(Atmospheric Pressure)

가. 기압의 단위

우리나라는 1993년부터 기압의 단위로 mb 대신 hPa을 사용하고 있다. 밀리바(mb)와 헥토파스칼(hPa) 단위 간의 관계는 다음과 같다.

$$1 [mb] = 100 [Pa] = 1 [hPa]$$

나. 기압의 변화

(1) 기압의 일변화

기압은 기온이나 상대습도처럼 명확한 일변화를 보이지는 않으나 하루 중 기압의 극대값이 나타나는 시간은 9시와 21시경이고, 극소값이 나타나는 시간은 4시와 16시경이다. 기압의 평균 일교차는 적도부근에서 3~4 hPa, 중위도에서 2 hPa, 그리고 고위도에서는 0.3~0.4 hPa 정도로 고위도로 갈수록 작게 나타난다.

(2) 기압의 연변화

육지는 바다에 비하여 비열이 작으므로 여름에는 더워지기 쉽고 겨울에는 냉각되기 쉽다. 이로 인해 겨울에는 대륙의 공기가 냉각되어 바다 위의 공기보다 밀도가 커지므로 대륙에 고기압이 나타나고, 반대로 여름에는 대륙에 저기압이 나타난다. 따라서 기압의 연변화는 해양보다 대륙에서 더 크게 나타난다.

(3) 기압의 수직변화

대기압은 고도 10,000 ft 까지 1,000 ft 당 약 1 inHg의 비율로 감소하며, 18,000 ft에서의 대기압은 해면 대기압의 약 1/2 이다. 고도가 높아질수록 초기에는 기압이 급격히 감소하다가 어느 정도의 고도에 도달하면 기압의 감소율은 비교적 완만해진다.

다. 기압과 고도
(1) 고도의 종류
  항공기의 고도는 그림 1-2와 같이 구분할 수 있는데, 항공기로부터 그 당시의 지형까지의 고도를 절대고도, 해면상에서부터의 고도를 진고도, 그리고 기압 표준선, 즉 표준대기압 해면(29.92 inHg)으로부터의 고도를 기압고도라 한다. 이외에도 표준대기의 밀도에 상당하는 고도를 나타내는 밀도고도 등이 있다.

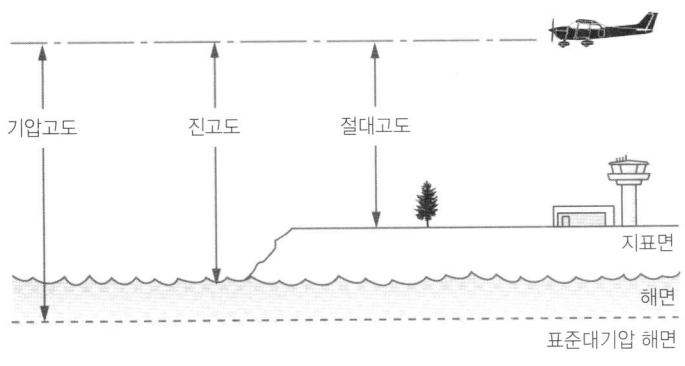

그림 1-2. 고도의 종류

(가) 절대고도(absolute altitude)
  지표면으로부터의 높이를 말하며, AGL(Above Ground Level)로 나타낸다. 비행기가 바다 위를 비행하고 있다면 해면으로부터의 높이를 나타내고, 산악지역 위를 비행하고 있다면 산악 표면으로부터의 높이를 뜻한다.
(나) 진고도(true altitude)
  평균 해수면으로부터의 높이를 말하며 MSL(Mean Sea Level)로 나타낸다. 표준 대기상태에서는 진고도와 기압고도가 동일하다. 그러나 표준 대기상태는 없다고 봐도 무방하기 때문에 비표준 대기상태를 수정한 수정고도라 볼 수 있다.
(다) 기압고도(pressure altitude)
  기압고도는 표준 대기조건에서 표준 기준면(standard datum plane)으로부터의 표고(elevation)를 측정한 것이다. 즉 고도계를 표준 대기압인 29.92 inHg로 맞추었을 때 고도계가 지시하는 고도이다.
(라) 밀도고도(density altitude)
  밀도고도는 공기의 밀도에 따른 고도를 의미한다. 온도가 높아짐에 따라 공기는 팽창되어 밀도는 희박해지고 이에 따라 밀도고도는 높아진다. 반대로 온도가 낮아짐에 따라 공기는 수축되면서 공기의 밀도는 증가하고 밀도고도는 낮아진다. 다시 말하면 공기의 밀도가 낮으면 밀도고도는 높아지면서 항공기 성능이 감소하고, 반대로 공기의 밀도가 높으면 밀도고도는 낮아지면서 항공기 성능이 증가한다.
(마) 지시고도(indicated altitude)
  현재 고도 수정치를 맞추어 수정했을 때 고도계가 지시하는 고도이며, 이를 계기고도라고도 한다. 고도계는 해수면의 대기상태가 국제표준 대기상태(ISA)의 온도인 15℃를 측정기준으로 하고 있다.

(2) 고도계 오차

동일한 기압지역에서 지시되는 고도가 같더라도 온도와 같은 주변 대기의 상태에 따라 실제 비행고도는 다르게 된다. 표준 대기상태보다 온도가 높은 지역에서의 실제 비행고도는 고도계가 지시하는 것보다 더 높으며, 온도가 낮은 지역에서는 고도계가 지시하는 것보다 더 낮아지게 된다. 즉 기온이 표준기온보다 높은 지역에서는 지시고도가 진고도보다 낮고, 추운 지역에서는 지시고도가 진고도보다 높다.

항공기가 고기압 지역에서 비행을 하다가 저기압 지역으로 들어가게 되면, 계기의 아네로이드(aneroid)가 외부 공기압에 따라 변하게 되므로, 조종사는 해당 지역의 기압에 맞게 고도계를 다시 설정(altimeter resetting)하여야 한다. 조종사가 고도계 설정을 하지 않았을 경우 항공기의 진고도는 지시고도보다 낮게 되어 지면과 충돌할 위험이 존재하게 된다. 반대로 저기압 지역에서 고기압 지역으로 들어가게 되면 항공기의 진고도는 지시고도보다 높아지게 된다.

(3) 고도계 설정(altimeter setting)

고도계 수정치는 특정기준 고도면으로부터 고도를 구하기 위하여 사용하는 것으로, 사용목적과 기준고도의 차에 따라 다음과 같이 구분하여 사용한다.

(가) QNH

조종사가 관제탑에서 제공하는 기압수정치로 기압고도계를 설정하는 방식이다. QNH값을 기준으로 기압고도계를 설정한 항공기가 공항의 공식 표고지점 위에 있을 때 기압고도계는 공항의 공식 표고값을 나타내게 된다. 우리나라는 14,000 ft 이하에서 비행할 때 사용하며, 장거리 비행을 하는 경우 가까운 비행장에서 제공하는 고도계 수정치로 설정하고 비행을 하여야 한다.

(나) QFE

항공기가 활주로의 공식 표고값 또는 착지지점으로부터의 고도를 표시하도록 기압고도계를 현지기압으로 설정하는 방식이다. QFE값을 기준으로 고도계를 설정한 항공기가 공항의 공식 표고지점 위에 있을 경우 기압고도계의 값은 "0"으로 나타난다. 관제탑이 없는 비행장에서 주로 장주비행이나 한정된 지역에서 비행을 할 경우 사용한다.

(다) QNE

QNE는 기압고도계의 고도계 지시값 "0"을 표준대기 29.92 inHg에 맞추는 고도계 수정치이며, 일반적으로 이것을 기압고도라고 한다. 대양상공을 비행하거나 특정고도 이상의 고공을 비행할 때에는 QNE를 사용한다. 우리나라에서는 14,000 ft 이상을 비행할 때 사용한다.

6. 기온과 습도

가. 기온(Temperature)

(1) 기온의 단위

기온의 단위에는 여러 가지가 있으나 가장 많이 쓰이는 것은 섭씨(℃)와 화씨(°F)이다. 섭씨와 화씨 간의 환산공식은 다음과 같다.

$$°F = \frac{9}{5}℃ + 32, \quad ℃ = \frac{5}{9}(°F - 32)$$

(2) 관련 용어

(가) 건구온도(dry-bulb temperature)

온도계의 수감부를 햇볕이 직접 닿지 않게 공기 중에 노출시켜서 측정한 온도, 즉 보통 온도계

가 가리키는 온도
 (나) 습구온도(wet-bulb temperature)
　　온도계의 수감부를 헝겊으로 싼 후 물에 적시면 물이 증발하면서 주위의 열을 흡수하여 온도가 낮아지고 주위기온보다 더 낮은 값을 나타내게 된다. 이때의 온도를 습구온도라고 한다.
 (다) 대류온도(convective temperature; Tc)
　　일사에 의한 가열로 지표 부근 공기의 온도가 올라가면 공기 덩어리가 상승하면서 대류가 발생하고 대류운이 형성된다. 지표 부근의 온도가 상승하여 대류운을 형성시키기 시작하는 지상온도를 대류온도라 한다.
 (라) 온위(potential temperature)
　　어떤 압력의 건조공기를 단열변화에 의해 1,000 hPa의 표준기압으로 바꾸었을 때 나타나는 온도이다.
(3) 기온의 변화
 (가) 기온의 일변화
　　기온의 일변화란 지구가 자전함으로써 나타나는 하루 동안의 온도변화를 말한다. 낮 동안에는 입사하는 태양복사량이 지구복사량보다 많으므로 지구표면이 데워지고, 밤에는 태양복사가 사라지고 지구복사는 계속되므로 지구표면이 식는다. 따라서 기온은 일출 직전에 가장 낮고, 낮에 해가 일사를 받으면서 점점 높아진다. 태양이 최고점을 지나서도 아직은 공기가 복사열을 흡수하는 양이 방출하는 양보다 많아서 기온은 계속 상승하여 14시경에 가장 높아진다.
　　하루 중 최고기온과 최저기온의 차를 일교차(daily range)라고 하며, 지형이나 기후 등 여러 가지 요소에 따라 일교차의 폭이 달라진다. 기온의 일교차는 고위도 지방이 저위도보다 크다. 분지는 평지보다, 내륙은 해안 지방보다, 그리고 낮은 벌판은 높은 산보다 큰 것이 보통이다. 일반적으로 흐리거나 비가 오는 날, 즉 운량과 습도가 많을수록 일교차가 적으며 바람이 약할수록 일교차가 커진다.
　　특히, 사막과 같은 모래땅에서는 일교차가 커서 열대사막에서는 낮에 30℃를 넘는 고온이 되고, 밤에는 빙점 이하로 기온이 하강한다.
 (나) 기온의 연변화
　　기온의 연변화는 일변화와 같은 원인으로 인하여 1월이 가장 낮고 7~8월이 가장 높다. 일사는 하지(6월 21일경)에 최대가 되나 기온은 상승을 계속하여 일사가 지면복사와 같을 때, 즉 7월경에 최고가 된다. 또 일사는 동지(12월 22일경) 때 최소가 되나, 기온은 1월경에야 최저가 나타나는 것은 일변화 때와 같다.
 (다) 기온의 수직변화
　　기온은 고도의 변화에 따라 변한다. 대류권 이내에서는 고도의 증가와 더불어 일률적으로 체감하나 그곳으로부터 50 km 고도까지는 점차로 기온이 상승한다.
　① 건조단열감률(dry adiabatic lapse rate): 포화되지 않은 공기가 상승 또는 하강하면서 주위의 기압변화에 따라 온도가 단열적으로 변화하는 것. 1℃/100 m(3℃/1,000 ft)
　② 습윤단열감률(moist adiabatic lapse rate): 수증기로 포화된 공기가 상승 또는 하강하면서 주위의 기압변화에 따라 온도가 단열적으로 변화하는 것. 0.5℃/100 m(1.6℃/1,000 ft)
　③ 평균기온감률(mean temperature lapse rate): 0.6℃/100 m(2℃/1,000 ft)

나. 습도(Humidity)
  (1) 절대습도(absolute humidity)
    1m³ 공기 중에 포함되어 있는 수증기의 g수를 말한다.
  (2) 상대습도(relative humidity)
    단위 체적 내의 수증기압과 그 시점의 온도에 해당하는 포화 수증기압의 백분율, 또는 포화 혼합비에 대한 현재의 혼합비의 백분율을 상대습도라 한다.
  (3) 혼합비(mixing ratio)와 비습(specific humidity)
    건조공기 1 kg과 공존하고 있는 수증기의 g수를 혼합비라 하며, 비습(specific humidity)은 1 kg의 습윤공기 속에 포함된 수증기의 질량(g)을 말한다.
  (4) 노점온도(露點, dew point temperature)
    노점온도 또는 이슬점온도는 공기가 포화되어 수증기가 응결할 때의 온도를 말하거나, 불포화 상태의 공기가 냉각될 때 포화되어 응결이 시작되는 온도를 말한다.

7. 물의 상변화(Phase change)

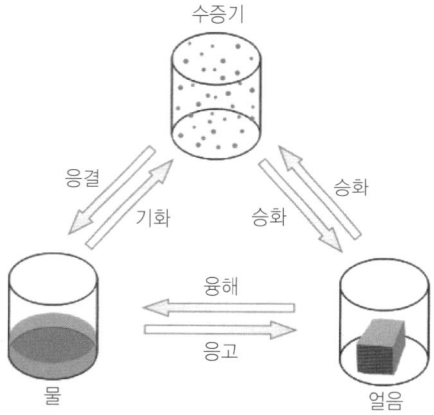

그림 1-3. 물의 상변화(Phase change)

일반적으로 물질은 고체, 액체, 기체 중 한 가지의 형태를 취한다. 그러나 물은 상온에서 쉽게 기체, 액체, 고체의 상태로 변화할 수 있다. 고체에 열을 가하면 분자의 운동이 활발해져 융해되며, 계속해서 열을 가하면 기체로 변한다. 반대로 기체를 냉각시키면 액체, 고체로 환원된다. 이와 같은 변화를 상변화(相變化 : phase change)라고 한다.

물이 한 가지 형태에서 다른 형태로 변화할 때는 에너지를 흡수하거나 방출한다. 기체에서 액체로 상태가 변화하는 과정을 응결이라고 한다. 응결이 일어나기 위해서는 물 분자는 증발하는 동안 흡수하였던 열에너지와 같은 양의 에너지를 방출해야 한다. 이와는 반대로 액상의 물에서 기체로 전환되는 과정을 기화(증발)라고 하며, 기화가 일어나기 위해서는 에너지를 흡수해야 한다.

또 기체나 액체에서 고체로 상태가 변화되는 경우에는 에너지를 방출해야 하며, 고체가 기체나 액체로 상태가 변화되는 경우에는 에너지를 흡수해야 한다.

제2절 기상일반

1. 대기의 안정도

가. 단열변화

(1) 단열팽창: 공기가 상승하면 대기압이 낮아지므로 공기가 점점 팽창되어 단열팽창이 일어난다. 팽창되는 공기는 주위의 공기를 밀어내는 일을 하므로 내부에너지를 잃어서 냉각된다.

(2) 단열압축: 공기가 하강하면 대기압이 높아지므로 공기가 점점 압축되어 단열압축이 일어난다. 압축되는 공기는 주위의 공기가 일을 해준 결과이므로, 그 만큼의 에너지를 얻어 기온이 상승한다.

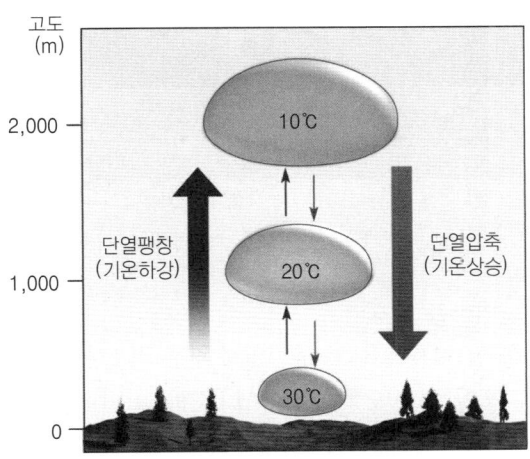

그림 1-4. 단열변화

나. 대기의 안정도(atmospheric stability)

(1) 대기의 안정과 불안정

(가) 안정(stable)

대기가 불포화된 경우 높이에 따른 기온감률이 건조단열감률보다 작으면 대기는 안정 상태이다. 어떤 원인에 의해 상승 또는 하강하게 된 공기는 다시 원래의 위치로 되돌아가려고 한다. 따라서 공기의 상승 또는 하강 작용이 잘 일어나지 못하므로 안정된 상태가 된다.

안정 상태에서는 수평 방향으로 넓게 퍼진 층운형 구름이나 안개가 생긴다. 연무나 연기에 의해 시정은 나쁘며, 간헐적이거나 지속적인 강수가 나타날 수 있다.

(나) 불안정(unstable)

높이에 따른 기온감률이 건조단열감률보다 크면 대기는 불안정 상태이다. 어떤 원인에 의해 상승 또는 하강하게 된 공기는 계속 상승하거나 계속 하강하려고 하므로 대기는 불안정한 생태가 된다.

불안정 상태에서는 수직으로 발달한 적운형의 구름이 생긴다. 시정은 대체로 양호하며, 소나기성 강수가 나타날 수 있다.

(다) 중립(neutral)

높이에 따른 기온감률과 건조단열감률이 같으면 대기는 중립 상태이다. 어떤 원인에 의해 상승 또는 하강하게 된 공기는 그 위치에 머무르려고 한다.

(라) 절대 안정

높이에 따른 기온감률이 건조단열감률과 습윤단열감률보다 작으면 포화여부와 관계없이 대기는 절대 안정 상태가 된다. 어떤 원인에 의해 상승 또는 하강하게 된 공기는 언제나 원래의 위치로 되돌아가서 안정해 진다.

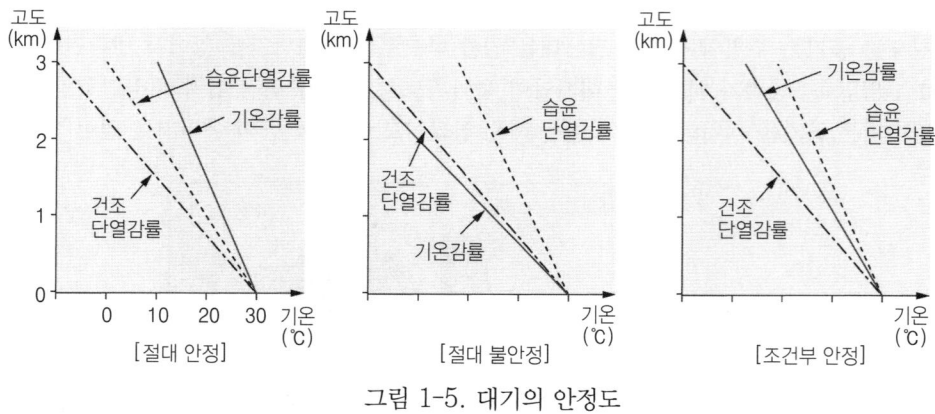

그림 1-5. 대기의 안정도

(2) 안정과 불안정의 단열감률 비교

실제 대기의 기온(단열)감률(LR; lapse rate)을 γ, 건조단열감률(DALR; dry adiabatic lapse rate)을 γ_d, 그리고 포화(습윤)단열감률(SALR; saturated adiabatic lapse rate)을 γ_s 라고 할 때 안정과 불안정의 단열감률을 비교하면 다음과 같다.

표 1-2. 안정과 불안정의 단열감률 비교

구 분	단열감률 비교	비 고
조건부 (불)안정	$DALR(\gamma_d) > LR(\gamma) > SALR(\gamma_s)$	• 불포화 상태(건조 상태) : 안정 • 포화 상태 : 불안정
절대 불안정	$LR(\gamma) > DALR(\gamma_d)$ 또는 $LR(\gamma) > DALR(\gamma_d) > SALR(\gamma_s)$	포화여부 관계없음
중립	$LR(\gamma) = DALR(\gamma_d)$ 〔건조 중립〕 $LR(\gamma) = SALR(\gamma_s)$ 〔포화 중립〕	건조 상태 포화 상태
절대 안정	$LR(\gamma) < SALR(\gamma_s)$ 또는 $LR(\gamma) < SALR(\gamma_s) < DALR(\gamma_d)$	포화여부 관계없음

(3) 불안정 대기의 식별

불안정 대기의 몇 가지 식별법을 들면 다음과 같다.

(가) 뇌우(thunderstorm)는 격렬한 불안정 대기의 증거이므로 피해야 한다.

(나) 소나기나 상방에 심히 발달하는 구름은 강한 상승기류와 난기류의 존재를 의미한다. 가능한 한 멀리 떨어져야 한다.

(다) 맑은 날 적운은 자주 구름의 하방 및 운정(cloud top)에서 흔들릴 때가 있다. 운정은 대류의 상한이다.

(라) 먼지선풍(dust devil)은 공기가 건조하여 불안정한 증거이다.

(마) 층상운은 안정대기이나, 운저고도(ceiling)나 시정이 좋지 않아 IFR이 요구될 때가 있다.

(4) 단열선도(adiabatic chart)

단열선도는 대기의 여러 가지 열역학 과정을 쉽게 이해할 수 있도록 구성된 것으로 실제 일기예보와 악기상 분석에 이용된다. 주요 요소는 기압 및 고도, 등압선, 등온선, 포화혼합비선(수증기 함유량 표시), 건조단열선, 습윤단열선 등이며, 표준대기의 상태곡선이 중앙에 위치한다. 상태곡선(ascent curve)은 단열선도 상에 기온 또는 이슬점온도를 기압의 함수로써 기입하여 얻어지는 곡선으로 관측지점에 있어 대기의 연직구조를 나타낸다. 단열선도는 대기의 단면을 입체적으로 확인하여 대기 상태를 분석하는 목적으로 사용되며, 이를 통해 대기의 안정도를 판단할 수 있다.

(5) 쇼월터 안정도 지수(SSI; Showalter's stability index)

안정도 지수는 대기층이 정역학적으로 안정 상태인지 불안정 상태인지를 나타내는 지수로 쇼월터 안정도 지수도 그 중의 하나이다.

SSI는 쇼월터가 개발한 850~500 hPa 고도 사이의 안정도 지수의 분포를 나타내는 일기도로 기층의 불안정으로 인한 뇌우의 발달 가능성을 알아보기 위해 개발되었다. 이 안정도 지수는 아래 표 1-3과 같이 5단계로 구분되며, 지수의 값이 작을수록 불안정하다는 것을 나타낸다. SSI 값의 범위는 사용자나 관측소에 따라 약간씩 다르다.

표 1-3. 쇼월터 안정도 지수(SSI)

SSI 값	의 미	안정도
SSI > +3	소나기와 뇌우의 가능성이 거의 없다.	안정 대기
+3 ≧ SSI ≧ 0	소나기와 뇌우가 있을 수 있다.	보통의 대기 불안정
0 > SSI ≧ -3	뇌우가 있을 가능성이 많다.	
-3 > SSI ≧ -6	강한 뇌우의 가능성이 많다.	심한 대기 불안정
-6 > SSI	강한 뇌우 및 토네이도의 발생 우려가 있다.	극심한 대기 불안정

2. 대기의 순환

가. 규모와 특성

대기에서 나타나는 순환의 수평 규모는 수 mm 정도의 크기에서 지구 규모의 크기까지 다양하게 나타난다. 또한 시간적으로도 수초의 짧은 시간에서부터 몇 년에 걸쳐 나타나는 다양한 규모의 현상들이 있다. 대기 순환은 수평 및 시간 규모에 따라 미규모, 중간규모, 종관규모와 지구규모로 구분한다.

난기류와 토네이도 같은 작은 대기 순환을 미규모 순환이라고 하고, 해륙풍, 뇌우와 같은 더 큰 규모의 순환을 중간규모 순환이라고 한다. 그리고 고기압, 저기압과 같이 중간규모 순환보다 큰 순환을 종관규모 순환이라고 하며, 이들은 매일 매일의 날씨 또는 1주일간의 날씨에 커다란 영향을 미친다.

한편, 규모가 가장 큰 순환인 계절풍과 대기 대순환을 지구규모 순환이라고 하는데, 계절의 날씨를 크게 좌우한다. 지구규모 순환은 보통 수천 km의 수평규모를 가지며, 수주에서 수개월까지 지속되기도 한다. 각 순환의 규모와 기상현상은 다음과 같다.

표 1-4. 순환의 규모와 기상현상

순환 구분	순환 규모		기상현상
	수평 규모	시간 규모	
미규모	1 km 이하	수초~수분	난기류, 토네이도, 작은 소용돌이 등
중간규모	1 km~100 km	수분~수일	뇌우, 해륙풍, 산곡풍 등
종관규모	100 km~1,000 km	수일~1주	고기압, 저기압, 태풍 등
지구규모	1,000 km~10,000 km	수주~수개월, 연중	계절풍, 대기 대순환 등

나. 기압대와 바람 분포
  (1) 기압대(pressure belt)
    (가) 적도 저압대(저위도 저압대): 지표의 가열로 상승기류가 형성되어 저기압이 발생하므로 공기가 수렴한다. 기압경도력이 약해 바람이 없는 경우도 있어 적도 무풍대라고도 한다.
    (나) 아열대 고압대(중위도 고압대): 적도에서 상승한 공기는 위도 30° 지역에 이르면 냉각되어 밀도가 커져 하강기류를 이루어 아열대 고압대를 형성한다.
    (다) 고위도 저압대(한대 전선대): 극을 향하여 이동하던 온난한 편서풍과 극에서 내려오는 한랭한 극동풍이 위도 60° 부근에서 만나 온난한 공기가 위로 올라가면서 한대 전선대를 형성한다.
    (라) 극 고압대: 극지방의 냉각된 공기가 하강함으로써 쌓여서 이루어진 고압대이다.
  (2) 바람 분포
      대기 대순환으로 인해 고위도에서는 극동풍, 중위도에서는 편서풍, 그리고 저위도에서는 무역풍이 분다.

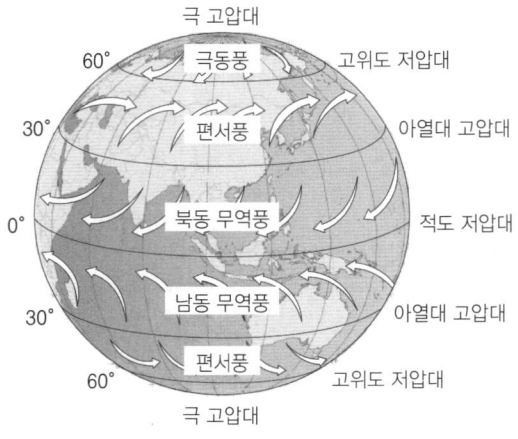

그림 1-6. 기압대와 바람 분포

    (가) 극동풍(easterlies): 극지방에서 침강한 공기는 지표를 따라 저위도 지방으로 이동하며, 이때 전향력의 영향으로 편향되어 극동풍을 이룬다.
    (나) 편서풍(westerlies): 위도 30° 부근의 아열대 고압대(중위도 고압대)에서 극으로 향하는 공기는 전향력에 의해 휘어지는데, 전향력은 고위도로 갈수록 커지므로 무역풍보다 더 많이 편향되어 북반구와 남반구에서는 서쪽으로 치우친 편서풍을 이룬다.
    (다) 무역풍(trade wind): 위도 30° 부근의 아열대 고압대(중위도 고압대)에서 적도 저압대의 동쪽으로 부는 바람이다. 아열대 고압대에서 지면에 다다른 하강기류는 지면을 따라 남북 양쪽으로 퍼져 이동하게 되는데 전향력에 의하여 북반구에서는 오른쪽으로 꺾여 북동 무역풍, 남반구에서는 왼쪽으로 꺾여 남동 무역풍이 된다.

3. 고기압과 저기압
  가. 고기압(Anticyclone)
    (1) 정의
        주위보다 기압이 높은 곳을 고기압이라고 하며, 고기압 중 기압이 가장 높은 곳을 고기압 중심이라 한다.
(2) 일반적 특성
(가) 고기압권 내의 바람은 북반구에서는 고기압 중심 주위를 시계 방향으로 회전하면서 불어나가고, 남반구에서는 반시계 방향으로 회전하면서 불어나간다.
(나) 기압경도는 고기압 중심일수록 작으므로 풍속도 중심으로 갈수록 약해진다.
(다) 고기압권 내에서는 상공에서 수렴된 공기가 하강기류가 되어 지표 부근으로 내려오기 때문에 구름이 있어도 소멸되어 일반적으로 날씨가 좋다.
(라) 고기압권 내라도 수증기가 풍부하고 수렴이 있을 때 악기상을 동반한다. 쇠약단계의 고기압 또는 고기압 후면에서 하층가열이 있을 때 대기는 불안정하여 대류성 구름이 발생하고, 심하면 소나기나 뇌우를 동반한다.

나. 저기압(Cyclone)
(1) 정의
저기압이란 일기도 상에서 닫혀있는 등압선으로 둘러싸인 주위보다 기압이 상대적으로 낮은 영역을 말한다.
(2) 일반적 특성
(가) 주위보다 기압이 낮으므로 북반구에서는 주위에서 저기압 중심을 향해 기류가 반시계 방향으로 돌면서 수렴한다.
(나) 수렴한 기류는 중심부근에서 축적되어 상승기류로 변하여 단열, 팽창, 냉각되면서 구름 및 강수가 발생하며, 상승기류가 강하고 수증기가 많을수록 악기상을 초래한다.
(다) 기압경도와 풍속은 중심일수록 크다.

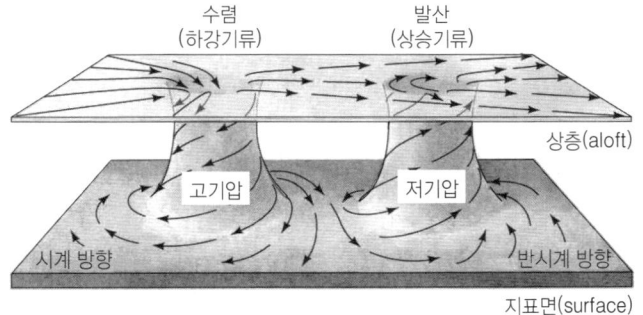

그림 1-7. 고기압과 저기압 〔북반구〕

4. 기온의 역전(Inversion)

대류권 내에서의 보통 나타나는 기온체감과 달리 고도의 증가에 따라서 기온이 같거나 높아지는 현상을 기온의 역전이라고 하며, 그 층을 역전층이라고 한다. 역전층에서는 대기가 정역학적으로 안정상태에 있고 상하의 난기류 현상이 적다. 역전층 상부에는 층상운이 나타나며, 하부에서는 연무 또는 안개로 인해 악시정을 동반하기도 한다.

기온역전의 종류에는 복사역전(radiation inversion), 침강역전(subsidence inversion), 이류역전(advection inversion) 및 전선역전(frontal inversion) 등이 있다.

가. 복사역전(radiation inversion) 또는 접지역전(ground inversion)

야간에 지면이 복사(輻射)에 의하여 냉각되기 때문에 지면 부근의 공기가 상공보다 급격하게 낮아져서 발생하는 역전으로, 지면에 접하여 발생하기 때문에 접지역전(接地逆轉)이라고도 한다.

복사역전은 주로 바람이 약하고 건조한 맑은 날 밤에 지표면이 지구 복사를 잘 방출하기 때문에 지표면이 쉽게 냉각되어 형성되며, 일출 후 지면이 가열되면 점차 사라진다.

나. 침강역전(subsidence inversion)

침강역전은 공기의 하강기류와 관련된다. 고기압 중심 부근의 대기 아래에서는 상층의 공기가 서서히 하강하게 된다. 이 하강하는 공기는 단열압축에 의해 가열되기 때문에 하층의 온도가 낮은 공기와의 경계에 기온역전을 형성하게 되며, 이를 침강역전(沈降逆轉)이라고 한다.

다. 이류역전(advection inversion)

차가운 지표상에 외부에서 따뜻한 공기가 흘러 들어왔을 때 하층의 기온이 상층의 기온보다 낮은 경우 이류에 의해 발생하는 기온역전을 이류역전(移流逆轉)이라고 하며, 전선역전도 이류역전의 일종이다.

5. 항공기의 이륙 및 착륙성능

가. 이륙 및 착륙거리에 영향을 미치는 요소

(1) 이륙거리에 영향을 미치는 요소

(가) 총무게(gross weight): 항공기 무게가 증가할수록 항공기의 가속은 느려지고, 이륙거리는 길어진다.

(나) 바람(wind): 바람은 이륙거리에 큰 영향을 미친다. 정풍은 낮은 대지속도에서 비행기가 부양속도에 도달할 수 있도록 함으로써 이륙거리를 감소시키고, 반대로 배풍은 이륙거리를 증가시킨다.

(다) 활주로 경사(runway slope): 아래로 경사진 활주로(downslope runway)는 이륙거리를 감소시키고, 위로 경사진 활주로(upslope runway)는 이륙거리를 증가시킨다.

(라) 밀도: 밀도의 감소는 엔진의 출력을 감소시키고 이륙거리를 증가시킨다. 따라서 기온과 습도가 증가하면 밀도는 감소하고 이륙거리는 길어진다.

(2) 착륙거리에 영향을 미치는 요소

(가) 총무게(gross weight): 착륙거리는 항공기 무게에 비례한다. 착륙 시에 항공기 무게가 10% 증가하면 착륙속도는 5% 증가하고, 착륙거리는 10% 증가한다.

(나) 바람(wind): 정풍은 착륙거리를 감소시키고 반대로 배풍은 착륙거리를 증가시킨다.

(다) 밀도: 표고가 높은 공항이나 밀도고도가 높은 공항에 접근 시에는 밀도가 낮아 진대기속도(TAS) 및 대지속도의 증가를 가져오고, 더 긴 착륙거리를 필요로 한다.

나. 수막현상(Hydroplaning)

(1) 수막현상의 발생

수막현상(hydroplaning)은 물이 고여 있는 활주로에 착륙하는 경우, 물의 영향으로 타이어가 활주로 표면에 완전하게 접촉되지 않아 브레이크 효과가 줄어들어 방향 안정성을 잃게 되는 현상을 말한다. 수막현상은 타이어(tire) 공기압력과 항공기 속도에 큰 영향을 받는다. 수막현상이 발생하는 속도는 항공기 무게와 타이어 압력에 비례하며, 그 크기는 $8.73 \times \sqrt{Tire\ Pressure}$ 이다. 예를 들어, 타이어의 압력이 49 psi라면 약 61 knots 이상의 속도에서 수막현상이 발생한다.

(2) 수막현상의 종류
　(가) Dynamic hydroplaning: 활주로에 물이 많고 속도가 빠를 경우 수막에 의해 타이어가 떠있는 상태일 때 발생한다.
　(나) Viscous hydroplaning: 물의 점성으로 인하여 타이어에 물이 침투할 수 없으므로 타이어가 수막 위에서 활주하기 때문에 발생하는 현상이다. 이 수막현상은 dynamic hydroplaning보다 아주 낮은 속도에서 발생할 수 있지만, 접지구역과 같이 이전의 착륙으로 인하여 축적된 타이어 자국이 있는 매끄러운 표면이 있어야 한다.
　(다) Reverted rubber hydroplaning: 젖어 있는 활주로에 접지 시 마찰력으로 물이 끓어 타이어를 녹이고, 이 유액이 타이어 홈을 메워 물을 확산시키지 못함으로써 발생한다. 주로 과도한 브레이크압 사용으로 인해 바퀴가 회전하지 않는 채로 오랜 시간 미끄러질 때 발생한다. 이러한 종류의 수막현상에 대한 대처법은 조종사가 브레이크(brake)를 밟지 않고 바퀴가 충분히 회전하게 만들어야 하며, 중간 세기로 제동을 하는 것이다.

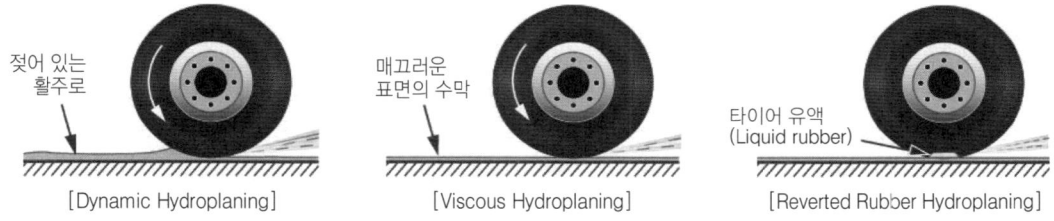

그림 1-8. 수막현상(hydroplaning)의 종류

(3) 수막현상의 예방
　수막현상의 발생이 예상되면 가능한 한 홈이 파여진 활주로에 착륙하는 것이 최선의 방법이다. 안전을 위해 접지속도는 가능한 한 낮게 유지하고, 착륙 후 바퀴가 충분히 회전할 수 있도록 브레이크를 너무 빨리 밟지 않아야 한다. Nose wheel이 활주로에 닿은 이후 중간 세기의 제동을 해야 한다. 만약 감속이 되지 않고 수막현상이 의심된다면 기수를 들고 aerodynamic drag를 이용하여 효과적으로 제동이 되는 속도까지 감속한다.

출제예상문제

Ⅰ. 대기

【문제】1. 다음 중 기상요소가 아닌 것은?
① 기압 ② 기온 ③ 일조량 ④ 습도

【문제】2. 지구의 기상에서 모든 변화의 가장 근본적인 원인은?
① 지구 표면에 받아들이는 태양 에너지의 변화
② 해수면 온도의 상승
③ 지표면 위의 공기 압력의 변화
④ 공기군(air masses)의 이동

【문제】3. 기상현상이 일어나는 원인으로 맞는 것은?
① 태양에 의한 지표면의 불균등 가열 ② 대기밀도에 따른 기압의 차이
③ 대류현상에 의한 공기의 순환 ④ 바다의 증발에 의한 수증기의 포화

【문제】4. 모든 물리적인 기상현상의 근본적인 원인은?
① 공기의 이동 ② 기압의 차이 ③ 바람 ④ 열 교환

〈해설〉 기상요소와 기상현상의 원인
1. 주요 기상요소로는 기온, 기압, 습도, 풍향, 풍속, 강수량 등이 있다.
2. 태양 에너지는 지구에서 물질순환과 기상변화를 일으키는 근본 원인이 된다. 지구는 태양 에너지를 받아 다시 방출함으로써 전체적으로 에너지의 균형을 이루고 있으나 지역적으로는 불균형 상태에 놓여 있다. 이 불균형을 해소하기 위해 에너지가 큰 적도지역에서 작은 극지역으로 에너지의 이동이 일어나고 있으며, 이를 통해 전 지구적인 에너지의 균형이 이루어지고 있다. 이러한 에너지의 이동은 대기 중에서 발생되는 모든 기상현상을 통해 나타난다.

【문제】5. 대기의 구성 요소 중 가장 많은 것은?
① 산소 ② 질소 ③ 수소 ④ 아르곤

【문제】6. 대기의 구성 비율로 맞는 것은?
① 산소 78%, 질소 21%, 기타 1% ② 산소 50%, 질소 50%, 기타 1%
③ 산소 21%, 질소 1%, 기타 78% ④ 산소 21%, 질소 78%, 기타 1%

【문제】7. 대기의 구성 비율 중 틀린 것은?
① 질소 68% ② 산소 21% ③ 아르곤 0.93% ④ 탄산가스 0.03%

〈해설〉 해발고도에서 건조공기의 주성분은 질소(N_2) 78.09%, 산소(O_2) 20.95%, 아르곤(Ar) 0.93%, 이산화탄소(CO_2) 0.03%, 그리고 기타 0.01% 이다.

정답 1. ③ 2. ① 3. ① 4. ④ 5. ② 6. ④ 7. ①

【문제】 8. 대기의 어느 층에서 대부분의 기상현상이 발생하는가?
　　　① 중간권　　　② 성층권　　　③ 대류권　　　④ 열권

【문제】 9. 다음 중 대류현상이 일어나는 층은?
　　　① Tropopause　　　② Troposphere
　　　③ Thermosphere　　　④ Stratosphere

【문제】 10. 청천난류, 제트류 및 기상현상 등이 일어나는 대기층은?
　　　① 열권　　　② 대류권　　　③ 성층권　　　④ 오존권

【문제】 11. 높이 6,600 ft는 어느 층에 해당되는가?
　　　① 대류권　　　② 성층권　　　③ 중간권　　　④ 열권

【문제】 12. 대류권에 대한 설명 중 맞는 것은?
　　　① 오존층이 존재하는 구간이다.
　　　② 대류권의 평균 높이는 6 km 이다.
　　　③ 여름에는 고도가 낮아지고, 겨울에는 고도가 높아진다.
　　　④ 적도 부근의 대류권 고도가 극 지방에 비해 높다.

【문제】 13. 다음 중 대류권계면의 특징과 일치하는 것은?
　　　① 급격한 기온감률(temperature lapse rate)의 변화가 존재한다.
　　　② 바람이 거의 불지 않는다.
　　　③ 권계면의 특성상 항상 구름이 존재한다.
　　　④ 권계면의 고도는 전 지구적으로 거의 비슷하다.

【문제】 14. 대류권계면에 대한 설명 중 틀린 것은?
　　　① 대류권계면의 평균 높이는 11 km 이다.
　　　② 대류권계면의 온도는 저위도보다 고위도가 높다.
　　　③ 적도지역의 대류권계면의 높이가 극지방보다 낮다.
　　　④ 여름에는 대류권계면의 높이가 높아지고 겨울에는 낮아진다.

【문제】 15. 대류권계면의 높이가 올바른 것은?
　　　① 극<중위도<적도　　　② 극<적도<중위도
　　　③ 적도<중위도<극　　　④ 적도<극<중위도

【문제】 16. 대류권계면이 가장 높은 곳은?
　　　① 극지방　　　② 중위도　　　③ 고위도　　　④ 적도

정답　8. ③　9. ②　10. ②　11. ①　12. ④　13. ①　14. ③　15. ①　16. ④

【문제】 17. 대류권계면에 대한 설명 중 틀린 것은?
　　① 대류권과 성층권 사이의 경계층이다.
　　② 고도에 따른 기온의 분포가 거의 일정하다.
　　③ 적도에서 약 17 km, 극에서 약 8 km 높이에 있다.
　　④ 대기 중 가장 불안정한 부분이다.

【문제】 18. 대류권계면에 대한 설명 중 맞는 것은?
　　① 대기 중에서 가장 불안정한 부분이다.
　　② 적도에서 대류권계면의 두께가 가장 두껍다.
　　③ 중위도에서 대류권계면의 두께는 여름보다 겨울에 더 두껍다.
　　④ 대류권계면의 온도는 극지방보다 적도지역이 더 높다.

【문제】 19. 대류권계면(tropopause)에 대한 설명으로 맞는 것은?
　　① 기온감률이 급변한다.
　　② 구름이 형성되는 최종 고도면이다.
　　③ 기온역전이 되는 면이다.
　　④ 바람이나 난기류가 존재하지 않는다.

【문제】 20. 대류권계면에 대한 설명 중 맞는 것은?
　　① 겨울에는 높이가 높아졌다가 여름에는 낮아진다.
　　② 권계면의 특성상 항상 구름이 존재한다.
　　③ 온도는 저위도에서 높고 고위도로 갈수록 낮아진다.
　　④ 풍속이 가장 세다.

【문제】 21. 다음 중 가장 안정적인 대기 구간은?
　　① 대류권　　　② 성층권　　　③ 중간권　　　④ 열권

【문제】 22. 성층권에 대한 설명 중 틀린 것은?
　　① 일정 고도까지는 온도가 동일하다가, 고도가 상승할수록 온도가 증가한다.
　　② 고도 40 km 부근에 오존층이 가장 많이 형성되어 있다.
　　③ 온도가 일정한 층 부근에서는 불순물이 없다.
　　④ 태양에서 오는 짧은 파장의 자외선을 흡수하여 온도가 높아진다.

【문제】 23. 성층권에 대한 설명으로 틀린 것은?
　　① 오존층은 고도 40 km 까지도 존재한다.
　　② 온도는 높이에 따라 일정하다가 서서히 증가한다.
　　③ 12~13개월 간격으로 대류현상이 일어난다.
　　④ 대기 중 가장 안정적인 구간이다.

정답　17. ④　18. ②　19. ①　20. ④　21. ②　22. ②　23. ③

【문제】24. 성층권에서 고도에 따라 온도가 상승하는 이유는?
　　　① 오존층이 태양의 자외선을 흡수하기 때문에
　　　② 태양의 복사에너지 영향을 더 많이 받기 때문에
　　　③ 대류현상에 의해 열전달이 증가하기 때문에
　　　④ 수증기가 존재하지 않기 때문에

【문제】25. 진주모운이 발생하는 층은?
　　　① 대류권　　　② 성층권　　　③ 대류권계면　　　④ 성층권계면

【문제】26. 성층권의 대표적인 기상현상은?
　　　① 대류현상　　　② 제트기류　　　③ 불안정한 대기　　　④ 기온역전

【문제】27. 다음 중 온도가 가장 낮은 구간은?
　　　① 대류권계면　　　② 성층권　　　③ 중간권　　　④ 열권

【문제】28. 다음 중 기온이 가장 낮은 곳은?
　　　① 대류권계면　　　② 성층권계면　　　③ 중간권계면　　　④ 열권계면

【문제】29. 대기의 연직구조에 포함되지 않는 것은?
　　　① 열권　　　② 성층권　　　③ 중간권　　　④ 오존권

【문제】30. 대기권을 고도에 따라 낮은 곳부터 높은 곳까지 순서대로 바르게 분류한 것은?
　　　① 대류권 - 성층권 - 중간권 - 열권　　　② 대류권 - 중간권 - 열권 - 성층권
　　　③ 대류권 - 중간권 - 성층권 - 열권　　　④ 대류권 - 성층권 - 열권 - 중간권

〈해설〉 대기권을 분류하면 다음과 같다.
　1. 대류권(Troposphere)
　　가. 지표면으로부터 평균 고도 11 km(36,000 ft) 사이에 있는 최하층으로서 기온은 고도가 증가됨에 따라 약 6.5℃/km의 비율로 감소하고, 풍속은 높이에 따라 증가한다.
　　나. 난기류나 대류작용으로 인한 수직운동이 활발하므로 강수와 같은 기상현상을 비롯해서 일기변화를 초래하는 거의 모든 대기운동이 이 대류권 내에서 일어난다.
　　다. 대류권과 성층권 간의 경계인 대류권계면의 특징은 기온감률의 급격한 변화가 있다는 것이다.
　　라. 대류권계면 고도, 즉 대류권의 높이는 적도 지방에서 가장 높고, 고위도 지방으로 갈수록 낮아진다. 같은 위도일 때에는 여름철에 높고 겨울철에 낮다. 대류권계면의 온도는 저위도보다 고위도가 더 높다.
　　마. 일반적으로 대류권계면 부근에는 매우 강한 바람이 존재하여 최대 풍속이 나타나며, 이를 제트기류라고 한다.
　2. 성층권(Stratosphere)
　　가. 기온이 일정하다가 어느 고도 이상에서부터 고도에 따라 기온이 증가하는 기온역전이 일어난다. 이는 고도 약 15~40 km에 존재하는 오존이 태양의 자외선을 흡수하기 때문이며, 특히 고도 약 25 km를 중심으로 오존이 밀집되어 있는 오존층이 존재한다.

[정답]　24. ①　25. ②　26. ④　27. ③　28. ③　29. ④　30. ①

나. 성층권은 대단히 안정한 층이며, 대류권과 같은 대류현상이 없으므로 일기변화도 거의 없다.
다. 온도가 일정한 성층권 아래의 층은 대기가 안정되고 불순물이 적어서 일반적으로 구름이 없으나, 가끔 권운이나 진주모운이 나타나기도 한다.

3. 중간권(Mesosphere)
   중간권은 성층권계면 상층에서부터 높이 약 80 km 정도까지의 층으로 고도의 증가에 따라 기온이 감소하는 경향을 보인다. 중간권계면은 대기권 내에서 가장 낮은 기온을 나타낸다.
4. 열권(Thermosphere)
   온도가 고도에 따라 상승하는 층으로 중간권 위의 층이다. 열권에 있는 질소나 산소가 자외선을 흡수하기 때문에 온도가 높아지며, 대체로 고도 약 200 km까지는 온도가 급격히 상승하지만 그 위에서는 서서히 상승한다.

【문제】31. 국제표준대기의 표준기압이 아닌 것은?
① 760 mmHg   ② 1,013 hPa   ③ 29 inHg   ④ 1,013 dyne/cm^2

【문제】32. 다음 중 표준대기조건에 부합하지 않는 것은?
① 기압 1,013 millibar   ② 기온은 1,000 ft 당 2℃씩 증가한다.
③ 기온 15℃   ④ 기압 29.92 inHg

【문제】33. 평균 해면상의 표준 온도는?
① 0℃   ② 5℃   ③ 10℃   ④ 15℃

【문제】34. 해수면 고도에서의 표준기온 및 기압은 얼마인가?
① 15℃, 29.92 inHg   ② 59℃, 1013.2 mb
③ 59°F, 29.92 mb   ④ 15℃, 1013.2 inHg

【문제】35. 표준대기에 대한 설명 중 맞는 것은?
① 표준기온은 0℃ 이다.
② 표준기압은 29.92 inHg 이다.
③ 기압은 1,000 ft 당 1기압씩 감소한다.
④ 기온은 1,000 ft 당 3.5℃ 감소한다.

【문제】36. 표준대기(ISA)에서 고도 증가에 따른 기온체감률은?
① 1℃/1,000 ft   ② 1.5℃/1,000 ft   ③ 2℃/1,000 ft   ④ 3℃/1,000 ft

〈해설〉국제표준대기(ISA)의 조건은 다음과 같다.
1. 표준 해면고도의 기압, 온도, 중력가속도 및 음속은 다음과 같이 정한다.
   • 기압(P_0)=760 mmHg=29.92 inHg=1013.25 hPa(mb)=14.7 psi=1.033 kgf/cm^2
   • 온도(t_0)=15℃=59°F
   • 중력가속도(g_0)=9.8066 m/s^2
   • 음속(a_0)=340.429 m/s

정답 31. ④   32. ②   33. ④   34. ①   35. ②   36. ③

2. 고도 11 km까지는 기온이 1,000 m 당 6.5℃(1,000 ft 당 약 2℃)의 일정한 비율로 감소하고, 그 이상의 고도에서는 -56.5℃로 일정한 기온을 유지한다고 가정한다.
3. 대기압은 고도 10,000 ft 까지 1,000 ft 당 약 1 inHg의 비율로 감소한다.

【문제】37. 고도 10,000 ft에서의 표준 대기온도는 몇 도인가?
① -15℃　　　　② -10℃　　　　③ -5℃　　　　④ 0℃

〈해설〉 표준대기에서 표준 해면고도의 온도는 15℃이고, 고도 11 km까지 1,000 ft 당 약 2℃의 비율로 감소한다. 따라서 고도 10,000 ft의 온도는 15-(10×2)=-5℃이다.

【문제】38. FL200에서 비행 중 외기온도가 -35℃ 이었다면, 이 고도에서 ISA와의 온도편차는?
① ISA보다 5℃ 낮다.　　　　② ISA보다 10℃ 높다.
③ ISA보다 5℃ 높다.　　　　④ ISA보다 10℃ 낮다.

〈해설〉 국제표준대기(ISA)에서 표준 해면고도의 온도는 15℃ 이다. 고도 1,000 ft 당 약 2℃의 비율로 감소하므로 FL200에서의 온도는 15-(20×2)=-25℃이다.
따라서 현재 FL200에서 외기온도 -35℃는 국제표준대기의 온도(-25℃) 보다 10℃ 낮다.

【문제】39. 1 hPa과 같은 단위는?
① 1 N/m²　　② 1 mb　　③ 1,000 Pa　　④ 760 mmHg

〈해설〉 밀리바(mb)와 헥토파스칼(hPa) 단위 간의 관계는 1 [mb]=100 [Pa]=1 [hPa] 이다.

【문제】40. 중위도 지방에서 기압의 평균 일교차는?
① 0.3 hPa　　② 1 hPa　　③ 2 hPa　　④ 3 hPa

【문제】41. 대류권에서 고도 1,000 ft 상승 시 기압 변화는?
① 1 inHg　　② 2 inHg　　③ 3 inHg　　④ 4 inHg

【문제】42. 표준대기상태에서 대기압이 해면기압의 1/2이 되는 고도는?
① 12,000 ft　　② 15,000 ft　　③ 18,000 ft　　④ 21,000 ft

【문제】43. 기압의 변화에 대한 설명 중 옳지 않은 것은?
① 표준 해면기압은 1013.2 mb, 29.92 inHg 또는 760 mmHg 이다.
② 고도 18,000 ft에서의 대기압은 해면 대기압의 1/2로 감소한다.
③ 대류권에서 고도가 1,000 ft 증가하면 기압은 약 1 inHg 감소한다.
④ 고도가 높아질수록 기압감소율은 커진다.

〈해설〉 기압의 일변화 및 고도에 따른 수직변화는 다음과 같다.
1. 기압의 평균 일교차는 적도 부근에서 3~4 hPa, 중위도에서 2 hPa, 그리고 고위도에서는 0.3~0.4 hPa 정도로 고위도로 갈수록 작게 나타난다.
2. 대기압은 고도 10,000 ft 까지 1,000 ft 당 약 1 inHg의 비율로 감소하며, 18,000 ft에서의 대기압은 해면 대기압의 약 1/2 이다.

정답　37. ③　38. ④　39. ②　40. ③　41. ①　42. ③　43. ④

3. 고도가 높아질수록 초기에는 기압이 급격히 감소하다가 어느 정도의 고도에 도달하면 기압의 감소율은 비교적 완만해진다.

【문제】 44. 다음 밀도고도에 대한 설명 중 틀린 것은?
① 온도가 상승하면 밀도고도가 증가한다.
② 밀도고도가 감소하면 항공기 성능은 증가한다.
③ 밀도고도가 증가하면 항력은 감소한다.
④ 밀도고도가 증가하면 양력은 증가한다.

【문제】 45. FL350에서 기온이 표준온도보다 높을 때, 밀도고도와 기압고도의 관계로 옳은 것은?
① 밀도고도와 기압고도는 동일하다.　② 밀도고도는 기압고도보다 낮다.
③ 밀도고도는 기압고도보다 높다.　④ 밀도고도는 기압고도와 관련이 없다.

【문제】 46. 해발고도 2,000 ft에서 altimeter 29.32 inHg, OAT가 17℃ 일 때 pressure altitude(PA)와 density altitude(DA)의 관계로 맞는 것은?
① PA가 DA보다 크다.　② DA가 PA보다 크다.
③ PA와 DA는 동일하다.　④ PA와 DA는 관련이 없다.

〈해설〉 온도에 따른 밀도고도(DA; density altitude)의 변화는 다음과 같다.
1. 표준대기에서 표준 해면고도의 온도는 15℃이고, 고도 11 km까지 1,000 ft 당 약 2℃의 비율로 감소한다. 따라서 고도 2,000 ft의 표준온도는 15-(2×2)=11℃ 이므로, 현재의 외기온도(OAT) 17℃는 표준온도보다 높다.
2. 외기온도(OAT)가 표준온도보다 높으면 공기는 팽창되어 밀도는 희박해지고, 이에 따라 밀도고도(DA)는 높아진다. 반대로 외기온도가 표준온도보다 낮으면 공기는 수축되어 밀도는 증가하고, 밀도고도는 낮아진다.

【문제】 47. FL310에서 기온이 표준온도 이하일 때, true altitude(TA)와 pressure altitude(PA)의 관계로 옳은 것은?
① TA와 PA는 같다.　② TA는 FL310보다 높다.
③ TA는 FL310보다 낮다.　④ PA는 TA보다 낮다.

【문제】 48. FL350에서 OAT가 -65℃ 일 때, true altitude(TA)와 pressure altitude(PA)의 관계로 옳은 것은?
① TA는 FL350보다 낮다.　② TA와 PA는 같다.
③ TA는 FL350보다 높다.　④ TA와 PA는 관련이 없다.

【문제】 49. 일정한 power setting으로 따뜻한 곳에서 차가운 곳으로 비행 시 TAS(true airspeed)는?
① 증가한다.　② 감소한다.
③ 변하지 않는다.　④ 초기에는 증가하다 점차 감소한다.

정답　44. ④　45. ③　46. ②　47. ③　48. ①　49. ②

【문제】50. 온도가 높은 지역에서 낮은 지역으로 비행 시 고도계의 지시는?
　　① 계기고도와 진고도는 동일하게 지시한다.
　　② 계기고도는 진고도보다 낮게 지시한다.
　　③ 계기고도는 진고도보다 높게 지시한다.
　　④ 변화가 없다.

【문제】51. 일정한 power setting으로 전선을 통과해서 찬 공기 쪽으로 비행 시 다음 중 맞는 것은?
　　① 진고도는 증가하고 진대기속도는 감소한다.
　　② 진고도와 진대기속도 모두 감소한다.
　　③ 진고도와 진대기속도 모두 증가한다.
　　④ 진고도는 감소하고 진대기속도는 증가한다.

【문제】52. 고기압 지역에서 저기압 지역으로 비행 시 진고도와 계기고도의 관계로 맞는 것은?
　　① 진고도는 계기고도보다 높게 지시한다.
　　② 진고도는 계기고도보다 낮게 지시한다.
　　③ 진고도는 계기고도와 동일하게 지시한다.
　　④ 진고도와 계기고도는 변함이 없다.

〈해설〉 온도에 따른 항공기의 고도와 속도의 변화는 다음과 같다.
　1. 표준대기에서 표준 해면고도의 온도는 15℃이고, 고도 11 km까지 1,000 ft 당 약 2℃의 비율로 감소한다. 따라서 FL350(35,000 ft)에서의 표준온도는 $15-(35 \times 2) = -55$℃ 이다.
　　기온이 표준기온보다 높은 지역에서는 지시고도(또는 계기고도)가 진고도보다 낮고, 반대로 표준기온보다 낮은 지역에서는 지시고도가 진고도보다 높다.
　2. 고기압 지역에서 비행하다가 저기압 지역으로 항공기가 들어가게 되면 항공기의 진고도는 지시고도(계기고도)보다 낮게 되어 지면과 충돌할 위험이 존재하게 된다. 반대로 저기압 지역에서 고기압 지역으로 들어가게 되면 항공기의 진고도는 지시고도보다 높아지게 된다.
　3. 온도가 감소함에 따라 공기밀도는 증가하기 때문에 항공기는 더 느리게 비행하게 된다. 따라서 일정한 수정대기속도 또는 지시대기속도에서 온도가 감소함에 따라 진대기속도는 감소한다.

■ 잠깐! 알고 가세요.
[기온/기압의 차이에 따른 지시고도/진고도 변화]

구 분		내 용
기온/기압	표준보다 높은 지역	지시고도(계기고도)<진고도
	표준보다 낮은 지역	지시고도(계기고도)>진고도

【문제】53. 다음 고도계 setting에 대한 설명 중 틀린 것은?
　　① QFE는 항공기 착륙 시 조종사의 요청에 의해 이루어진다.
　　② 전이고도 이상으로 비행하는 경우 조종사는 전이고도에서 표준기압으로 setting 한다.
　　③ QNH로 setting하면 착륙 시 비행장 표고를 지시한다.
　　④ 단거리 비행 시에는 QNH로 setting하여야 한다.

정답　50. ③　51. ②　52. ②　53. ④

【문제】 54. 고도계 setting의 종류가 아닌 것은?
① QNF ② QNE ③ QNH ④ QFE

【문제】 55. 비행중 관제탑에서 불러준 기압수정치 29.85 inHg로 고도계를 맞추었다면 지시하는 고도는?
① 기압고도 ② 밀도고도 ③ 진고도 ④ 해면고도

【문제】 56. 전이고도 미만에서 비행하는 경우 altimeter setting은?
① QFE ② QNH ③ QNE ④ QFF

【문제】 57. 해수면으로부터 공항의 고도를 측정하는 altimeter setting은?
① QNH ② QNE ③ QFE ④ QFF

〈해설〉 고도계 설정(altimeter setting) 방식은 다음과 같다.

구분	QNH	QNE	QFE
설정	해면기압	표준대기압(29.92 inHg)	활주로면의 기압
적용	전이고도 14,000 ft 미만에서 비행할 경우(장거리 비행)	해상 비행 또는 14,000 ft 이상의 고고도 비행(원거리 비행)	단거리 비행
고도계 지시	진고도(해면상에서부터의 고도)	기압고도(기압기준선, 즉 표준대기압으로부터의 고도)	절대고도(항공기로부터 그 당시 지형까지의 거리)
비고	활주로 상에서 고도계는 활주로의 표고를 지시한다. Tower에서 불러주는 setting 이다.	29.92 inHg의 표준대기압 고도에서 고도계는 0 ft를 지시한다.	지정된 임의의 지형면으로부터의 고도이며, 활주로 상에서 고도계는 0 ft를 지시한다.

【문제】 58. 섭씨(℃)를 화씨(°F)로 환산하는 공식으로 맞는 것은?
① °F = $\frac{5}{9}$℃ + 32
② °F = $\frac{9}{5}$℃ + 32
③ °F = $\frac{5}{9}$(℃ − 32)
④ °F = $\frac{9}{5}$(℃ − 32)

【문제】 59. 섭씨(celsius) 0℃ 는 화씨(fahrenheit) 몇 도 인가?
① 0°F ② 32°F ③ 64°F ④ 212°F

〈해설〉 섭씨 0℃를 화씨(°F)로 환산하면,
• 화씨(°F) = $\frac{9}{5}$℃ + 32 = $\left(\frac{9}{5} \times 0\right)$ + 32 = 32°F

【문제】 60. 섭씨(celsius) 15도는 화씨(fahrenheit) 몇 도 인가?
① 9°F ② 40°F ③ 59°F ④ 82°F

〈해설〉 섭씨 15℃를 화씨(°F)로 환산하면,
• 화씨(°F) = $\frac{9}{5}$℃ + 32 = $\left(\frac{9}{5} \times 15\right)$ + 32 = 59°F

【문제】 61. 항공정보에 사용되는 측정단위로 맞는 것은?
① 속도: kt ② 고도: km ③ 시정: NM ④ 온도: ℃

[정답] 54. ① 55. ③ 56. ② 57. ① 58. ② 59. ② 60. ③ 61. ④

〈해설〉 항공정보에 사용되는 측정단위는 다음과 같다.
   1. 고도(altitude) : 미터(m) 또는 피트(ft)
   2. 시정(visibility) : km 또는 마일(SM). 이 경우 5 km 미만의 시정은 미터(m) 단위를 사용한다.
   3. 주파수(frequency) : 헤르쯔(Hz)
   4. 속도(velocity speed) : m/s
   5. 온도(temperature) : ℃

【문제】62. 물이 증발하면서 주위의 열을 흡수하여 주위의 기온보다 낮아질 때의 온도는?
   ① 습구온도   ② 건구온도   ③ 이슬점온도   ④ 상당온도

【문제】63. 대류운이 형성되기 시작할 때의 지표온도를 무엇이라 하는가?
   ① 대류온도   ② 온위   ③ 습구온도   ④ 상당온도

【문제】64. 온위(potential temperature)를 구하기 위한 표준이 되는 고도는?
   ① 500 mb 고도   ② 850 mb 고도   ③ 1,000 mb 고도   ④ 1,013 mb 고도

〈해설〉 기온 관련 용어는 다음과 같다.
   1. 습구온도(wet-bulb temperature) : 물이 증발하면서 주위의 열을 흡수하여 온도가 낮아지고 주위 기온보다 더 낮은 값을 나타내게 될 때의 온도
   2. 대류온도(convective temperature) : 대류운을 형성시키기 시작하는 지상온도로 하루 중 최고기온이 대류온도 이상으로 상승하면 대류운이 발생한다.
   3. 온위(potential temperature) : 어떤 압력의 건조공기를 단열변화에 의해 1,000 hPa[mb]의 표준기압으로 바꾸었을 때 나타나는 온도

【문제】65. 기온의 일교차에 대한 설명으로 맞는 것은?
   ① 고위도에서 적고 저위도에서 크다.   ② 비가 오는 날에 적어진다.
   ③ 바람이 약할수록 적어진다.   ④ 해안, 해상이 육지보다 크다.

【문제】66. 기온의 일교차에 대한 설명 중 틀린 것은?
   ① 사막에서 크다.   ② 해안, 해상이 육지보다 작다.
   ③ 저위도에서 크다.   ④ 분지는 크다.

【문제】67. 기온의 일교차에 대한 설명으로 틀린 것은?
   ① 하루 중 최고온도와 최저온도의 차이   ② 해상보다 대륙이 더 크다.
   ③ 상층보다 지면이 더 크다.   ④ 고위도보다 저위도가 더 크다.

〈해설〉 기온의 일변화는 다음과 같다.
   1. 하루 중 최고기온과 최저기온의 차를 일교차(daily range)라고 한다.
   2. 일교차는 고위도 지방이 저위도보다 크다. 분지는 평지보다, 내륙은 해안지방보다, 그리고 낮은 벌판은 높은 산보다 큰 것이 보통이다. 일반적으로 흐리거나 비가 오는 날 일교차가 적으며, 바람이 약할수록 일교차가 커진다. 특히, 사막과 같은 모래땅에서는 일교차가 아주 크다.

정답   62. ①   63. ①   64. ③   65. ②   66. ③   67. ④

【문제】 68. 표준대기 기온감률은?
① 1℃/1,000 ft
② 2℃/1,000 ft
③ 3℃/1,000 ft
④ 4℃/1,000 ft

【문제】 69. 대류권 내에서 기온은 1,000 ft 마다 몇 도(℃)씩 감소하는가?
① 1℃
② 2℃
③ 3℃
④ 4℃

【문제】 70. 포화되지 않은 따뜻한 공기가 급상승할 때 발생하는 현상은?
① 건조단열
② 습윤단열
③ 기온역전
④ 공기의 대류

【문제】 71. 건조단열 체감률은?
① 1℃/100 m
② 2℃/100 m
③ 3℃/100 m
④ 4℃/100 m

【문제】 72. 다음 용어 설명 중 틀린 것은?
① 비습: 1 kg의 습윤공기 속에 포함된 수증기의 양
② 포화 수증기압: 공기 중에 포함된 수증기량의 최대치를 압력 단위로 나타낸 것
③ 포화 혼합비: 건조공기 1 kg과 공존하는 최대 수증기의 양
④ 습윤단열감률: 포화되지 않은 공기가 상승하면서 온도가 감소하는 비율

〈해설〉 고도에 따른 기온의 변화는 다음과 같다.
1. 건조단열감률(dry adiabatic lapse rate) : 포화되지 않은 공기가 상승 또는 하강하면서 주위의 기압변화에 따라 온도가 단열적으로 변화하는 것. 1℃/100 m(3℃/1,000 ft)
2. 습윤단열감률(moist adiabatic lapse rate) : 수증기로 포화된 공기가 상승 또는 하강하면서 주위의 기압변화에 따라 온도가 단열적으로 변화하는 것. 0.5℃/100 m(1.6℃/1,000 ft)
3. 평균기온감률(mean temperature lapse rate) : 0.6℃/100 m(2℃/1,000 ft)

【문제】 73. 1 m^3의 공기가 함유하고 있는 수증기의 양은?
① 혼합비
② 비습
③ 절대습도
④ 상대습도

【문제】 74. 단위 체적 내의 수증기압과 그 시점의 온도에 해당하는 포화 수증기압의 백분율을 무엇이라 하는가?
① 상대습도
② 절대습도
③ 혼합비
④ 비습

【문제】 75. 습윤공기 1 kg에 포함되어 있는 수증기의 양을 나타내는 용어는?
① 절대습도(absolute humidity)
② 상대습도(relative humidity)
③ 비습(specific humidity)
④ 혼합비(mixing ratio)

【문제】 76. 공기 1 kg 중에 포함된 수증기량을 나타내는 용어는?
① 상대습도
② 절대습도
③ 습수
④ 비습

정답   68. ②   69. ②   70. ①   71. ①   72. ④   73. ③   74. ①   75. ③   76. ④

【문제】77. 현재 기온이 이슬점온도와 같을 때 상대습도는?
　　　① 100%　　　② 80%　　　③ 50%　　　④ 0%

【문제】78. 공기가 냉각되어 안개가 생성되는 온도는?
　　　① 가온도　　　② 대류온도　　　③ 노점온도　　　④ 상당온도

〈해설〉 습도와 관련된 용어는 다음과 같다.
　1. 절대습도(absolute humidity) : 1 m³ 공기 중에 포함되어 있는 수증기의 g수
　2. 상대습도(relative humidity) : 단위 체적 내의 수증기압과 그 시점의 온도에 해당하는 포화 수증기압의 백분율, 또는 포화 혼합비에 대한 현재의 혼합비의 백분율로 상대습도가 100%가 되면 이슬점과 현재 기온이 같게 된다.
　3. 혼합비(mixing ratio) : 건조공기 1 kg과 공존하고 있는 수증기의 g수
　4. 비습(specific-humidity) : 1 kg의 습윤공기 속에 포함된 수증기의 질량(g)
　5. 노점온도(이슬점온도, dew point temperature) : 공기가 포화되어 수증기가 응결할 때의 온도를 말하거나, 불포화 상태의 공기가 냉각될 때 포화되어 응결이 시작되는 온도

【문제】79. 다음 중 열을 방출하는 구간은?

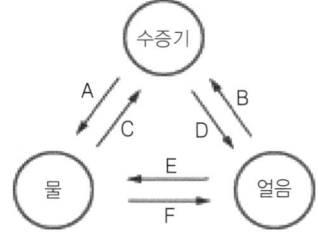

① A, B, E
② B, C, E
③ C, D, F
④ A, D, F

〈해설〉 열에너지를 방출하거나 흡수하는 상태 변화는 다음과 같다.

열에너지 방출	열에너지 흡수
A : 응결(액화) 〔기체→액체〕	C : 기화 〔액체→기체〕
D : 승화　　 〔기체→고체〕	B : 승화 〔고체→기체〕
F : 응고(결빙) 〔액체→고체〕	E : 융해 〔고체→액체〕

Ⅱ. 기상일반

【문제】1. 단열압축과 단열팽창에 대한 설명 중 틀린 것은?
　　　① 상승하는 공기는 팽창하고 내부에너지를 잃어 냉각된다.
　　　② 하강하는 공기는 압축된다.
　　　③ 기압은 높이에 따라 감소하므로 상승하는 공기는 팽창한다.
　　　④ 하강하는 공기는 외부로 일을 해준 결과이므로 기온이 하강한다.

【문제】2. 공기가 냉각되는 조건으로 맞는 것은?
　　　① 공기가 상승하면서 단열 팽창하여 온도가 내려가고 공기가 냉각
　　　② 공기가 강하하면서 단열 팽창하여 온도가 내려가고 공기가 냉각

정답　77. ①　78. ③　79. ④　/　1. ④

③ 공기가 상승하면서 단열 압축하여 온도가 내려가고 공기가 냉각
④ 공기가 강하하면서 단열 압축하여 온도가 내려가고 공기가 냉각

【문제】3. 공기가 강하하면서 단열 압축될 때 생기는 기상현상은?
① 뇌우　　　　　② 안개　　　　　③ 맑은 날씨　　　　　④ 구름

〈해설〉 단열팽창과 단열압축에 따른 현상은 다음과 같다.
1. 단열팽창 : 공기가 상승하면 대기압이 낮아지므로 공기는 점점 팽창되고, 팽창되는 공기는 주위의 공기를 밀어내는 일을 하므로 내부에너지를 잃어서 냉각된다.
2. 단열압축 : 공기가 하강하면 대기압이 높아지므로 공기는 점점 압축되고, 압축되는 공기는 주위의 공기가 일을 해준 결과이므로 그 만큼의 에너지를 얻어 기온이 상승한다. 공기가 단열 압축되면 기온이 올라가게 되고, 이에 따라 공기가 건조해지므로 대체로 날씨가 맑아진다.

【문제】4. 단열감률(LR)과 건조단열감률(DALR)과의 관계로 맞는 것은?
① LR=DALR 시 안정하다.　　　　② LR>DALR 시 안정하다.
③ LR<DALR 시 안정하다.　　　　④ LR과 DALR은 관련이 없다.

【문제】5. 단열감률(LR; lapse rate)과 건조단열감률(DALR; dry adiabatic lapse rate)과의 관계로 맞는 것은?
① LR=DALR 시 불안정하다.　　　　② LR<DALR 시 안정하다.
③ LR>DALR 시 안정하다.　　　　④ LR과 DALR은 관련이 없다.

【문제】6. 건조단열감률을 γ_d, 습윤(포화)단열감률을 γ_s, 그리고 실제기온감률을 γ라고 할 때 대기가 조건부 불안정인 경우는?
① $\gamma_d > \gamma_s > \gamma$　　② $\gamma_s > \gamma_d > \gamma$　　③ $\gamma > \gamma_d > \gamma_s$　　④ $\gamma_d > \gamma > \gamma_s$

【문제】7. 포화공기의 안정도에 대한 설명 중 틀린 것은?
① 기온감률이 습윤단열감률보다 크고 건조단열감률보다 작으면 대기는 불안정하다.
② 습윤단열감률보다 기온감률이 작으면 대기는 안정하다.
③ 건조단열감률보다 기온감률이 크면 대기는 안정하다.
④ 기온감률과 습윤단열감률이 같으면 대기는 중립상태이다.

【문제】8. 대기의 안정도에 대한 설명 중 틀린 것은?
① 습윤단열감률보다 기온감률이 작으면 포화공기인 경우 대기는 안정하다.
② 기온감률이 건조단열감률보다 작을 때 대기는 불안정하고, 기온감률이 건조단열감률보다 클 때 대기는 안정하다.
③ 기온감률이 건조단열감률보다 작고 습윤단열감률보다 크면 불포화일 때 안정되며, 포화되어 응결이 일어나면 불안정한 상태가 된다.
④ 기온감률이 건조단열감률보다 크면 포화여부에 관계없이 불안정하다.

정답　2. ①　3. ③　4. ③　5. ②　6. ④　7. ③　8. ②

【문제】 9. 대기가 불안정하게 되는 조건이 아닌 것은?
　　① 기온감률이 건조단열감률과 습윤단열감률보다 작을 때
　　② 기온감률이 건조단열감률보다 클 때
　　③ 포화공기의 경우, 기온감률이 건조단열감률보다 작고 습윤단열감률보다 클 때
　　④ 포화공기의 경우, 습윤단열감률보다 기온감률이 클 때

〈해설〉 안정과 불안정의 체감률을 비교하면 다음과 같다. (여기에서, γ: 기온감률, γ_d: 건조단열감률, γ_s: 습윤단열감률)

구 분	체감률 비교	비 고
조건부 (불)안정	$\gamma_d > \gamma > \gamma_s$	불포화 안정, 포화 불안정
절대 불안정	$\gamma > \gamma_d$ 또는 $\gamma > \gamma_d > \gamma_s$	포화여부 관계없음
절대 안정	$\gamma < \gamma_s$, 또는 $\gamma < \gamma_s < \gamma_d$	
중 립	$\gamma = \gamma_d$ ($\gamma = \gamma_s$)	(건조 중립)

【문제】 10. 안정된 공기의 특성은?
　　① 양호한 시정, 지속적인 강우, 층운형 구름
　　② 양호한 시정, 간헐적인 강우, 층운형 구름
　　③ 불량한 시정, 간헐적인 강우, 적운형 구름
　　④ 불량한 시정, 지속적인 강우, 층운형 구름

【문제】 11. 다음 중 안정된 대기와 관련된 구름은?
　　① Cirriform clouds
　　② Cumuliform clouds
　　③ Stratiform clouds
　　④ Nimbus clouds

【문제】 12. 불안정한 공기의 특징으로 맞는 것은?
　　① 난층운 구름과 양호한 지상시정
　　② 난기류와 불량한 지상시정
　　③ 난기류와 양호한 지상시정
　　④ 층운형 구름과 불량한 지상시정

【문제】 13. 상승작용과 더불어 층운형 구름을 형성하는 필수적인 조건은?
　　① 불안정하고 건조한 공기
　　② 안정되고 습한 공기
　　③ 불안정하고 습한 공기
　　④ 안정되고 건조한 공기

【문제】 14. 안정되고 습윤한 공기가 산비탈을 타고 상승할 때 발생할 수 있는 기상현상은?
　　① 층운형 구름의 생성
　　② 뇌우의 발생
　　③ 대류성 난기류의 발달
　　④ 소나기성 강수의 발생

〈해설〉 안정도에 따른 대기의 특성은 다음과 같다.

안정도\구분	안 정	불안정
구 름	층운형(stratiform)	적운형(cumuliform)
대 기	안정 대기	난기류(turbulence)
시 정	불량, 안개(fog)	양호
강 수	지속성	소낙성(간헐성)

정답 9. ① 10. ④ 11. ③ 12. ③ 13. ② 14. ①

【문제】 15. 대기의 안정성에 대한 설명 중 틀린 것은?
　　① 대기가 안정하면 dust devil이 생긴다.
　　② 대기가 안정하면 층운형 구름이나 안개가 생긴다.
　　③ 대기가 불안정하면 뇌우가 발생한다.
　　④ 대기가 불안정하면 소나기나 수직으로 발달한 구름이 생긴다.

【문제】 16. 대기 안정도에 대한 설명 중 틀린 것은?
　　① 층상운은 안정대기이나 운저고도(ceiling)나 시정이 좋지 않아 IFR이 요구될 때가 있다.
　　② 뇌우(thunderstorm)는 격렬한 불안정 대기의 증거이므로 피해야 한다.
　　③ 먼지선풍(dust devil)은 안정되고 건조한 공기의 증거이다.
　　④ 소나기(shower)나 상방으로 심히 발달하는 구름은 강한 상승기류와 난기류의 존재를 의미한다.
〈해설〉 불안정 대기의 몇 가지 식별법을 들면 다음과 같다.
　1. 뇌우(thunderstorm)는 격렬한 불안정 대기의 증거이므로 피해야 한다.
　2. 소나기(shower)나 상방에 심히 발달하는 구름은 강한 상승기류와 난기류의 존재를 의미한다. 가능한 한 멀리 떨어져야 한다.
　3. 맑은 날 적운은 자주 구름의 하방 및 운정에서 흔들릴 때가 있다. 운정은 대류의 상한이다.
　4. 먼지선풍(dust devil)은 공기가 건조하여 불안정한 증거이다.
　5. 층상운은 안정대기이나 운저고도(ceiling)나 시정이 좋지 않아 IFR이 요구될 때가 있다.

【문제】 17. 대기의 안정도를 나타내는 것은?
　　① 지상 일기도　　　　　　　　② 단열선도
　　③ 850 hPa 일기도　　　　　　④ 300 hPa 일기도

【문제】 18. 단열선도 상에서 대기의 수직안정도 판별에 도움이 되는 것은?
　　① 건조단열선　　　　　　　　② 포화혼합비선
　　③ 상태곡선　　　　　　　　　④ 온위선
〈해설〉 단열선도(adiabatic chart)는 대기의 단면을 입체적으로 확인하여 대기상태를 분석하는 목적으로 사용되며, 이를 통해 대기의 안정도를 판단할 수 있다. 상태곡선(ascent curve)은 단열선도 상에 기온 또는 이슬점온도를 기압의 함수로써 기입하여 얻어지는 곡선으로 관측지점에 있어 대기의 연직구조를 나타낸다.

【문제】 19. 다음 중 공기의 이동이 가장 큰 것은?
　　① 태풍　　　② 저기압　　　③ 계절풍　　　④ 해륙풍
〈해설〉 각 순환에 따른 기상현상은 다음과 같다.

순환 구분	기상현상
미규모	난기류, 토네이도, 작은 소용돌이 등
중간규모	뇌우, 해륙풍, 산곡풍 등
종관규모	고기압, 저기압, 태풍 등
지구규모	계절풍, 대기 대순환 등

[정답]　15. ①　16. ③　17. ②　18. ③　19. ③

【문제】20. 다음 중 뇌우가 발생할 수 있는 SSI 조건은?
① +6≥SSI>+3 ② +2>SSI≥-2
③ +3≥SSI≥0 ④ 0≥SSI>-4

〈해설〉 쇼월터 안정도 지수(SSI) 값에 따른 의미는 다음과 같다.

SSI 값	의 미
SSI>+3	소나기와 뇌우의 가능성이 거의 없다.
+3≥SSI≥0	소나기와 뇌우가 있을 수 있다.
0>SSI≥-3	뇌우가 있을 가능성이 많다.
-3>SSI≥-6	강한 뇌우의 가능성이 많다.
-6>SSI	강한 뇌우 및 토네이도의 발생 우려가 있다.

【문제】21. 편서풍과 북동풍이 북위 60° 부근에서 수렴하여 상승하면서 형성되는 것은?
① 한대전선(polar front) ② 열대전선(intertropical front)
③ 온대전선(temperate front) ④ 아열대전선(subtropical front)

〈해설〉 극을 향하여 이동하던 온난한 편서풍과 극에서 내려오는 한랭한 극동풍이 위도 60° 부근의 고위도 저압대에서 만나 온난한 공기가 위로 올라가면서 한대전선(polar front)을 형성한다.

【문제】22. 편서풍에 대한 설명으로 맞는 것은?
① 아열대 고기압에서 적도지방 저기압으로 부는 바람
② 아열대 고기압에서 극지방 저기압으로 부는 바람
③ 극지방 고기압에서 고위도 저기압으로 부는 바람
④ 극지방 고기압에서 아열대 저기압으로 부는 바람

【문제】23. 다음 중 저위도에서 부는 바람은?
① 무역풍 ② 편서풍 ③ 편동풍 ④ 극동풍

【문제】24. 적도와 북위 30° 사이에서 부는 바람은?
① 편서풍 ② 편동풍 ③ 북동풍 ④ 무역풍

〈해설〉 대기 대순환에 의한 바람 분포는 다음과 같다.

바람 분포	발생 지역	내 용
극동풍	고위도 지역 (위도 60°~극지방)	극 고압대에서 고위도 저압대로 부는 바람
편서풍	중위도 지역 (위도 60°~30°)	중위도(위도 30° 아열대) 고압대에서 고위도 저압대로 부는 바람
무역풍	저위도 지역 (위도 30°~적도)	중위도(위도 30° 아열대) 고압대에서 적도 저압대로 부는 바람

【문제】25. 고기압이란?
① 주위보다 기압이 높은 구역 ② 표준 압력코다 기압이 높은 구역
③ 기압이 1,013 mb 이상인 구역 ④ 기압이 1,024 mb 이상인 구역

[정답] 20. ③ 21. ① 22. ② 23. ① 24. ④ 25. ①

【문제】 26. 주변이 저기압으로 둘러싸여 있는 곳의 중심은?
① 저기압　　② 고기압　　③ 기압골　　④ 기압능

【문제】 27. 북반구에서 고기압의 바람 방향으로 맞는 것은?
① 시계 방향, 상승기류, 안쪽　　② 시계 방향, 하강기류, 바깥쪽
③ 반시계 방향, 하강기류, 안쪽　　④ 반시계 방향, 상승기류, 바깥쪽

【문제】 28. 북반구 고기압지역의 일반적인 공기의 순환은?
① outward, downward, and clockwise
② outward, upward, and clockwise
③ inward, downward, and clockwise
④ inward, upward, and clockwise

【문제】 29. 남반구에서 고기압의 바람 방향은?
① 시계 방향으로 회전하면서 바깥쪽으로 불어 나간다.
② 시계 방향으로 회전하면서 안쪽으로 불어 들어간다.
③ 반시계 방향으로 회전하면서 안쪽으로 불어 들어간다.
④ 반시계 방향으로 회전하면서 바깥쪽으로 불어 나간다.

【문제】 30. 고기압에 대한 설명 중 틀린 것은?
① 바람은 하강하면서 불어 나간다.
② 북반구에서 바람은 시계 방향으로 돌아간다.
③ 고기압 중심일수록 풍속이 강하다.
④ 구름이 있어도 소멸되어 일반적으로 날씨가 좋다.

【문제】 31. 이동성 고기압이 지날 때 날씨는?
① 바람이 불 것이다.　　② 구름이 낄 것이다.
③ 맑을 것이다.　　④ 비가 올 것이다.

〈해설〉 고기압의 특성은 다음과 같다.
　1. 정의 : 주위보다 기압이 높은 구역
　2. 일반적 특성
　　가. 고기압권 내의 바람은 북반구에서는 고기압 중심 주위를 시계 방향으로 회전하면서 불어 나가고, 남반구에서는 반시계 방향으로 회전하면서 불어 나간다.
　　나. 기압경도는 고기압 중심일수록 작으므로 풍속도 중심으로 갈수록 약해진다.
　　다. 고기압권 내에서는 상공에서 수렴된 공기가 하강기류가 되어 지표 부근으로 내려오기 때문에 구름이 있어도 소멸되어 일반적으로 날씨가 좋다.
　　라. 고기압권 내라도 수증기가 풍부하고 수렴이 있을 때 악기상을 동반한다.

【문제】 32. 북반구에서 저기압의 바람 방향은?
① 시계 방향, 하강기류　　② 시계 방향, 상승기류
③ 반시계 방향, 하강기류　　④ 반시계 방향, 상승기류

정답　26. ②　27. ②　28. ①　29. ④　30. ③　31. ③　32. ④

【문제】33. 저기압의 특성이 아닌 것은?
　　① 통상 한 개의 기단으로 이루어진다.　　② 저기압권 내는 일교차가 비교적 적다.
　　③ 상승 수렴으로 인해 악기상을 초래한다.　　④ 발달, 성숙, 쇠퇴기가 규칙적이다.

【문제】34. 비행기가 고기압에서 북반구 저기압 지역의 중심을 향해 비행을 할 때 바람은?
　　① 오른쪽에서 불어오고 강해진다.　　② 오른쪽에서 불어오고 약해진다.
　　③ 왼쪽에서 불어오고 강해진다.　　④ 왼쪽에서 불어오고 약해진다.

【문제】35. 저기압과 고기압에 대한 다음 설명 중 맞는 것은?
　　① 고기압은 수렴한다.
　　② 고기압은 상승한다.
　　③ 저기압은 북반구에서 시계 방향으로 분다.
　　④ 저기압에서 불량한 시정과 지속적 강수가 나타난다.

【문제】36. 북반구에서 고기압과 저기압에 대한 설명으로 틀린 것은?
　　① 고기압은 수렴한다.　　② 저기압은 상승한다.
　　③ 고기압은 하강한다.　　④ 고기압은 시계 방향으로 회전한다.

〈해설〉 저기압의 일반적 특성은 다음과 같다.
　　1. 북반구에서는 주위에서 저기압 중심을 향해 기류가 반시계 방향으로 돌면서 수렴한다. 따라서 북반구 저기압 지역의 중심을 향해 비행하면 바람은 왼쪽에서 불어온다.
　　2. 수렴한 기류는 중심부근에서 축적되어 상승기류로 변하여 구름 및 강수가 발생하며, 상승기류가 강하고 수증기가 많을수록 악기상을 초래한다.
　　3. 기압경도와 풍속은 중심일수록 크다.
　　4. 저기압은 발달, 성숙 및 쇠퇴과정을 통하여 매우 규칙적인 형태를 보인다.

■ 잠깐! 알고 가세요.
[고기압과 저기압의 특징(북반구의 경우)]

구 분	고기압	저기압
바람 방향	시계 방향으로 불어 나온다. (발산)	반시계 방향으로 불어 들어간다. (수렴)
기류	하강기류	상승기류
중심의 바람	기압 기울기가 작아져 약하다.	기압 기울기가 커져 강하다.
날씨	고온 건조한 맑은 날씨	구름, 비 내리는 날씨

【문제】37. 기온역전에 대한 설명 중 틀린 것은?
　　① 접지역전, 침강역전, 이류역전 등이 있다.
　　② 고도가 높아짐에 따라 기온은 상승하거나 일정하다.
　　③ 기류는 평온하다.
　　④ 적상운 형성에 적합하다.

정답　33. ①　34. ③　35. ④　36. ①　37. ④

【문제】38. 기온역전과 관련된 특징으로 맞는 것은?
① 불안정한 대기 ② 안정한 대기
③ 기단 뇌우 ④ 안개 소산

【문제】39. 기온역전에 대한 설명으로 틀린 것은?
① 고도의 증가에 따라 기온이 동일하거나 상승하는 현상이다.
② 대기는 불안정한 상태에 있다.
③ 지표면에서라면 안개가 발생할 수 있다.
④ 상층 역전층에서는 구름이 생성될 수 있다.

〈해설〉 기온의 역전(inversion)
1. 고도의 증가에 따라서 기온이 같거나 높아지는 현상을 기온의 역전이라고 한다.
2. 역전층에서는 대기가 정역학적으로 안정상태에 있고, 상하의 난기류 현상이 적다. 역전층 상부에는 층상운이 나타나며, 하부에서는 연무 또는 안개로 인해 악시정을 동반하기도 한다.
3. 기온역전의 종류에는 접지역전(ground inversion), 침강역전(subsidence Inversion), 이류역전(advection inversion) 및 전선역전(frontal inversion) 등이 있다.

【문제】40. 지면의 급격한 냉각과 관련된 기온역전은?
① 접지역전 ② 이류역전 ③ 침강역전 ④ 전선역전

【문제】41. 복사에 의한 역전층은?
① 전선역전 ② 침강역전 ③ 요란역전 ④ 접지역전

【문제】42. 복사역전에 대한 설명으로 틀린 것은?
① 지면의 공기가 건조할 때 잘 발생한다. ② 대기는 매우 안정적이 된다.
③ 겨울보다 여름철에 잘 발생한다. ④ 구름이 없고 서늘한 밤에 잘 발생한다.

【문제】43. 다음 중 지표면 기온역전이 가장 잘 일어날 수 있는 조건은?
① 바람이 없고 기온차가 매우 큰 낮 ② 미풍이 존재하는 구름이 많은 밤
③ 미풍이 존재하는 맑고 서늘한 밤 ④ 강한 바람이 부는 맑고 서늘한 밤

【문제】44. 상층의 공기가 천천히 하강하여 발생하는 역전은?
① 침강역전 ② 전선역전 ③ 접지역전 ④ 이류역전

〈해설〉 기온역전의 종류는 다음과 같다.

종류	내용
복사역전 (접지역전)	야간에 지면이 복사(輻射)에 의하여 냉각되기 때문에 지면 부근의 공기가 상공보다 급격하게 낮아져서 발생하는 기온의 역전으로, 가을부터 봄에 걸쳐서 잘 발생한다. (주로 바람이 약하고 건조한 맑은 날 밤에 지표면이 지구복사를 잘 방출하기 때문에 지표면이 쉽게 냉각되어 형성)
침강역전	상층의 공기가 서서히 하강하면서 단열압축에 의해 가열되기 때문에 하층의 온도가 낮은 공기와의 경계에 형성

[정답] 38. ② 39. ② 40. ① 41. ④ 42. ③ 43. ③ 44. ①

종류	내 용
이류역전	차가운 지표상에 외부에서 따뜻한 공기가 흘러 들어왔을 때, 하층의 기온이 상층의 기온보다 낮은 경우 이류에 의해 발생

【문제】 45. 항공기의 이착륙에 직접 영향을 주지 않는 것은?
① Temperature ② Clouds
③ Wind ④ Air density

【문제】 46. 비행기가 이륙할 때 항공기의 성능과 관계가 없는 것은?
① 바람 ② 시정 ③ 기압 ④ 온도

【문제】 47. 항공기의 성능에 영향을 주지 않는 것은?
① 구름 ② 기온 ③ 바람 ④ 밀도

〈해설〉 이륙 및 착륙거리에 영향을 미치는 요소는 다음과 같다.
1. 총무게(gross weight) : 항공기 무게가 증가할수록 항공기의 이착륙거리는 길어진다.
2. 바람(wind) : 정풍은 이착륙거리를 감소시키고, 반대로 배풍은 이착륙거리를 증가시킨다.
3. 밀도 : 밀도의 감소는 이착륙거리를 증가시킨다. 따라서 기온과 습도가 증가하면 밀도는 감소하고 이착륙거리는 길어진다.

【문제】 48. Hydroplaning에 대한 설명 중 틀린 것은?
① Hydroplaning 발생속도는 tire pressure에 비례한다.
② Viscous hydroplaning은 dynamic hydroplaning 보다 낮은 속도에서 일어난다.
③ Hydroplaning 발생 시 속도를 줄이기 위해 aerodynamic brake를 사용한다.
④ 항공기 무게가 무거울수록 hydroplaning 발생속도는 감소한다.

〈해설〉 수막현상(Hydroplaning)
1. 수막현상 : 물이 고여 있는 활주로에 착륙하는 경우 타이어(tire)가 활주로 표면에 완전하게 접촉되지 않아 브레이크 효과가 줄어들어 방향안정성을 잃게 되는 현상을 말한다. 수막현상이 발생하는 속도는 항공기 무게와 타이어 공기압력에 비례한다.
2. 수막현상의 종류
 가. Dynamic hydroplaning : 활주로에 물이 많고 속도가 빠를 경우 수막에 의해 타이어가 떠있는 상태
 나. Viscous hydroplaning : 물의 점성으로 인하여 타이어에 둘이 침투할 수 없으므로 타이어가 수막 위에서 활주하기 때문에 발생하는 현상으로, dynamic hydroplaning보다 아주 낮은 속도에서 발생할 수 있다.
 다. Reverted rubber hydroplaning : 젖은 활주로에 접지 시 마찰력으로 물이 끓어 타이어를 녹이고, 이 유액이 타이어 홈을 메워 물을 확산시키지 못함으로써 발생하는 현상이다. 주로 과도한 브레이크압 사용으로 인해 바퀴가 회전하지 않는 채로 오랜 시간 미끄러질 때 발생한다.
3. 수막현상의 예방 : 안전을 위해 접지속도는 가능한 한 낮게 유지하고, 착륙 후 바퀴가 충분히 회전할 수 있도록 브레이크(brake)를 너무 빨리 밟지 않아야 한다. 단약 감속이 되지 않고 수막현상이 의심된다면 aerodynamic drag를 이용하여 효과적으로 제동이 되는 속도까지 감속한다.

정답 45. ② 46. ② 47. ① 48. ④

【문제】49. 항공기 타이어의 압력이 121 psi 일 때 동적수막이 발생할 수 있는 속도는?
  ① 110 knots ② 96 knots ③ 89 knots ④ 60 knots

〈해설〉 수막현상이 발생하는 최소속도(minimum hydroplaning speed)를 V_H(knots)라고 하면,

$$\therefore V_H = 8.73 \times \sqrt{\text{Tire Pressure}} = 8.73 \times \sqrt{121}$$
$$= 96 \text{ knots}$$

정답 49. ②

2   항공기상 이론

제1절 바람(Wind)

1. 바람의 발생

바람은 기압의 차이에 의해서 생기며 기압의 차이는 국지적 또는 전 지구적인 태양 가열의 차이로 생긴다. 바람은 전 지구적인 차원에서는 대기운동의 제트기류와 거대한 기단의 운동으로 나타나며, 국지적인 차원에서는 더 작은 양의 공기의 운동이 이에 해당된다.

2. 바람에 영향을 주는 힘

가. 기압경도력(Pressure gradient force)

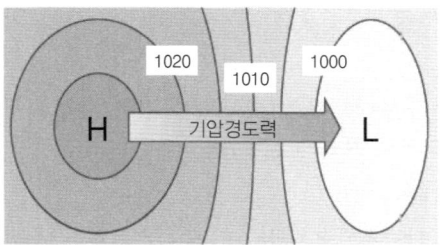

그림 1-9. 기압경도력

수평면 위의 두 지점에서 기압차로 인하여 생기는 힘을 기압경도력이라고 한다. 기압경도력은 두 지점 간의 기압차에 비례하고, 거리에 반비례한다. 기압경도력은 바람이 부는 근본 원인이며 모든 바람에 영향을 끼친다.

나. 전향력(Coriolis force)

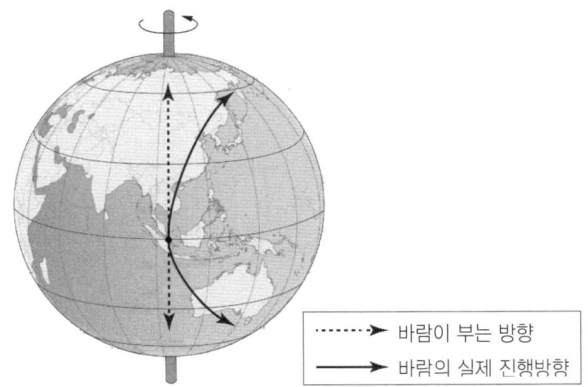

그림 1-10. 전향력(Coriolis force)

기압차에 의한 기압경도력으로 공기가 이동하기 시작하면 바람은 지구 자전의 영향을 받으며, 지구 자전에 의해 생기는 가상의 힘을 전향력 또는 코리올리 힘(Coriolis force)이라고 한다. 기압경도가 고기압 지역에서 저기압 지역으로 흐를 때 지구의 자전으로 인한 전향력은 바람이 고기압 지역에서 저기압 지역으로 직접 흐르지 못하게 한다.

전향력의 크기는 상대속도에 비례하며, 일정한 두 지점간의 상대속도는 위도가 높은 지방일수록 크다. 따라서 전향력은 극지방에 가까울수록 커지고, 적도지방에서 가장 작게 나타난다. 북반구에서는 전향력이 운동 방향의 오른쪽 직각 방향으로 작용하여 바람을 오른쪽으로 휘어지게 한다. 반대로 남반구에서는 전향력이 운동 방향의 왼쪽 직각 방향으로 작용하여 왼쪽으로 휘어지게 한다.

다. 마찰력(Friction force)

지표면은 기복과 굴곡이 많은 지형으로 되어 있어서 그 위를 이동하는 대기는 지표면과 마찰이 생긴다. 따라서 대기는 소용돌이가 생기기도 하고 난류층이 형성되기도 한다. 이와 같이 물체의 운동을 방해하는 힘을 마찰력이라 한다. 마찰력은 접촉면이 거칠수록 커지고, 운동 물체의 속력이 클수록 커진다.

대기 중에서 지표면의 굴곡이나 기복, 건물 등에 의해 바람이 영향을 받는 층을 마찰층, 혹은 대기경계층이라 한다. 일반적으로 대기가 지표면의 마찰을 받는 마찰층의 범위는 지상 약 1 km까지 이다. 이 지표면과의 마찰 때문에 지표면 바람은 등압선에 평행하게 불지 않고 어떤 각도를 가지고 등압선을 횡단하여 불게 된다.

라. 중력(Gravity force)

질량을 가진 대기의 분자는 중력을 받게 되며 중력은 거의 지구 중심 방향으로 향한다. 이러한 중력은 극에서 최대이며 적도에서 최소가 된다.

마. 원심력(Centrifugal force)

회전하는 바람에 작용하는 원심력은 회전의 중심으로부터 바깥쪽으로 작용한다. 원심력은 풍속에는 영향을 미치지 않고 풍향에만 영향을 미친다.

3. 바람의 종류

가. 지균풍(Geostrophic wind)

지균풍은 높이 1 km 이상의 지면 마찰이 거의 없는 상공에서 등압선이 직선일 때, 기압경도력과 전향력이 평형을 이루며 등압선에 평행하게 부는 바람을 말한다.

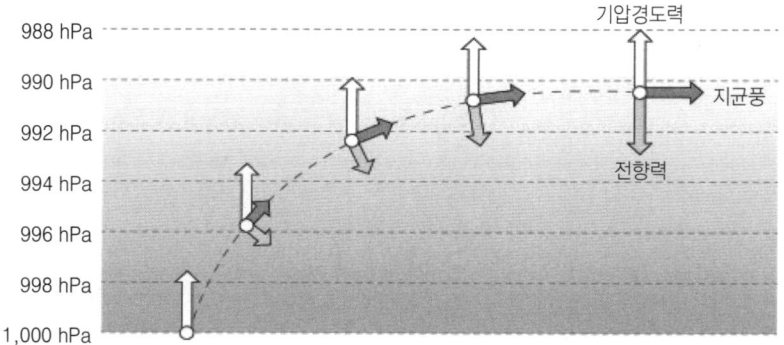

그림 1-11. 지균풍(Geostrophic wind)

나. 경도풍(Gradient wind)

마찰이 없는 상층의 고기압이나 저기압의 주변에서 공기가 곡선 운동을 할 경우 기압경도력과 전향력 외에 원심력이 작용하게 된다. 경도풍은 등압선이 원형일 때 지상으로부터 1 km 이상에서 기압경도력, 전향력과 원심력의 세 힘이 평형을 이루며 부는 바람이다.
 북반구의 경우 저기압 주위에서는 기압경도력이 원심력과 전향력을 합한 힘과 평형을 이룬다. 고기압 주위에서는 전향력이 기압경도력과 원심력을 합한 힘과 평형을 이루어 바람이 분다. 따라서 북반구의 저기압 주위에서는 바람이 반시계 방향으로 불고, 고기압 주위에서는 시계 방향으로 등압선을 따라 원운동을 하면서 분다.

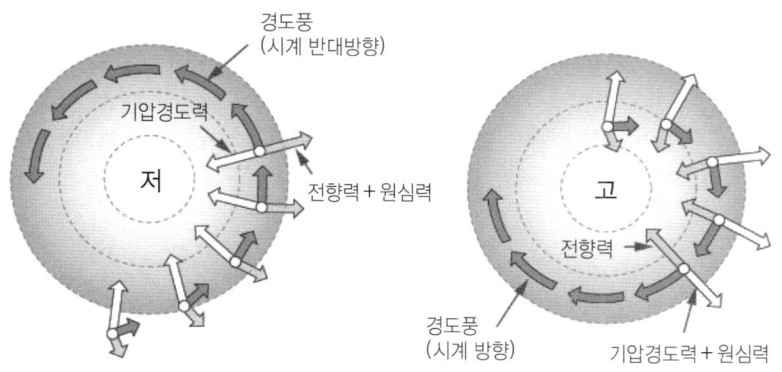

그림 1-12. 경도풍(북반구에서)

다. 지상풍(Surface wind)
 1 km 아래의 대기 경계층에서 기압경도력이 전향력과 마찰력을 합한 힘과 평형을 이루며 부는 바람이다. 지표면의 상태에 따른 마찰이 클수록 지상풍의 풍향과 등압선이 이루는 각도도 커진다. 보통 육지에서 지상풍이 불 때는 5~25°, 해양에서는 5~20°의 각을 이룬다. 지상풍은 마찰력이 작용하므로 저기압 주위에서는 반시계 방향으로 불어 들어가고, 고기압 주위에서는 시계 방향으로 불어 나온다.

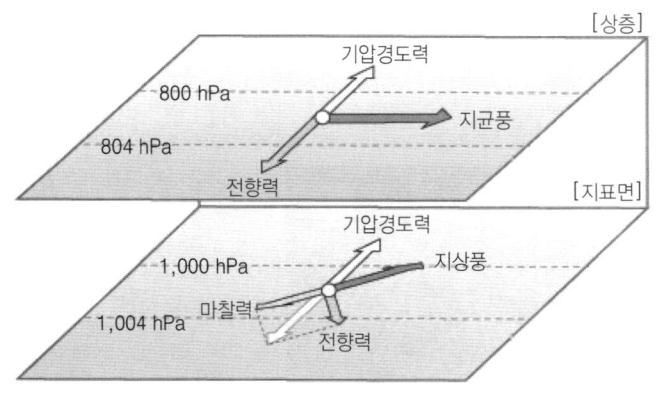

그림 1-13. 지상풍(Surface wind)

라. 선형풍(Cyclostrophic wind)
 기압경도력과 원심력이 평형을 이루며 등압선에 평행하게 부는 바람을 선형풍이라고 한다.

마. 계절풍과 국지풍
 (1) 계절풍(seasonal wind)
  계절풍은 계절의 변화에 따른 육지와 해양의 비열 차에 의해 방향이 바뀌는 바람이다. 일반적으로 북반구에서 겨울에는 대륙이 해양보다 냉각이 빨라서 대륙에 고기압이 형성되면서 시베리아 대륙의 차가운 공기가 해양으로 유입되게 된다. 이에 따라 우리나라에서는 북서 계절풍이 우세하다. 하지만 여름에는 대륙이 해양보다 가열이 빨라서 대륙에 가열에 의한 저기압이 발생하면서 북태평양상의 더운 공기가 대륙으로 유입되게 되고, 우리나라에서는 남동 계절풍이 우세하다. 그리고 봄과 가을에는 위의 계절풍이 바뀌는 과정에서 주로 변화가 심한 서풍이 불게 된다.

(2) 국지풍(local wind)

(가) 해륙풍(sea and land breeze)

해륙풍이란 해안지방에서 맑은 날 기압경도가 완만할 때 나타나는 일종의 국지풍으로 낮과 밤에 바람의 방향이 거의 반대가 된다. 낮에는 해상에서 육지를 향하여 해풍이 불고, 밤에는 육지에서 해상을 향하여 육풍이 분다.

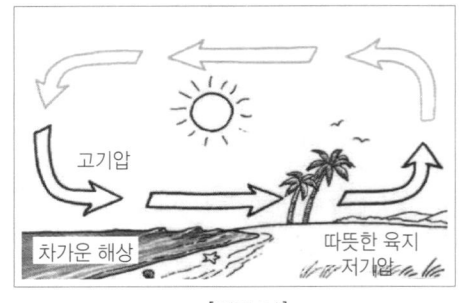 

[해풍-낮] [육풍-밤]

그림 1-14. 해륙풍(Sea and land breeze)

(나) 산곡풍(valley wind and mountain breeze)

산악지방에서 밤에는 복사에 의하여 산 쪽이 냉각되기 때문에 공기가 무거워져서 내려오므로, 산꼭대기에서 골짜기 또는 평지를 향한 바람이 부는데 이를 산바람(산풍)이라고 한다. 반대로 낮에는 골짜기에서 산꼭대기를 향한 바람이 불며 이를 골바람(곡풍)이라고 하며, 이들을 총칭해서 산곡풍이라 한다.

 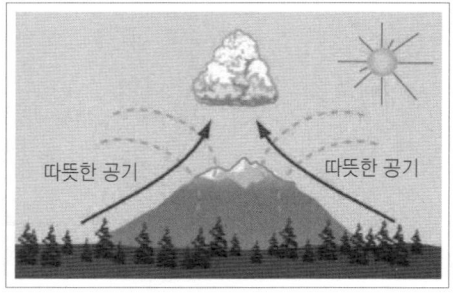

[산풍-밤] [곡풍-낮]

그림 1-15. 산곡풍(Valley wind and mountain breeze)

(다) 푄풍(Foehn wind)

푄풍은 산의 경사면을 따라 하강하는 사면 하강풍(katabatic wind)이다. 고도가 높은 산맥에 직각으로 강한 바람이 부는 경우, 산맥의 풍상측에서는 단열팽창에 의해 냉각되고 풍하측에서는 단열압축에 의해 강하고 고온 건조한 바람이 불어 내리게 된다. 이렇게 해서 발생하는 바람을 독일에서는 푄풍(Föhn wind)이라 부르며, 북아메리카에서는 치누크(chinook), 우리나라에서는 높새바람이라고 한다. 푄풍은 산의 풍하측에 저기압이 있을 때 잘 발달한다.

제2절 구름과 강수

1. 구름(Clouds)

가. 구름의 형성

(1) 구름의 정의

구름이란 대기 중의 수증기가 상공에서 응결하거나 승화하여 매우 작은 물방울이나 얼음의 결정으로 변한 것들이 무리지어 공기 중에 떠있으면서 우리 눈에 보이는 현상을 말한다. 구름은 공기가 상승하여 단열냉각에 의해 포화에 이르러 수증기가 응결 또는 빙결됨에 따라 형성된다.

(2) 상승응결고도(condensation level)

상승응결고도란 공기가 상승하여 구름이 형성되는 높이를 말한다. 구름은 기온과 이슬점이 같을 때 형성되므로, 기온과 이슬점이 최초로 같아지는 높이가 운저(cloud base)의 높이에 해당한다. 기온은 1,000 ft 당 5.4°F 감소하고 이슬점은 1,000 ft 당 1.0°F 감소하므로 1,000 ft 당 기온과 이슬점의 감소율 차이는 4.4°F(2.5℃) 이다. 따라서 지표면의 기온을 T, 이슬점을 T_d라고 하면 운저의 높이는 다음과 같은 식으로 구할 수 있다.

$$운저의 높이(\text{ft}) = \frac{T(°F) - T_d(°F)}{4.4} \times 1,000 \ [\because 온도\ 단위가\ °F인\ 경우]$$
$$= \frac{T(℃) - T_d(℃)}{2.5} \times 1,000 \ [\because 온도\ 단위가\ ℃인\ 경우]$$

나. 구름의 종류

구름은 운저의 높이에 따라 상층운, 중층운, 하층운과 수직운(적운형)으로 분류한다.

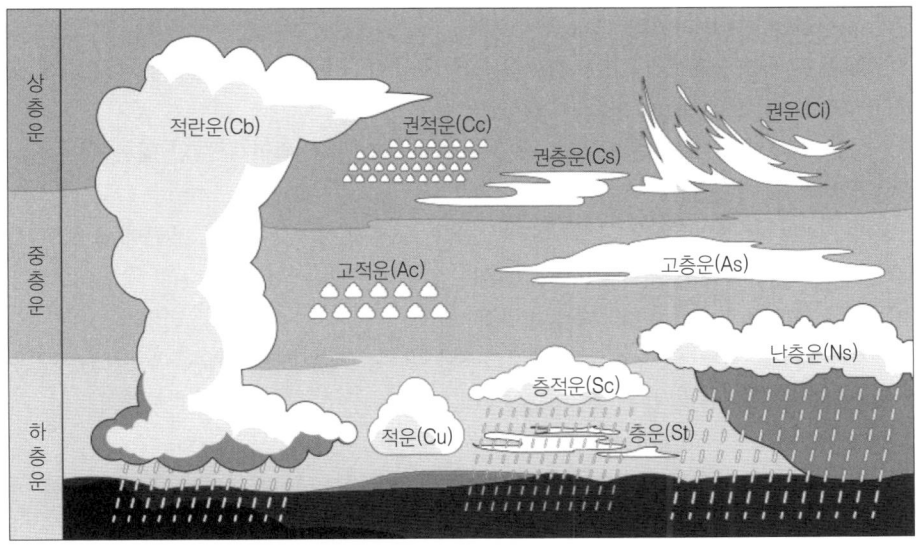

그림 1-16. 구름의 종류

표 1-5. 구름의 10종 분류

운형				기호	비고
층상운	상층운	권운	Cirrus	Ci	• AGL 20,000 ft 이상 • 주로 빙정으로 구성
		권적운	Cirrocumulus	Cc	
		권층운	Cirrostratus	Cs	
	중층운	고적운	Altocumulus	Ac	• AGL 6,500 ft~20,000 ft • 과냉각수적과 빙정으로 구성
		고층운	Altostratus	As	
	하층운	난층운	Nimbostratus	Ns	• 지표면 부근~AGL 6,500 ft • 주로 수적으로 구성
		층적운	Stratocumulus	Sc	
		층운	Stratus	St	
대류운	수직운	적운	Cumulus	Cu	• MSL 1,000 ft~10,000 ft • 상부는 빙정, 하부는 수적으로 구성
		적란운	Cumulonimbus	Cb	

(1) 상층운(High clouds)

상층운에는 권운, 권적운 및 권층운이 있다. 상층운의 높이는 중위도 지방에서는 16,000~45,000 ft 정도이며, 열대지역에서 구름의 상한고도는 60,000 ft까지 된다.

(가) 권운(Cirrus; Ci, 새털구름)

얇은 깃털과 같은 형태로 조각이나 좁은 띠 모양으로 보이는 구름이다.

(나) 권적운(Cirrocumulus; Cc, 조개구름)

얇은 구름으로서 작고 하얀 솜으로 된 덩어리나 작은 조각 같은 형태로 나타난다.

(다) 권층운(Cirrostratus; Cs, 해무리구름)

얇고 흰 구름층으로서 마치 이불이나 면사포(veil)를 깔아 놓은 듯한 형태이다.

(2) 중층운(Middle clouds)

중층운에는 고층운, 고적운이 있다. 중층운의 높이는 6,500~20,000 ft 정도이다.

(가) 고적운(Altocumulus; Ac, 양떼구름)

얇은 판, 둥근 모양의 덩이, 롤(roll) 모양 등의 구름덩이로 된 백색 또는 회색의 구름이다.

(나) 고층운(Altostratus; As, 회색차일구름)

하늘 전체나 일부를 층 모양으로 덮는 회색 또는 푸른색이 곁들인 얇은 흑색의 구름이다.

(3) 하층운(Low clouds)

하층운에는 난층운, 층적운 및 층운이 있다. 구름의 높이는 지면 부근에서 6,500 ft까지 이며, 50 ft 이하에서 형성된 것은 안개라고 한다.

(가) 난층운(Nimbostratus; Ns, 비구름)

검은 회색의 두터운 구름으로서 지속적인 비, 눈 또는 기타 강수를 동반하는 구름이다. 장마철에 많이 나타나며, 비가 지속적으로 내리기 때문에 비구름이라고도 한다.

(나) 층적운(Stratocumulus; Sc, 두루마리구름)

둥글둥글한 덩이, 롤(roll) 또는 얇은 판과 같은 모양의 백색이나 회색의 구름이다.

(다) 층운(Stratus; St, 안개구름)

낮고 편평하게 퍼져있는 마치 담요와 같은 구름이다.

(4) 수직운(Vertical clouds)
(가) 적운(Cumulus; Cu, 뭉게구름)

맑은 하늘에 떠있는 뭉게구름으로, 꼭대기는 둥글고 밑은 평평하며 뭉게뭉게 떠 있다. 적운은 대부분 여름철에 지면 가열에 의한 대류에 의해 형성된다. 또한 찬 공기가 상대적으로 따뜻한 지면이나 해수면 위를 지날 때 형성되기도 한다. 대개 맑은 날 여름철 한낮이나 오후에 산등성이 등에 잘 나타나며, 일몰과 함께 소산된다. 맑은 날의 적운은 불안정한 대기상태의 영역을 나타낸다. 적운 안에서 약간의 요란은 있지만 심각한 착빙이나 강수 등은 없다.

(나) 적란운(Cumulonimbus; Cb, 소나기구름)

수직으로 매우 발달한 무겁고 밀도가 높은 적운형 구름이다. 발달한 적란운은 강수, 번개, 우박 및 돌풍 그리고 강한 상승과 하강기류 등 여러 가지 악기상을 동반한다. 적란운에서의 강수는 강하고 소나기성이며, 상승기류는 성층권 위로 치솟을 만큼 강하다. 때때로 적란운은 심한 난기류의 존재를 암시한다.

2. 강수(Precipitation)

대기 중의 수증기가 물이나 얼음으로 변하여 지상에 떨어지는 현상을 강수라고 한다. 기상관측에서 강수량은 어떤 곳에 일정 기간 동안 내린 물(비, 눈, 우박, 안개 등)의 총량을 말한다. 비가 내린 양은 강우량이라고 하며, 단위는 mm로 표시한다. 눈이 내린 양은 강설량이라고 하며, 단위는 cm로 표시한다. 강수량의 단위로 인치(inch)를 사용하는 나라도 있다.

가. 강수의 이론

구름을 이루고 있는 입자인 운립(구름입자, 雲粒)은 작은 물방울인 수적(물방울, 水滴)으로 되어 있다. 운립의 크기는 운형에 따라 다르나 매우 작아 직경이 대략 0.01~0.1 mm 정도이다. 빗방울의 크기는 직경이 0.1~6 mm 정도인 작은 것에서부터 6 mm 이상 되는 큰 것도 있다. 그래서 직경이 0.01 mm 운립 100만개가 모여야 직경 1 mm의 빗방울 하나가 만들어 진다.

강수입자의 형성을 설명하는 강수이론에는 빙정설과 병합설이 있다.

(1) 빙정설(ice crystal theory)

기온이 0℃ 이하인 구름 속에 빙정과 과냉각물방울이 존재할 때, 구름 속의 수증기압이 빙정에 대해서는 과포화 상태이고 과냉각물방울에 대해서는 불포화 상태가 된다. 불포화 상태의 과냉각물방울은 증발하여 작아지고, 과포화 상태의 빙정에 달라붙어 더욱 커져 낙하한다. 낙하할 때 빙정이 따뜻한 기층을 통과하여 녹으면 비가 내리고 녹지 않으면 눈이 된다. 구름 속의 온도가 0℃ 이하인 온대 지방이나 한대 지방의 찬비를 설명할 수 있는 이론이다.

(2) 병합설(coalescence theory)

열대 지방이나 여름철 중위도 지방에서 형성되는 구름 최상부의 온도는 0℃ 이상이다. 이러한 구름을 따뜻한 구름(warm cloud)이라고 하며, 구름 전체가 수적(물방울)으로만 되어 있다. 구름 속에서 만들어지는 수적은 그 크기가 다양한데, 이 가운데서 큰 수적은 작은 수적보다 상대적으로 빨리 떨어진다. 큰 수적은 떨어지면서 작은 수적과 충돌해 병합되고 크기가 점점 더 커져서 대기 중에 떠 있을 수 없을 정도로 무거워지면 지상으로 떨어지게 된다. 이러한 구름 내부의 수적 간의 충돌·병합에 의해 강수입자가 형성된다는 이론이 병합설이며, 이런 과정을 통해 형성된 비를 따뜻한 비(warm rain)라고 한다.

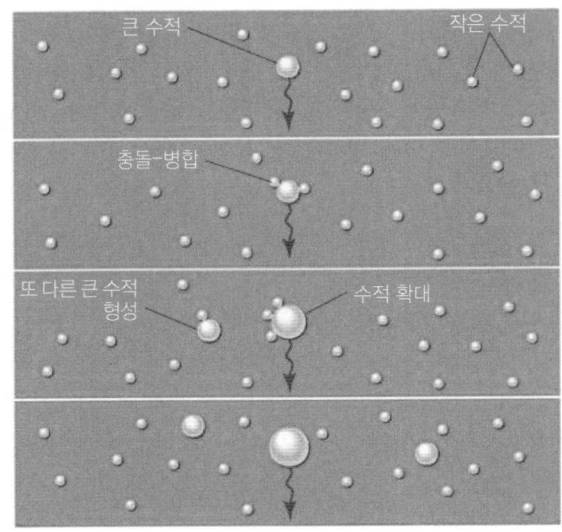

그림 1-17. 병합설(Coalescence theory)

나. 강수와 구름의 두께

확실한 강수가 생성되기 위해서는 구름의 두께가 적어도 4,000 ft 이상은 되어야 한다. 공항의 이착륙에서 강수 보고를 받았다면 구름의 두께가 4,000 ft 이상은 될 것으로 예상해야 한다. 구름의 두께가 증가할수록 강수량도 많아진다.

제3절 안개(Fog)

1. 안개의 정의

무수히 많은 미세한 물방울들이나 습한 흡습성 입자들이 대기 중에 떠있는 현상으로 수평시정이 1 km 미만일 때를 안개(fog), 수평시정이 1 km 이상일 때는 박무(mist)라고 한다.

2. 안개의 발생과 소산

가. 안개의 발생조건

안개는 대기 중의 수증기가 응결하여 생성된 것으로 응결이 일어나려면 다음과 같은 조건이 주어져야 한다.
(1) 대기 중에 수증기가 다량으로 함유되어 있을 것
(2) 공기가 이슬점온도 이하로 냉각될 것. 대기 중의 공기가 냉각되는 원인으로는 다음과 같은 것을 들 수 있다.
  (가) 공기가 상승하면서 일어나는 단열 팽창에 의한 냉각
  (나) 찬 공기와 더운 공기의 혼합에 의한 난기 냉각
  (다) 야간 지면복사로 인한 지표면 부근의 공기 냉각
(3) 대기 중에 응결을 촉진시키는 흡습성의 미립자, 즉 응결핵이 많이 떠 있을 것
(4) 대기 중으로 외부에서 많은 수증기가 공급될 것

나. 안개의 소산조건
   (1) 지면의 가열: 지표면이 따뜻해져서 지표 부근의 역전이 해소되면 안개는 소산된다.
   (2) 난기류 작용: 지표 부근의 바람이 강하게 불면 난기류에 의한 연직방향의 혼합이 증가되어 역전이 해소되므로 안개는 위로 올라가거나 소산된다.
   (3) 난기(열기구) 유입: 공기 덩어리가 사면을 따라서 하강하면 온도는 단열적으로 상승하므로 안개 입자들은 증발하여 소산된다.
   (4) 고기압 창출: 차갑고 밀도가 큰 공기가 안개가 낀 구역으로 들어오면 안개는 상공으로 올라가거나, 차가운 공기는 건조하므로 안개 입자들은 증발하여 소산된다.

3. 안개의 분류
가. 공기의 냉각으로 발생하는 안개
   (1) 복사안개(Radiation fog)
      육상에서 관측되는 대부분의 안개는 야간의 지표면 복사냉각으로 인하여 발생한다. 맑은 날 밤이나 새벽녘에 바람이 약한 경우, 공기의 복사냉각은 지표면 근처에서 가장 심하며 때로는 기온 역전층이 형성된다. 따라서 지면에 접한 공기가 이슬점에 달하여 수증기가 지상의 물체 위에 응결하면 이슬이나 서리가 되고, 지면 근처에 안개가 형성된다. 이렇게 형성되는 안개를 복사안개 또는 땅안개(ground fog)라고 한다.
      복사안개를 형성하는데 가장 유리한 대기 조건은 맑은 날씨에 약한 바람(5 kt 미만)과 높은 상대습도이며, 이 조건은 고기압 지배하에 있는 내륙에서 잘 일어난다.
   (2) 이류안개(Advection fog)
      이류안개는 5~15 kts의 바람이 부는 바다와 해안선에서 많이 형성되는데, 온난 습윤한 공기가 한랭한 지표면 또는 수면 위로 이동함에 따라서 지표면 또는 수권과 접촉되는 공기가 냉각되므로 일어난다. 이류안개는 풍속 15 kts 정도까지는 점점 더 짙어지나, 그 이상으로 더 강해지면 난류로 인해서 안개는 상승되어 구름이 된다.
      또한 이류안개는 대양의 밑바닥에서 찬물이 해면 위로 올라옴에 따라 해면 온도가 낮아지는 바다에서 형성되기도 한다. 바다에서 형성되는 이류안개는 여름철에 저위도로부터 바람이 계속적으로 습윤한 공기를 한랭한 해상으로 운반하게 되므로 고위도의 대양에서 많이 발생한다. 해상에서 발생하는 안개의 대부분은 이류안개이며, 이를 해무(sea fog, 바다안개)라고 한다. 해무의 두께는 보통 200~400 m 정도로 복사안개보다 두꺼우며, 발생하는 범위가 아주 넓다. 또한 지속성이 커서 한번 발생하면 수일 또는 한 달 동안 지속되기도 한다.
   (3) 활승안개(Upslope fog)
      활승안개는 상승 활주안개라고도 하며, 산악을 타고 올라가는 공기의 팽창으로 냉각되는 습윤한 공기에 의해서 형성된다. 공기가 경사면을 따라 상승하게 되면 팽창되므로 냉각이 된다. 이때 응결할 수 있을 만큼 충분히 냉각되면 안개가 형성된다. 이와 같이 활승안개를 형성하고 지속하게 하는데는 상승 활주하는 바람이 반드시 있어야 하고, 바람이 대단히 강할 때는 안개를 상승시켜 낮은 층의 구름이 된다.
나. 수증기의 증발로 발생하는 안개
   (1) 김안개(Steam fog, 증기무)
      찬 공기가 상대적으로 높은 온도의 수면 또는 온난하고 습한 지표면 위를 지날 때 증발된 수증기가 포화되고 응결되어 발생하는 안개이다. 마치 김이 올라오는 것처럼 보여서 김안개라고 하며, 증발에 의해서 안개가 생성되므로 증발안개라고도 한다.

(2) 전선안개(Frontal fog)

전선안개는 따뜻한 빗방울이 찬 공기 중에서 증발하여 찬 공기가 포화될 때 발생한다.

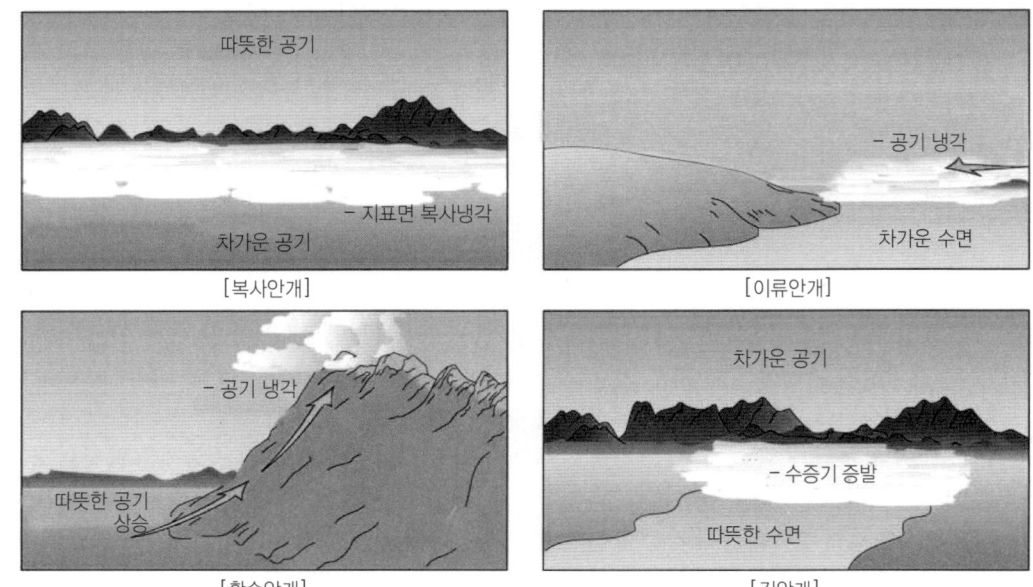

그림 1-18. 안개의 유형

다. 얼음안개(Ice fog, 빙무)

대기 중에 무수히 많은 미세한 빙정들이 떠다니는 현상으로 수평시정이 1 km 미만일 때를 말한다. 얼음안개는 대단히 저온이고, 바람이 없을 때 발생한다.

라. 박무(Mist)

무수히 많은 미세한 물방울들이나 습한 흡습성 입자들이 대기 중에 떠있는 현상으로, 수평시정이 1 km 이상인 것을 말한다. 박무가 낄 때의 대기는 안개처럼 습하고 차갑게 느껴지지는 않는다. 연무와 구별은 연무보다 습도가 높은 것과 회색을 띠는 것이 특징이다.

마. 연무(Haze)

연무란 육안으로 볼 수 없는 대단히 미세하고 건조한 입자들이 대기 중에 수없이 많이 떠있어서, 대기가 우윳빛으로 흐려 보이는 현상을 말한다.

흡습성의 미립자가 많이 섞여 있을 때에는 그 주위에 수증기가 응결되어 미세한 물방울을 만들기 때문에 안개 시정 1 km 이하, 또는 박무 시정 1 km 이상이 된다.

제4절 기단과 전선

1. 기단(Air Mass)

가. 기단(air mass)의 정의

　기단이란 공간적으로 수평 방향으로 수천 km에서 수직 방향으로 수 km까지 기온, 습도 등의 물리적인 성질이 균일하거나, 그 변화가 매우 완만한 공기 덩어리를 의미한다. 넓은 대륙의 빙설원이나 사막, 대양 등과 같이 지표면의 성질이 거의 균일한 곳에 대기가 오랫동안 정체하고 있으면 공기는 점차로 그 아래에 있는 지표면의 고유한 성질을 받아들이게 된다.

　기단이 기온, 습도 등의 특성을 획득하게 되는 지역을 기단의 발원지라고 한다. 기단의 이상적인 발원지는 넓은 범위에 걸쳐 지표면의 성질이나 상태가 균일해야 하며, 공기 덩어리가 상당히 장시간 같은 지표면상에 정체하고, 넓은 범위에 걸쳐 바람이 약해야 한다. 따라서 기단은 주로 넓은 대륙 위나 해양 위에서 발생한다. 일반적으로 바람이 약한 저위도 지방과 고위도 지방에서 형성되며, 특히 정체성 고기압권이나 기압경도가 작은 거대한 저기압권에서 형성되기 쉽다.

나. 기단의 분류

　기단은 지표면의 성질에 따라 대륙성기단(Continental: C)과 해양성기단(Maritime: M)으로 구분할 수 있다. 또한 위도에 따라 극기단(Arctic: A), 한대기단(Polar: P), 열대기단(Tropical: T)과 적도기단(Equatorial: E)으로 구분할 수 있다. 이들 조합에 의해 기단을 다음과 같은 4가지의 기본형으로 분류한다.

명 칭	기호	특 징
대륙성 한대기단(Continental Polar Air Mass)	cP	한랭, 건조, 안정
해양성 한대기단(Maritime Polar Air Mass)	mP	한랭, 다습, 불안정
대륙성 열대기단(Continental Tropical Air Mass)	cT	고온, 건조, 안정(상공)/불안정(지상)
해양성 열대기단(Maritime Tropical Air Mass)	mT	고온, 다습, 가장 불안정

다. 기단의 변질

　기단은 고기압 주변의 바람과 함께 발원지와는 다른 성질을 가진 지표면을 이동하는 경우가 있다. 기단이 발원지를 떠나 이동하면 지표면 상태, 성질의 변화 및 이동 도중 지표면과의 사이에서 열이나 수증기 교환으로 기단의 성질도 점차 변하게 된다. 일반적으로 한랭한 지역을 지나는 따뜻한 기단은 하층에서부터 냉각되므로 기층이 안정되어 층운형의 구름이나 안개가 발생한다.

　반대로 따뜻한 지역을 지나는 찬 기단은 하층이 가열되어 불안정해지므로 상승기류가 발달하고, 수면 위를 지나는 경우 하층에서 수증기를 공급받아 적운이나 적란운이 생기기 쉽다. 또한 소낙성 강수의 가능성이 증가한다.

라. 우리나라 주변의 기단

(1) 시베리아 기단(cP)

　시베리아 기단은 대륙성 한대기단으로 한랭 건조한 시베리아 대륙에서 발생하기 때문에 한랭 건조한 특성이 있으며 겨울철에 우리나라에 영향을 미친다. 이 기단의 세력권에 들어가면 강한 북서풍이 불고 전반적으로 전국이 영하권으로 떨어지며, 기단의 성장과 쇠퇴에 의하여 7일을 주기로 삼한 사온의 현상이 나타나게 된다.

　시베리아 기단이 동해나 서해를 지날 때 해상의 수증기를 얻어 하층이 다습하고 불안정하여 산맥을 타고 상승할 때는 많은 눈을 내리게 한다. 겨울철에 울릉도 및 호남지역에 눈이 많이 내리는 까닭은 이 때문이다.

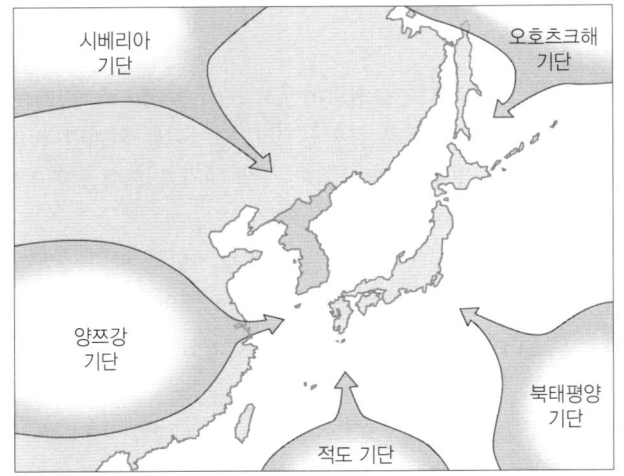

그림 1-19. 우리나라 주변의 기단

(2) 오호츠크해 기단(mP)

늦은 봄에서 이른 여름에 걸쳐 오호츠크해의 수온이 주위보다 낮게 되므로 이곳에 고기압이 형성된다. 이 고기압 내에서 발생되는 기단이 오호츠크해 기단이다. 따라서 이 기단의 공기는 비교적 한랭하고 수증기를 많이 포함한다. 이는 장마기에 남쪽으로 확장되어서 해양성 열대기단인 북태평양 기단과 만나 전선을 형성한다. 이 전선은 동서로 뻗어있어 잘 이동하지 않는다. 흔히 일본에서는 이를 장마전선이라고 하나, 우리나라의 장마전선은 다소 복잡한 구조를 이루고 있다.

우리나라의 장마는 오호츠크해 기단과 북태평양 기단이 서로 만나는 불연속선, 즉 한대전선의 일종인 장마전선에서 나타나는 현상으로 볼 수 있다. 오호츠크해 고기압은 동해안 지방에 많은 비를 가져온다. 동해안 지방이 자주 흐린 것은 이 기단과 연관이 깊은 것이다.

(3) 북태평양 기단(mT)

북태평양 기단은 저위도 해양인 북태평양 상에서 형성되는 고온 다습한 해양성 열대기단이다. 이 기단은 우리나라의 무더운 여름철 기후에 영향을 주고, 한랭 습윤한 기단인 오호츠크해 기단과 만나 장마전선을 이룬다. 북태평양 기단이 강해지면 장마전선이 북상하면서 폭우가 내린다. 반면 오호츠크해 기단의 힘으로 장마전선이 남하할 때는 이슬비가 내리면서 기온도 다소 떨어진다. 장마가 지나면서 북태평양 기단의 영향으로 본격적인 더운 날씨가 시작된다.

북태평양 기단이 내륙지방에서 지표면으로부터 가열되면 적운이 형성되고, 적운은 적란운으로 발달하므로 한 여름에는 이 기단 내에서 뇌우나 소나기가 잘 발생하게 된다. 그러나 이 기단이 강력하게 우리나라를 덮고 있을 때는 장마전선이 형성될 수 없으며, 따라서 저기압도 우리나라에 접근할 수 없으므로 오히려 한발이 나타나는 수가 있다.

(4) 양쯔강 기단(cT)

대륙성 열대기단인 양쯔강 기단은 중국의 양쯔강 이남지역의 평야에서 발생되고 있다. 이곳에는 흔히 시베리아 고기압에서 분리된 고기압이 머물러 있는 곳이다. 이 기단은 비교적 불안정한 기단이나 워낙 건조하기 때문에 기단 내에서는 구름이 생기고 비가 내리는 일이 없다. 이 기단의 공기가 이동성 고기압과 더불어 우리나라를 덮게 되면 온난건조한 날씨가 나타난다.
(5) 적도 기단(mE)
적도지방의 적도 무풍대에서 발생되는 고온 다습한 기단으로 여름철에 우리나라에 영향을 준다. 우리나라가 이 기단의 영향을 받게 되면 더위가 더욱 심해지고, 태풍과 함께 이동하며 영향지역에 호우를 뿌리기도 한다.

2. 전선(Fronts)
가. 전선(fronts)의 정의

온도, 밀도 등 물리적 성질이 다른 두 기단이 접촉하여 그 접촉면을 경계로 기상요소가 급격히 변화하고 있을 때 이러한 면을 전선면(frontal surface)이라 하며, 이 면이 지면과 만나는 선을 전선(fronts)이라고 한다. 또 경계층이 지면과 만나는 대역을 전선대(frontal zone)라고 한다.

상층풍은 전선의 이동은 물론 운량이나 전선이 동반하는 강수량을 결정하는 요인이 된다. 전선은 횡단하는 바람 방향으로 이동하며, 상층풍이 전선에 평행하게 불면 전선은 매우 완만하게 움직인다.

나. 전선의 불연속 기상요소
(1) 기온

전선을 지날 때 불연속을 가장 쉽게 인지할 수 있는 요소 중의 하나는 기온의 변화이다. 지표면에서 기온의 변화는 일반적으로 쉽게 인지할 수 있지만, 빠르게 움직이는 전선에서는 매우 급격할 수 있다. 그러나 느리게 움직이는 전선에서 기온의 변화는 그렇게 뚜렷하지는 않다.

(2) 노점온도

노점온도는 기온과 함께 공기의 상대습도를 나타내 준다. 일반적으로 노점온도와 습수는 전선을 가로지르면서 변화한다. 이러한 차이는 전선의 위치를 확인하는데 도움이 된다.

(3) 바람

항공기가 전선을 지나고 있다는 것을 인지할 수 있는 가장 확실한 기상요소는 풍향의 변화이다. 전선 전후면의 풍속은 대부분 비슷하지만 따뜻한 공기에서 찬 공기로 비행하는 경우 순간적으로 풍속이 강해지기도 한다. 그것은 일반적으로 차가운 기단 속에서의 바람이 더 강하기 때문이다. 바람의 급격한 변화는 비행에 극히 위험한 윈드시어(wind shear)를 형성할 수 있다.

(4) 기압

전선은 보통 기압골을 따라 존재하기 때문에 전선에서 멀어질수록 기압은 전선면보다 높게 나타나는 것이 일반적이다. 따라서 기압은 전선이 접근하고 있을 때는 감소하고, 전선이 통과하고 난 후에는 급격히 증가하는 것이 일반적이다.

다. 전선의 종류
(1) 온난전선(Warm front)
(가) 정의

온난공기가 한랭공기 쪽으로 이동해 한랭한 공기 위로 상승할 때 형성되는 전선이다. 온난전선이 통과할 때는 기압, 기온 및 바람 등의 변화는 한랭전선만큼 뚜렷하지 않다. 이것은 전선면의 기울기가 일반적으로 완만하기 때문이다. 따라서 온난전선 전견의 광범위한 강수대는 자주 하층에 층운과 안개를 발생시킨다. 이 경우, 강수는 한랭공기에 수증기를 공급하여 포화상태에 이르게 하므로 수천 km^2의 넓은 지역에 걸쳐 낮은 실링(ceiling)과 악시정을 일으키기도 한다.

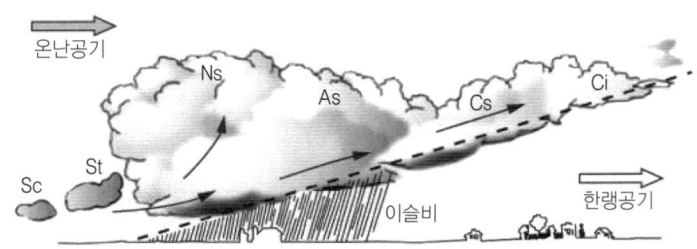

그림 1-20. 온난전선(Warm front)

(나) 특징
① 전선의 이동속도는 25 km/h로 느리고, 전선면의 경사도는 1/100~1/200(평균 1/150)로 기울기가 완만하다.
② 전선 전방에는 강한 남동풍, 통과 후에는 약한 남풍 또는 남서풍으로 변한다.
③ 구름은 체계적으로 전선 전방에서부터 권운(Ci), 권층운(Cs), 고층운(As), 난층운(Ns), 층운(St) 순으로 형성되며, 때로는 약간의 고적운(Ac)이 나타나기도 한다.
④ 전선 전방 약 200 mile 지역에서부터 연속적인 약한 강우가 시작된다.
⑤ 기압, 기온과 바람 등의 기상요소가 뚜렷한 불연속을 나타내지 않을 때가 많다.
⑥ 전선 통과 시 기온은 상승하고, 기압은 하강한다. 습도는 높아지며 일기회복이 늦고 전선무가 발생한다.

(2) 한랭전선(Cold front)
 (가) 정의

그림 1-21. 한랭전선(Cold front)

인접한 두 기단 중 한랭기단의 찬 공기가 온난기단의 따뜻한 공기 쪽으로 파고들 때 형성되는 전선을 말한다. 찬 공기가 따뜻한 공기 속을 쐐기 모양으로 파고들기 때문에 따뜻한 공기는 찬 공기 위를 차고 오르게 되며, 이동속도가 빠르고 기울기도 크다. 또한 온난전선보다 좁은 지역에서 강수가 나타나며 강수 강도가 세다. 이때 전선 부근에서는 소나기나 뇌우, 우박 등 궂은 날씨를 동반하는 경우가 많다. 이 전선이 통과한 후에는 기온과 노점온도가 급격히 하강하고, 바람이 강해지면서 풍향이 급변한다.

한랭전선은 온대 저기압에 동반되는데 저기압의 중심에서 남서 또는 서남서 쪽으로 뻗쳐 있다.

조종사가 한랭전선 부근을 비행할 때 만나는 위험한 기상현상은 한랭전선 전면의 스콜선(squall line)이나 전선을 따라 나타나는 적운형 구름이다. 이러한 위험 기상현상은 심한 요란, 윈드시어, 뇌우, 번개, 심한 소나기, 우박, 착빙 및 토네이도 등을 동반한다.

(나) 특징

① 전선의 이동속도는 35 km/h로 빠르고, 전선면의 경사도는 1/50~1/100(평균 1/70)로 기울기가 급하다.
② 전선 전방은 남풍 또는 남서풍, 통과 후에는 서풍 또는 북서풍으로 변한다.
③ 일반적으로 적운 또는 적란운이 만들어지며, 소나기성 강수를 동반한다.
④ 전선 통과 후 시정이 일반적으로 좋아지며, 일기회복이 빠르다.
⑤ 전선 통과 후 기압은 급상승, 기온 및 노점온도는 급격히 하강한다.

(3) 폐색전선(Occluded front)

(가) 정의

폐색전선은 온대 저기압 발달과정의 마지막 단계로, 이동속도가 빠른 한랭전선이 온난전선을 추월하여 합쳐짐으로써 폐색상태가 된 전선을 말한다.

그림 1-22. 폐색전선(Occluded front)

(나) 특징

① 한랭전선 후방의 한기는 전방의 난기보다 빨리 이동한다.
② 상공에 새로운 한랭전선 및 온난전선이 형성된다.
③ 난기가 상공으로 올라가므로 상당한 강수가 있으며, 매우 불안정하다.

(4) 정체전선(Stationary front)

(가) 정의

한랭기단과 온난기단의 세력이 비슷할 때는 전선은 거의 이동하지 않는다. 이렇게 움직이지 않거나 움직여도 10 km/h 미만으로 매우 느리게 움직이는 전선을 정체전선이라고 하며, 상공의 풍향과 전선이 펼쳐져 있는 방향이 평행을 이루고 있을 때 형성된다. 정체전선 상에는 약한 저기압이 여러 개 연결되어 있는 일이 많으며, 장마전선은 이와 같은 정체전선의 일종이다.

(나) 특징

① 기상상태는 온난전선의 경우와 흡사한 점이 많다.
② 저기압 발생의 온상이 된다.

③ 양 기단의 세력이 비슷할 때 형성되므로 이동이 거의 없고, 집중 강우가 발생한다.

그림 1-23. 정체전선(Stationary front)

출 제 예 상 문 제

Ⅰ. 바람(Wind)

【문제】1. 바람의 발생 원인은 무엇인가?
　　　① 지구의 자전　　　　　　② 공기군(air mass)의 변형
　　　③ 기압의 차이　　　　　　④ 전선의 이동

〈해설〉바람은 기압의 차이에 의해서 생긴다. 기압의 차이는 국지적 또는 전 지구적인 태양 가열의 차이로 생긴다.

【문제】2. 바람 발생의 근본 원인이 되는 것은?
　　　① 기압경도력　　② 전향력　　③ 원심력　　④ 중력

【문제】3. 적도에서 부는 바람에 영향을 주지 않는 힘은?
　　　① 마찰력　　② 전향력　　③ 기압경도력　　④ 원심력

【문제】4. 공기가 고기압에서 저기압으로 직접 흐르는 것을 방해하는 힘은?
　　　① 기압경도력　　　　　　② 마찰력
　　　③ 원심력　　　　　　　　④ 코리올리스 힘(Coriolis force)

【문제】5. 전향력이 작용하지 않는 곳은?
　　　① 극지방　　② 적도　　③ 중위도　　④ 위도 30도 지역

【문제】6. 다음 중 코리올리 효과가 가장 적게 나타나는 곳은?
　　　① 적도지방　　② 북반구　　③ 남반구　　④ 극지방

【문제】7. 전향력에 관한 설명 중 틀린 것은?
　　　① 지구의 자전에 의해 생기는 가상의 힘이다.
　　　② 북반구에서는 바람 방향의 왼쪽으로 휘게 한다.
　　　③ 극지방으로 갈수록 강해진다.
　　　④ 기압경도력과 균형을 이루면 지균풍이 된다.

【문제】8. 지상과의 마찰력이 바람에 미치는 영향은?
　　　① 기압경도력을 감소시킨다.
　　　② 기압경도력을 증가시킨다.
　　　③ 코리올리스 힘을 감소시킨다.
　　　④ 고고도에서 코리올리스 힘을 증가시키는 원인이 된다.

정답　1. ③　2. ①　3. ②　4. ④　5. ②　6. ①　7. ②　8. ③

【문제】 9. 바람이 등압선의 방향으로 불지 않고 다른 한 방향으로 불게 하는 원인은?
① 지면 마찰   ② 코리올리스 힘   ③ 기압경도력   ④ 원심력

【문제】 10. 지표면 바람이 등압선에 평행하게 불지 않고 어떤 각도를 가지고 등압선을 횡단하여 부는 원인은?
① 지면의 높은 공기 밀도   ② 지면의 높은 대기압
③ 지면의 마찰력   ④ 코리올리스 힘

【문제】 11. 5,000 ft AGL의 특정 비행에서 바람이 남서풍인 반면 지상풍의 대부분은 남풍이다. 두 바람의 방향이 다른 주요 이유는?
① 높은 고도의 강한 기압경도   ② 고도에 따른 기온의 차이
③ 지표면의 강한 전향력   ④ 바람과 지표면 사이의 마찰

【문제】 12. 상층부에서 부는 바람은 등압선에 평행하게 부는데 지상에서 부는 바람은 상층부의 바람과 평행하게 불지 않는 이유는?
① 지상풍의 마찰은 기압경도력을 감소시킨다.
② 지상풍의 마찰은 전향력을 감소시킨다.
③ 지상풍의 마찰은 기압경도력을 증가시킨다.
④ 지상풍의 마찰은 전향력과 아무런 영향이 없다.

【문제】 13. 다음 중 바람의 세기와 관련된 것은?
① 기압경도력과 중력   ② 기압경도력과 편향력
③ 기압경도력과 마찰력   ④ 기압경도력과 원심력

〈해설〉 바람에 영향을 주는 힘은 다음과 같다.
1. 기압경도력(Pressure gradient force)
  수평면 위의 두 지점에서 기압차로 인하여 생기는 힘을 기압경도력이라고 한다. 기압경도력은 바람이 부는 근본 원인이며 모든 바람에 영향을 끼친다.
2. 전향력(Coriolis force)
  지구 자전에 의해 생기는 가상의 힘을 전향력이라고 하며, 편향력이나 코리올리 힘(Coriolis force)이라고도 한다. 지구의 자전으로 인한 전향력은 바람이 고기압 지역에서 저기압 지역으로 직접 흐르지 못하게 하여, 북반구에서는 바람을 오른쪽으로 휘어지게 한다. 전향력은 극지방에 가까울수록 커지고, 적도지방에서 가장 작게 나타난다. 전향력은 풍향에만 영향을 주고 풍속에는 영향을 주지 않는다.
3. 마찰력(Friction force)
  지표면은 기복과 굴곡이 많은 지형으로 되어 있어서 그 위를 이동하는 대기는 지표면과 마찰이 생겨서 물체의 운동을 방해하게 되며, 이와 같이 물체의 운동을 방해하는 힘을 마찰력이라 한다. 마찰력은 접촉면이 거칠수록 커지고, 운동 물체의 속력이 클수록 커진다.
4. 원심력(Centrifugal force)
  회전하는 바람에 작용하는 원심력은 회전의 중심으로부터 바깥쪽으로 작용한다. 원심력은 풍속에는 영향을 미치지 않고 풍향에만 영향을 미친다.

[정답] 9. ①   10. ③   11. ④   12. ②   13. ③

【문제】 14. 마찰력이 무시된 고도에서 등압선이 직선일 때 부는 바람은?
　　① 경도풍　　② 지균풍　　③ 선형풍　　④ 지상풍

【문제】 15. 기압경도력과 전향력이 평형을 이루어 등압선에 평행하게 부는 바람은?
　　① 지균풍　　② 지상풍　　③ 경도풍　　④ 국지풍

【문제】 16. 기압경도력, 전향력과 원심력이 균형을 이루어 등압선에 평행하게 부는 바람은?
　　① 국지풍　　② 지상풍　　③ 지균풍　　④ 경도풍

【문제】 17. 경도풍(gradient wind) 이란?
　　① 기압경도력이 전향력과 마찰력을 합한 힘과 평형을 이루며 등압선에 평행하게 부는 바람
　　② 마찰이 없는 상공에서 곡선 등고선을 따라 부는 바람
　　③ 기압경도력과 전향력이 평형을 이루며 등압선에 평행하게 부는 바람
　　④ 기압경도력과 원심력이 평형을 이루며 곡선 등고선을 따라 부는 바람

【문제】 18. 마찰이 생기는 지면에서의 바람에 대한 설명으로 맞는 것은?
　　① 등압선의 30° 방향으로 고기압에서 저기압으로 분다.
　　② 지면의 마찰은 풍향에 영향을 미치지 않는다.
　　③ 기압경도력이 원심력과 마찰력을 합한 힘과 평형을 이룬다.
　　④ 저기압 주위에서는 반시계 방향으로 불어 들어간다.

【문제】 19. 기압경도력과 원심력이 평형을 이루며 부는 바람은?
　　① 지균풍　　② 경도풍　　③ 선형풍　　④ 지상풍

〈해설〉 바람의 종류는 다음과 같다.

종류	내용
지균풍	마찰력이 무시된 상공에서 등압선이 직선일 때, 기압경도력과 전향력이 평형을 이루어 등압선에 평행하게 부는 바람
경도풍	등압선이 곡선일 때 기압경도력, 전향력과 원심력이 평형을 이루며 부는 바람(마찰이 없는 상공에서 곡선 등고선을 따라 부는 바람)
지상풍	기압경도력이 전향력과 마찰력을 합한 힘과 평형을 이루며 부는 바람으로 보통 육지에서 지상풍이 불 때는 5~25°, 해양에서는 5~20°의 각을 이룬다.(마찰력이 작용하므로 저기압 주위에서는 반시계 방향으로 불어 들어가고, 고기압 주위에서는 시계 방향으로 불어 나온다)
선형풍	기압경도력과 원심력이 평형을 이루어 등압선에 평행하게 부는 바람

【문제】 20. 야간에 산을 따라 내려오는 바람은?
　　① 산곡풍　　② 곡풍　　③ 산풍　　④ 육풍

【문제】 21. 하강풍으로 건조하고 더운 바람이 부는 것은?
　　① 산곡풍　　② 푄 바람　　③ 해륙풍　　④ 스콜

정답　14. ②　15. ①　16. ④　17. ②　18. ④　19. ③　20. ③　21. ②

【문제】22. 산의 하단에 부는 따뜻하고 건조한 바람을 무엇이라 하는가?
① 해풍 ② 육풍 ③ 휀풍 ④ 곡풍

〈해설〉 국지풍의 종류는 다음과 같다.

종 류	내 용
해륙풍	• 낮: 해풍이 해상에서 육지를 향하여 분다. • 밤: 육풍이 육지에서 해상을 향하여 분다.
산곡풍	• 낮: 골바람(곡풍)이 골짜기에서 산꼭대기를 향하여 분다. • 밤: 산바람(산풍)이 산꼭대기에서 골짜기를 향하여 분다.
푄풍(휀풍)	산의 경사면을 따라 하강하면서 풍하측에 생기는 건조하고 더운 바람

Ⅱ. 구름과 강수

【문제】1. 다음 중 구름, 안개 또는 이슬이 형성될 수 있는 상태는?
① 수증기가 응축될 때 ② 수증기가 존재할 때
③ 기온과 노점이 같을 때 ④ 기온과 노점의 차이가 클 때

〈해설〉 구름, 안개 또는 이슬은 공기가 상승하여 단열냉각에 의해 포화에 이르러 수증기가 응결(응축) 또는 빙결됨에 따라 형성된다.

【문제】2. 지상 기온 25℃, 이슬점 온도가 10℃ 일 때 발생하는 구름의 대략적인 높이는 얼마인가?
① 3,000 ft ② 4,000 ft ③ 6,000 ft ④ 8,000 ft

〈해설〉 지표면의 기온을 $T(℃)$, 이슬점을 $T_d(℃)$라고 하면,

$$\therefore 구름의 높이(ft) = \frac{T - T_d}{2.5} \times 1000 = \frac{25 - 10}{2.5} \times 1000 = 6,000 \text{ ft}$$

【문제】3. 고도 1,000 ft MSL의 지표면 기온이 70°F이고 이슬점 온도가 48°F 일 때 발생하는 적운형 구름의 대략적인 높이는?
① 4,000 ft MSL ② 5,000 ft MSL ③ 6,000 ft MSL ④ 7,000 ft MSL

〈해설〉 고도 1,000 ft에서의 지표면의 기온을 $T(°F)$, 이슬점을 $T_d(°F)$라고 하면,

• 고도 1,000 ft에서, 구름의 높이(ft) $= \frac{T - T_d}{4.4} \times 1000 = \frac{70 - 48}{4.4} \times 1000 = 5,000 \text{ ft}$

• 표고(elevation)가 1,000 ft MSL 이므로,
  ∴ 실제 구름의 높이(ft) = 5,000 + 1,000 = 6,000 ft MSL

【문제】4. 다음 중 상층운에 해당하는 구름은?
① Ac(Alto-cumulus, 고적운) ② Cs(Cirro-stratus, 권층운)
③ Sc(Stratus-cumulus, 층적운) ④ Ns(nimbo-stratus, 난층운)

【문제】5. 다음 중 상층운이 아닌 것은?
① 권층운 ② 권운 ③ 권적운 ④ 고층운

정답 22. ③ / 1. ① 2. ③ 3. ③ 4. ② 5. ④

【문제】 6. 다음 중 중층운에 해당하는 구름은?
　　　① Cb　　　② Cs　　　③ Ac　　　④ Sc

【문제】 7. 다음 중 중층운은?
　　　① 권층운　　　② 층적운　　　③ 고층운　　　④ 적란운

【문제】 8. 여름 장마철에 지속성 강수를 내리게 하는 구름은?
　　　① Sc　　　② Ns　　　③ Cb　　　④ Cu

【문제】 9. 여름철 낮에 생겼다가 밤이 되면 사라지는 구름은?
　　　① Cu　　　② Sc　　　③ St　　　④ Ns

【문제】 10. Unstable air에서 산등성이에 주로 발생하는 구름은?
　　　① Ac　　　② Cu　　　③ Ns　　　④ St

【문제】 11. 대류성 기류에 의해 형성되는 구름은?
　　　① 층운　　　② 적운　　　③ 권층운　　　④ 고층운

【문제】 12. 다음 중 강한 강수를 유발할 수 있는 구름은?
　　　① Ns　　　② Cs　　　③ Sc　　　④ St

【문제】 13. 다음 중 가장 심한 난기류가 생성되는 구름은?
　　　① 권적운　　　　　　　② 층운
　　　③ 타워링 적운　　　　　④ 적란운

【문제】 14. 다음 중 하층운은?
　　　① Ac　　　② Ci　　　③ St　　　④ Cs

【문제】 15. 다음 중 하층운에 속하는 구름은?
　　　① 층적운(Sc)　　　　　② 권층운(Cs)
　　　③ 권적운(Cc)　　　　　④ 적운(Cu)

【문제】 16. 구름의 명칭에 사용되는 접미사 "nimbus"의 의미는?
　　　① cloud with extensive vertical development
　　　② rain cloud
　　　③ dark massive, towering cloud
　　　④ middle cloud containing ice pellets

정답　6. ③　7. ③　8. ②　9. ①　10. ②　11. ②　12. ①　13. ④　14. ③　15. ①　16. ②

【문제】17. 구름의 명칭에 사용되는 접두사 "nimbo"의 의미는?
① 강수구름　　② 탑상구름　　③ 수직발달구름　　④ 빙정구름

【문제】18. 다음 중 수직 발달운이 아닌 것은?
① Cu　　② Ns　　③ Cb　　④ TCU

【문제】19. 지표면으로부터 고도 몇 ft 이하의 구름은 하층운으로 분류되는가?
① 4,500 ft　　② 6,500 ft　　③ 8,500 ft　　④ 10,500 ft

〈해설〉 구름의 종류는 다음과 같다.
1. 상층운(20,000 ft 이상) : 권운(Ci), 권적운(Cc) 및 권층운(Cs)
2. 중층운(6,500 ft~20,000 ft) : 고적운(Ac), 고층운(As)
3. 하층운(6,500 ft 이하) : 난층운(Ns), 층적운(Sc), 층운(St)
　하층운 중 난층운(Ns, 비구름)은 검은 회색의 두터운 구름으로서 지속적인 비, 눈 또는 기타 강수를 동반하는 구름이다. 장마철에 많이 나타나며, 비가 지속적으로 내리기 때문에 비구름이라고도 한다.
4. 수직운 : 수직적으로 발달하는 구름에는 적운(Cu), 적란운(Cb)과 탑상적운(TCU)이 있다.
　가. 적운(Cu, 뭉게구름) - 대부분 여름철에 지면 가열에 의한 대류에 의해 형성된다. 지표면이 많이 가열되는 맑은 날 여름철 한낮이나 오후에 산등성이 등에 잘 나타나며, 일몰과 함께 소산된다. 맑은 날의 적운은 불안정한 대기상태의 영역을 나타낸다.
　나. 적란운(Cb, 소나기구름) - 강수, 번개, 우박 및 돌풍 그리고 강한 상승과 하강기류 등 여러 가지 악기상을 동반한다. 때때로 적란운은 심한 난기류의 존재를 암시한다.
5. 접미사 "nimbus"와 접두사 "nimbo"는 강수구름(rain cloud)이나 강수발생 가능 구름(rain-bearing cloud)을 의미한다. (예; 적란운 Cumulo-nimbus, 난층운 Nimbo-stratus)

【문제】20. 강수 현상에 대한 설명 중 틀린 것은?
① 수적은 운립의 수만 배 크기이다.
② 운립의 크기는 운형에 따라 다르다.
③ 강수 속도는 수적의 크기와 관련이 없다.
④ 강수량의 단위로 inch를 사용하는 나라도 있다.

【문제】21. 우적과 관련하여 맞는 것은?
① 우적의 양을 나타내는 단위로 inHg를 쓰는 나라도 있다.
② 우적의 크기는 구름 종류 및 낙하 속도와 무관하다.
③ 우적은 운립의 수백 배 크기이다.
④ 낙하 속도는 우적의 크기에 따라 달라진다.

【문제】22. 우적의 크기에 영향을 주는 요소가 아닌 것은?
① 시정　　② 구름의 종류　　③ 낙하 속도　　④ 응결핵의 크기

【문제】23. 강수 예보가 있다면 최소한의 구름 두께는?
① 2,000 ft　　② 3,000 ft　　③ 4,000 ft　　④ 5,000 ft

정답　17. ①　18. ②　19. ②　20. ③　21. ④　22. ①　23. ③

⟨해설⟩ 강수현상에 대한 설명은 다음과 같다.
1. 운립의 크기는 운형에 따라 다르나, 직경이 거의 0.01 mm인데 비하여 수적(물방울)의 직경은 보통 0.01~0.1 mm 이다. 이것을 부피비로 비교하면 우적은 운립의 100만 배 정도의 크기이다.
2. 수적은 클수록 그 낙하 속도도 커진다.
3. 강수량의 단위는 mm를 사용하며, 인치(inch)를 사용하는 나라도 있다.
4. 확실한 강수가 생성되기 위해서는 구름의 두께가 적어도 4,000 ft 이상은 되어야 한다.

Ⅲ. 안개(Fog)

【문제】1. 물방울이 공기 중에 부유하여 시정이 1,000 m 미만으로 감소되는 기상현상은?
① Mist   ② Haze   ③ Fog   ④ Dust

【문제】2. 영상의 기온에서 온도와 노점기온이 같을 때 가장 자주 생기는 것은?
① 안개   ② 비   ③ 서리   ④ 스모그

【문제】3. 현재 복사무가 끼어있는 상황이라면 예상되는 기상현상은?
① 바람이 약하고, 온도와 노점의 차이가 크다.
② 바람이 약하고, 온도와 노점의 차이가 적다.
③ 바람이 강하고, 온도와 노점의 차이가 크다.
④ 바람이 강하고, 온도와 노점의 차이가 적다.

【문제】4. 현재 안개가 끼어있고 기온이 다음과 같이 변한다고 할 때 기상은?

구 분	온 도(℃)				
Temp(℃)	21	21	21	23	25
Dew Point(℃)	21	21	21	22	23

① 안개는 이미 사라졌다.   ② 안개가 사라질 것이다.
③ 안개는 더욱 짙어진다.   ④ 안개는 사라질 것 같지 않다.

⟨해설⟩ 안개에 대한 설명은 다음과 같다.
1. 무수히 많은 미세한 물방울들이나 습한 흡습성 입자들이 대기 중에 떠있는 현상으로 수평시정이 1 km 미만일 때를 안개(fog), 수평시정이 1 km 이상일 때는 박무(mist)라고 한다.
2. 온도와 이슬점(노점)이 같거나 거의 동일하여 지상의 물체 위에 수증기가 응결되면 이슬이나 서리가 되고, 지면 근처에는 안개가 형성된다. 서리는 이슬점온도가 0℃ 이하일 때 발생한다. 안개는 온도-이슬점 차이가 2℃(4℉) 이상일 때는 잘 발생하지 않으므로, 문제의 표와 같이 온도-이슬점 차이가 2℃ 이상이 되면 안개는 사라질 것이다.

【문제】5. 안개를 많이 포함할 수 있는 조건에 가장 영향을 많이 미치는 조건은?
① 습도   ② 기압   ③ 응결핵   ④ 온도

【문제】6. 안개의 발생에 영향을 미치는 요건이 아닌 것은?
① 온도   ② 습도   ③ 기압   ④ 바람

정답 1. ③   2. ①   3. ②   4. ②   5. ①   6. ③

【문제】 7. 안개가 잘 발생하는 조건은?
　　　① 난기류 형성　　② 지면 가열　　③ 난기 유입　　④ 단열 팽창

【문제】 8. 안개의 생성조건이 아닌 것은?
　　　① 지면 복사　　② 단열 냉각　　③ 난기 냉각　　④ 불안정 대기

【문제】 9. 대기 중 공기 냉각의 원인이 아닌 것은?
　　　① 단열 상승으로 인한 단열 냉각
　　　② 한랭한 공기와 온난한 공기의 혼합에 의한 난기 냉각
　　　③ 온위면의 하강으로 인한 공기 냉각
　　　④ 복사로 인한 지표면 부근의 공기 냉각

〈해설〉 안개의 발생조건은 다음과 같다.
　1. 대기 중에 수증기가 다량으로 함유되어 있거나, 외부에서 대기 중으로 많은 수증기가 공급될 것
　2. 공기가 이슬점온도 이하로 냉각될 것. 대기 중의 공기가 냉각되는 원인으로는 다음과 같은 것을 들 수 있다.
　　가. 공기가 상승하면서 일어나는 단열 팽창에 의한 냉각
　　나. 찬 공기와 더운 공기의 혼합에 의한 난기 냉각
　　다. 야간 지면복사로 인한 지표면 부근의 공기 냉각
　3. 대기 중에 응결을 촉진시키는 흡습성의 미립자, 즉 응결핵이 많이 떠 있을 것
　4. 바람이 약할 것

【문제】 10. 안개의 소산조건이 아닌 것은?
　　　① 지면의 가열　　　　　　　　② 차고 밀도가 큰 공기의 유입
　　　③ 강한 바람과 전선 통과　　　　④ 강한 침강역전의 존재

【문제】 11. 안개 소산의 원인이 아닌 것은?
　　　① 단열 냉각　　　　　　　　　② 단열 온난
　　　③ 공기의 가열　　　　　　　　④ 찬 공기의 유입

【문제】 12. 안개의 소산조건이 아닌 것은?
　　　① 지면의 가열　　　　　　　　② 난기류 작용
　　　③ 고기압 저하　　　　　　　　④ 난기 유입

〈해설〉 안개의 소산조건은 다음과 같다.
　1. 지면의 가열 : 지표면이 따뜻해져서 지표 부근의 역전이 해소되면 안개는 소산된다.
　2. 난기류 작용 : 지표 부근의 바람이 강하게 불면 난기류에 의한 연직 방향의 혼합이 증가되어 역전이 해소되므로 안개는 위로 올라가거나 소산된다.
　3. 난기(열기구) 유입 : 공기 덩어리가 사면을 따라서 하강하면 온도는 단열적으로 상승하므로 안개 입자들은 증발하여 소산된다.
　4. 고기압 창출 : 차갑고 밀도가 큰 공기가 안개가 낀 구역으로 들어오면 안개는 상공으로 올라가거나, 차가운 공기는 건조하므로 안개 입자들은 증발하여 소산된다.

정답　7. ④　　8. ④　　9. ③　　10. ④　　11. ①　　12. ③

■ 잠깐! 알고 가세요.
[안개의 발생 조건/소산 조건]

발생 조건	소산 조건
• 지표면 부근 공기냉각 (야간 지면복사) • 찬 공기와 더운 공기의 혼합 (난기냉각) • 단열팽창 냉각	• 지면의 가열 • 난기류 작용 • 난기(열기구) 유입 • 고기압 창출

【문제】13. 맑은 날 새벽녘이나 야간에 잔잔한 바람이 불어올 때 지면의 복사냉각에 의해 발생하는 안개는?
① 이류무   ② 복사무   ③ 증기무   ④ 활승무

【문제】14. 복사무의 생성조건이 아닌 것은?
① Low pressure   ② Clear sky
③ No wind   ④ High humidity

【문제】15. 습도가 높고 대기가 안정된 상태에서 야간에 지면이 냉각되어 발생하는 안개는?
① 복사무   ② 이류무   ③ 증기무   ④ 활승무

【문제】16. 기온역전으로 발생하는 안개는?
① 활승무   ② 증기무   ③ 복사무   ④ 이류무

【문제】17. 이동성 고기압이 우리나라를 지날 때 발생하는 안개는?
① 전선무   ② 이류무   ③ 증기무   ④ 복사무

【문제】18. 복사안개가 발생할 수 있는 기상조건으로 맞는 것은?
① Light wind, little or no cloud, moist air
② Light wind, extensive cloud, dry air
③ Light wind, extensive cloud, moist air
④ Strong wind, little or no cloud, moist air

【문제】19. 복사안개가 생성될 조건 중 틀린 것은?
① Clear sky   ② Unstable air
③ Moist air   ④ Light wind

【문제】20. 복사안개에 대한 설명으로 틀린 것은?
① 풍속이 2~3노트일 때 잘 발생한다.
② 습윤한 공기가 지표면에 접해 있을 때 형성된다.
③ 날씨가 맑은 날 야간에 상대습도가 높을 때 주로 형성된다.
④ 고기압 지배하에 있는 내륙에서 잘 일어나며, 땅안개라고도 한다.

정답 13. ②   14. ①   15. ①   16. ③   17. ④   18. ①   19. ②   20. ①

〈해설〉 복사안개(radiation fog)의 특징은 다음과 같다.
  1. 대기가 안정된 상태에서 맑은 날 밤이나 새벽녘에 지표면의 복사냉각으로 인하여 발생하는 안개를 복사안개 또는 땅안개(ground fog)라고 한다.
  2. 복사안개를 형성하는데 가장 유리한 대기의 조건은 맑은 날씨에 약한 바람(5 kt 미만)과 높은 상대습도이며, 이 조건은 고기압 지배하에 있는 내륙에서 잘 일어난다.

【문제】21. 습하고 더운 공기가 상대적으로 찬 지표면으로 이동할 때 생기는 안개는?
  ① 복사무 ② 이류무 ③ 활승무 ④ 전선무

【문제】22. 일반적으로 이류안개가 형성될 수 있는 조건은?
  ① 찬 지면 또는 수면 위로 이동하는 덥고 습한 공기
  ② 바람이 없는 상황 하에서 서늘한 지면 위로 가라앉는 덥고 습한 공기
  ③ 더운 수면의 기류 위로 찬 공기군이 불어오는 육지 산들바람
  ④ 미풍이 존재하는 더운 지역으로 이동하는 공기

【문제】23. 해안지역에서 잘 발생하는 안개로 습윤한 공기가 차가운 대지로 이동하면서 발생하는 안개는?
  ① Radiation fog ② Steam fog
  ③ Advection fog ④ Frontal fog

【문제】24. 습윤한 공기가 한랭한 육지나 수면 위를 이동할 때 생기는 안개는?
  ① 복사무 ② 활승무 ③ 전선무 ④ 이류무

【문제】25. 이류무가 소산되거나 상승하여 구름이 되는 경우는?
  ① 야간 냉각 ② 지면 복사
  ③ 15 KTS 이상의 바람 ④ 지면 공기의 건조

〈해설〉 이류안개(advection fog)의 특징은 다음과 같다.
  1. 이류안개는 5~15 kts의 바람이 부는 바다와 해안선에서 많이 형성되는데, 온난 습윤한 공기가 한랭한 지표면 또는 수면 위로 이동함에 따라서 지표면 또는 수면과 접촉되는 공기가 냉각되므로 일어난다.
  2. 이류안개는 풍속 15 kts 정도까지는 점점 더 짙어지나 그 이상으로 더 강해지면 난류로 인해서 안개는 상승되어 구름이 된다.

【문제】26. 해무는 언제 부는가?
  ① 주간에 육지에서 바다로 분다. ② 야간에 육지에서 바다로 분다.
  ③ 주간에 바다에서 육지로 분다. ④ 야간에 바다에서 육지로 분다.

【문제】27. 이류무에 대한 설명 중 틀린 것은?
  ① 풍속 7 m/sec까지의 바람은 안개를 더 두껍게 한다.
  ② 해무의 두께는 보통 1 km에 이른다.

[정답] 21. ② 22. ① 23. ③ 24. ④ 25. ③ 26. ④

③ 여름에 고위도 해상에서 해무가 자주 발생한다.
④ 해안에 발생할 때는 해무의 형태가 된다.

〈해설〉 해상이나 해안에서 발생하는 안개의 대부분은 이류안개이며, 이를 해무(sea fog)라고 한다. 해무의 특징은 다음과 같다.
1. 풍속 15 kts(약 7 m/sec) 정도까지는 점점 더 짙어지나 그 이상으로 더 강해지면 난류로 인해서 안개는 상승되어 구름이 된다.
2. 고위도 해상의 표면 수온은 연중을 통해 변화가 적고, 여름철에 바람이 저위도의 습윤한 공기를 고위도의 해상으로 운반하므로 고위도의 해상에서 해무가 자주 발생한다.
3. 해무의 두께는 보통 200~400 m 정도로 복사안개보다 두껍다.
4. 해무는 시정을 1 km 미만으로 감소시킨다.
5. 새벽이나 밤에 육지로 이동해오는 비교적 따뜻하고 습한 공기가 찬 지면 위를 지나면서 냉각되고 포화되어 해무가 발생한다.

【문제】 28. 습한 공기가 산악을 타고 올라가며 형성되는 안개는?
① 활승무　　　② 복사무　　　③ 이류무　　　④ 강수무

【문제】 29. 바람이 있어야 형성되는 안개는?
① Steam fog, Downslope fog
② Precipitation-induced fog, Ground fog
③ Advection fog, Upslope fog
④ Radiation fog, Ice fog

【문제】 30. 한랭한 공기가 따뜻한 수면 위를 지날 때 생기는 안개는?
① 복사무　　　② 이류무　　　③ 증기무　　　④ 전선무

【문제】 31. 찬 공기가 따뜻한 해상을 지날 때 생기는 안개는?
① Radiation fog　　　　　　② Frontal fog
③ Advection fog　　　　　　④ Steam fog

【문제】 32. 따뜻한 지표면 또는 물가 위로 찬 공기가 지날 때 생기는 안개는?
① 복사안개　　　② 이류안개　　　③ 활승안개　　　④ 증기안개

【문제】 33. 바람의 영향으로 생기는 안개는?
① 이류안개, 복사안개　　　　　② 이류안개, 활승안개
③ 김안개, 전선안개　　　　　　④ 복사안개, 활승안개

【문제】 34. 찬 공기가 덥고 습한 지역에 와서 생성되는 안개는?
① 활승무　　　② 증기무　　　③ 이류무　　　④ 복사무

정답　27. ②　28. ①　29. ③　30. ③　31. ④　32. ④　33. ②　34. ②

【문제】 35. 공기의 냉각에 의해 발생하는 안개가 아닌 것은?
① 복사무 ② 이류무 ③ 활승무 ④ 증기무

【문제】 36. 안개는 냉각 혹은 증발로 인하여 발생한다. 다음 중 증발로 인한 안개는?
① 전선무 ② 복사무 ③ 이류무 ④ 활승무

【문제】 37. 안개에 대한 설명 중 틀린 것은?
① 이류무(advection fog)는 온난 습윤한 공기가 한랭한 지표면 위로 이동할 때 발생한다.
② 전선무(frontal fog)는 공기의 팽창으로 냉각되는 습윤한 공기에 의해 발생한다.
③ 빙무(ice fog)는 대단히 저온이고 바람이 없을 때 발생한다.
④ 증기무(steam fog)는 찬 공기가 높은 온도의 수면 위를 지날 때 발생한다.

〈해설〉 안개를 발생원인에 의하여 분류하면 다음과 같다.

발생원인	종 류	내 용
공기의 냉각	복사안개 (radiation fog)	• 야간의 지표면 복사냉각과 이로 인한 기온역전으로 발생 • 형성조건 : 맑은 날 약한 바람(5 kt 미만)과 높은 상대습도 • 이동성 고기압권 내에서는 대체로 바람이 약하고 날씨가 좋아서 야간의 복사냉각으로 복사안개가 발생하고 서리가 잘 맺힌다.
	이류안개 (advection fog)	• 온난 습윤한 공기가 한랭한 지표면 또는 수면 위로 이동할 때 발생 • 5~15 kts 정도까지는 점점 더 짙어지나, 15 kts 이상의 바람이 불면 소산되거나 상승하여 구름이 된다.
	활승안개 (upslope fog)	• 산악을 타고 올라가는 공기의 팽창으로 냉각되는 습윤한 공기에 의해서 발생
수증기의 증발	김안개(증기안개, steam fog)	• 찬 공기가 상대적으로 높은 온도의 수면 또는 온난하고 습한 지표면 위를 지날 때 발생
	전선안개 (frontal fog)	• 따뜻한 빗방울이 찬 공기 중에서 증발하여, 찬 공기가 포화될 때 발생
	얼음안개(ice fog)	• 대단히 저온이고 바람이 없을 때 발생

【문제】 38. 기상현상 "HZ"에 대한 설명으로 맞는 것은?
① 무수히 많은 미세한 빙정들이 공기 중에 부유하고 있는 현상으로 회색빛으로 보인다.
② 무수히 많은 물방울이나 습한 흡습성 입자들이 공기 중에 부유하고 있는 현상으로 우윳빛으로 보인다.
③ 아주 작고 건조한 입자가 공기 중에 무수히 부유하고 있는 현상으로 우윳빛으로 보인다.
④ 매우 작은 물방울 또는 얼음 입자가 공기 중에 부유하고 있는 현상으로 회색빛으로 보인다.

【문제】 39. 연무(haze)로 인한 조종사의 착시는?
① 활주로가 좁게 보인다. ② 활주로가 넓게 보인다.
③ 활주로가 가깝게 보인다. ④ 활주로가 멀게 보인다.

〈해설〉 연무("HZ", haze)란 육안으로 볼 수 없는 대단히 미세하고 건조한 입자들이 대기 중에 수없이 많이 떠 있어서, 대기가 우윳빛으로 흐려 보이는 현상을 말한다. 이러한 대기의 연무는 조종사에게 활주로로부터 더 먼 거리에 있는 것 같은 착각을 유발시킨다.

정답 35. ④   36. ①   37. ②   38. ③   39. ④

Ⅳ. 기단과 전선

【문제】1. 수평적으로 거의 동일한 물리적 특징을 가진 공기 집단을 무엇이라 하는가?
① 난류　　　　　② 전선　　　　　③ 기압대　　　　　④ 기단

【문제】2. 기단(air mass)의 특징이 아닌 것은?
① 온도, 습도 등의 연직분포 상태가 거의 같은 성질을 지닌 공기 덩어리를 말한다.
② 기단 발원지의 특성을 그대로 가진다.
③ 기단이 형성되기 위해서는 공기 덩어리가 장시간 정체하고, 바람이 약해야 한다.
④ 바람이 약한 저위도 지방과 고위도 지방의 정체성 고기압권에서 형성되기 쉽다.

【문제】3. 기단(air mass)의 특징으로 틀린 것은?
① 같은 특성(복사 에너지, 안정성 등)을 가진 공기 덩어리를 말한다.
② 물리적인 성질(온도, 습도 등)이 같은 공기이다.
③ 중위도 지역이 기단 생성의 최적지이다.
④ 수평 방향으로 최대 4,000 km까지 이어지기도 한다.

〈해설〉 기단(air mass)
1. 기단이란 수평 방향으로 기온, 습도 등의 물리적인 대기상태가 거의 같은 성질을 가진 공기 덩어리를 말한다.
2. 기단이 기온, 습도 등의 특성을 획득하게 되는 지역을 기단의 발원지라고 한다.
3. 기단이 형성되기 위해서는 공기 덩어리가 상당히 장시간 같은 지표면상에 정체하고, 넓은 범위에 걸쳐 바람이 약해야 한다.
4. 기단은 일반적으로 바람이 약한 저위도 지방과 고위도 지방에서 형성되며, 중위도대는 편서풍이 강하고 저기압이나 전선 등이 자주 발생하기 때문에 기단이 형성되기 어렵다.

【문제】4. 기단의 특성이 제대로 짝지어진 것은?
① 대륙성 한랭기단 - 저온, 건조　　　② 대륙성 온난기단 - 고온, 다습
③ 해양성 한랭기단 - 저온, 건조　　　④ 해양성 온난기단 - 저온, 다습

【문제】5. 다음 중 저온 다습한 기단은?
① cP　　　　　② mP　　　　　③ cT　　　　　④ mT

【문제】6. 다음 중 기단과 기호가 잘못 연결된 것은?
① 대륙성 한랭기단 - cP　　　② 대륙성 극기단 - cT
③ 해양성 열대기단 - mT　　　④ 해양성 한랭기단 - mP

【문제】7. 기단의 특성에 따른 분류 기호가 틀린 것은?
① 대륙성 열대기단 - cE　　　② 대륙성 한랭기단 - cP
③ 해양성 열대기단 - mT　　　④ 해양성 한랭기단 - mP

정답　1. ④　2. ①　3. ③　4. ①　5. ②　6. ②　7. ①

【문제】8. 다음 중 가장 불안정한 기단은?
① cPw   ② cTw   ③ mPw   ④ mTw

〈해설〉 기단의 분류 및 특징은 다음과 같다.

명 칭	기호	특 징
대륙성 한대기단(Continental Polar Air Mass)	cP	한랭, 건조, 안정
해양성 한대기단(Maritime Polar Air Mass)	mP	한랭, 다습, 불안정
대륙성 열대기단(Continental Tropical Air Mass)	cT	고온, 건조, 안정(상공)/불안정(지상)
해양성 열대기단(Maritime Tropical Air Mass)	mT	고온, 다습, 가장 불안정

【문제】9. 차가운 기단이 따뜻한 해수면을 통과할 때 예상되는 것은?
① 하강기류와 적란운 발생   ② 상승기류와 안개 발생
③ 상승기류와 적란운 발생   ④ 하강기류와 안개 발생

【문제】10. 차가운 공기가 따뜻한 수면을 지날 때 나타나는 기상현상은?
① 상승기류와 강수 발생   ② 하강기류와 온도 상승
③ 상승기류와 온도 상승   ④ 하강기류와 강수 발생

【문제】11. 찬 공기가 따뜻한 해수면을 지나면 어떻게 되는가?
① 상승기류로 인해 층운이나 안개가 형성된다.
② 상승기류로 인해 강수, 뇌우와 적란운이 형성된다.
③ 하강기류로 인해 층운이나 안개가 형성된다.
④ 하강기류로 인해 강수, 뇌우와 적란운이 형성된다.

〈해설〉 기단의 변질
1. 한랭기단의 변질 : 따뜻한 지역을 지나는 찬 기단은 하층이 가열되어 불안정해지므로 상승기류가 발달하고, 수면 위를 지나는 경우 하층에서 수증기를 공급받아 적운이나 적란운이 생기기 쉽다. 또한 소낙성 강수의 가능성이 증가한다.
2. 온난기단의 변질 : 일반적으로 한랭한 지역을 지나는 따뜻한 기단은 하층에서부터 냉각되므로 기층이 안정되어 층운형의 구름이나 안개가 발생한다.

【문제】12. 우리나라에 장마전선을 형성하는 기단은?
① cT+mP   ② cP+cT   ③ mP+mT   ④ cT+mT

【문제】13. 겨울철 우리나라에 영향을 주는 한랭 건조한 기단은?
① 북태평양 기단   ② 양쯔강 기단
③ 오호츠크해 기단   ④ 시베리아 기단

【문제】14. 겨울철 우리나라 동해안에 눈을 내리게 하는 기단은?
① 시베리아 기단   ② 북태평양 기단
③ 오호츠크해 기단   ④ 양쯔강 기단

정답 8. ④ 9. ③ 10. ① 11. ② 12. ③ 13. ④ 14. ①

【문제】 15. 오호츠크해 기단에 대한 설명 중 잘못된 것은?
　　① 한랭 다습하다.　　　　　　　　② 일본지역의 장마전선과 관계가 있다.
　　③ 북태평양에서 발원한다.　　　　④ 동해안에 잦은 궂은 날씨가 나타난다.

【문제】 16. 우리나라에 장마를 불러오는 기단은?
　　① 북태평양 기단　　　　　　　　② 양쯔강 기단
　　③ 오호츠크해 기단　　　　　　　④ 시베리아 기단

【문제】 17. 우리나라의 장마전선에 영향을 주는 기단은?
　　① 시베리아 기단 - 적도 기단　　② 양쯔강 기단 - 오호츠크해 기단
　　③ 양쯔강 기단 - 북태평양 기단　④ 오호츠크해 기단 - 북태평양 기단

【문제】 18. 우리나라의 기단 중 장마전선이 북상한 후에 영향을 미치는 기단은?
　　① 양쯔강 기단　　　　　　　　　② 오호츠크해 기단
　　③ 북태평양 기단　　　　　　　　④ 시베리아 기간

【문제】 19. 북태평양 기단에 대한 설명 중 틀린 것은?
　　① 고온, 다습한 기단이다.
　　② 북태평양 기단이 강할 시 장마전선이 형성된다.
　　③ 내륙지방에서 지표면으로부터 가열되면 적운과 적란운을 발생시킨다.
　　④ 주로 여름철에 우리나라에 영향을 미친다.

【문제】 20. 우리나라에 태풍으로 작용하는 기단은?
　　① 적도 기단　　② 오호츠크 기단　　③ 양쯔강 기단　　④ 북태평양 기단

【문제】 21. 우리나라에 영향을 미치는 기단의 성격이 잘못 연결된 것은?
　　① 북태평양 기단 - 고온 다습　　② 양자강 기단 - 온난 건조
　　③ 오호츠크해 기단 - 한랭 건조　④ 적도 기단 - 고온 다습

〈해설〉 우리나라에 영향을 미치는 기단의 종류는 다음과 같다.

명 칭	성 격	발달시기	내 용
시베리아 기단(cP)	한랭 건조	주로 겨울	• 겨울철에 우리나라의 기상에 영향을 미쳐서 동해안에 많은 눈을 내리게 한다.
오호츠크해 기단(mP)	한랭 다습	주로 장마기	• 흔히 일본에서는 이를 장마전선이라고 한다. • 우리나라의 장마는 남하하는 오호츠크해 기단과 북상하는 북태평양 기단이 우리나라 상공에서 만나기 때문에 형성된다. (오호츠크해 고기압은 동해안 지방에 많은 비를 가져온다)
북태평양 기단(mT)	고온 다습	주로 여름	• 북태평양 기단이 내륙 지방에서 지표면으로부터 가열되면 적운이 형성되고, 적운은 적란운으로 발달한다. • 북태평양 기단이 강력하게 우리나라를 덮고 있을 때는 장마전선이 형성될 수 없다.

정답　15. ③　16. ③　17. ④　18. ③　19. ②　20. ①　21. ③

명칭	성격	발달시기	내용
양쯔강 기단(cT)	고온 건조	봄과 가을	• 이동성 고기압과 함께 동진해 와서 따뜻하고 건조한 일기를 나타낸다.
적도기단 (mE)	고온 다습	늦여름부터 초가을	• 우리나라에 태풍을 가져온다.

【문제】 22. 전선 변화의 결과가 아닌 것은?
① 기온의 변화　　　　　　　　② 바람의 변화
③ 기압의 변화　　　　　　　　④ 강수 형태의 변화

【문제】 23. 전선이 바뀌는 것을 알 수 있는 기상현상은?
① 기온이 올라간다.　　　　　② 구름이 오래 지속된다.
③ 풍향이 바뀐다.　　　　　　④ 풍속이 강해진다.

【문제】 24. 전선 통과 중에 주의해야 할 기상현상은?
① 강수 형태의 변화　　　　　② 바람 방향의 변화
③ 기단 안정성의 변화　　　　④ 기압의 감소

【문제】 25. 다음 중 전선의 이동을 빠르게 만드는 요인은?
① 전선 상부에 저기압이 존재할 때　　② 상층풍이 전선에 평행하게 불 때
③ 상층풍이 전선을 가로지를 때　　　 ④ 한랭전선이 온난전선을 따라 잡을 때

〈해설〉 전선(fronts)의 특성은 다음과 같다.
　1. 전선의 이동 : 전선은 횡단하는 바람 방향으로 이동한다. 상층풍이 전선에 평행하게 불면 전선은 매우 완만하게 움직이고, 전선을 가로지르면 매우 빠르게 움직인다.
　2. 전선의 불연속 기상요소
　　가. 기온 : 전선을 지날 때 불연속을 가장 쉽게 인지할 수 있는 요소 중의 하나는 기온의 변화이다.
　　나. 노점온도
　　다. 바람 : 항공기가 전선을 지나고 있다는 것을 인지할 수 있는 가장 확실한 기상요소는 풍향의 변화이다.
　　라. 기압

【문제】 26. 온난전선에 대한 설명으로 틀린 것은?
① 온난전선을 통과하면 기온이 상승한다.
② 넓은 지역에 안개를 형성한다.
③ 온난전선의 기울기는 1/100~1/200 이다.
④ 전선이 지나가기 전에는 압력이 하강하다가, 지나고 난 후에는 압력이 급상승한다.

【문제】 27. 온난전선이 접근할 때 발생하는 현상은?
① 기압 상승　　　　　　　　　② 기온 상승
③ 바람의 급변　　　　　　　　④ 단속적인 강수

정답　　22. ④　　23. ③　　24. ②　　25. ③　　26. ④　　27. ②

【문제】28. 온난전선 접근 시 일반적으로 나타나는 구름의 순서는?
① Ci - As - Cb - Cu - Ns
② As - Ci - Cs - St - Ns
③ Ci - Cs - As - Ns - St
④ Cb - St - As - Cs - Ci

【문제】29. 온난전선 통과 시 예상되는 구름의 순서는?
① Cc - Ac - Cu - Cb - Ns
② Ci - Cs - Ac - As - Ns
③ Ci - Cc - Ns - Cb - Ac
④ Cc - Sc - St - Ns - St

【문제】30. 권운(Ci)과 권층운(Cs)의 구름이 생성된다면, 다음 중 예상되는 원인은?
① 온난전선의 유입
② 한랭전선의 유입
③ 상층전선의 유입
④ 모든 조건에서 생성 가능

【문제】31. 온난전선의 항공 장애요인은 무엇인가?
① 이류무(advection fog)
② 복사무(radiation fog)
③ 지무(ground fog)
④ 강수무(precipitation-induced fog)

〈해설〉 온난전선(warm front)에 대한 설명은 다음과 같다.
  1. 온난공기가 한랭공기 쪽으로 이동해 한랭한 공기 위로 상승할 때 형성되는 전선이다. 온난전선 전면의 광범위한 강수대는 자주 하층에 층운과 안개를 발생시킨다.
  2. 특징
    가. 전선의 이동속도 : 25 km/h, 전선면의 경사도 : 1/100～1/200(평균 1/150)
    나. 전선 전방에는 강한 남동풍, 통과 후에는 약한 남풍 또는 남서풍
    다. 구름형성 : Ci → Cs → As → Ns
    라. 전선 통과 시 기온은 상승하고, 기압은 하강한다. 습도는 높아지며 일기 회복이 늦고 전선무가 발생한다.
    마. 온난전선은 상층부의 더운 공기군으로 인하여 형성된 구름으로부터 비가 내릴 때 전선 하층부의 한랭기단을 통과하면서 강수무(precipitation-induced fog)가 형성된다. 만일 하층부의 기온이 결빙점 이하일 때는 어는 비(freezing rain)가 내리게 된다.

【문제】32. 한랭한 공기가 온난기단 밑으로 파고들 때 형성되는 전선은?
① 한랭전선   ② 온난전선   ③ 폐색전선   ④ 정체전선

【문제】33. 소나기와 뇌우를 동반하고 강우구역이 좁은 전선은?
① 온난전선   ② 한랭전선   ③ 폐색전선   ④ 정체전선

【문제】34. 한랭전선 통과 후의 특징으로 맞는 것은?
① 기온과 이슬점온도가 급격히 하강하고, 바람이 약해진다.
② 기압은 하강하고, 풍향은 시계바늘 방향으로 변한다.
③ 일반적으로 시정이 좋아지고, 적운과 적란운이 만들어지며 소나기성 강수가 내린다.
④ 넓은 지역에서 강수가 나타나며 강수 강도가 세다.

정답 28. ③   29. ②   30. ①   31. ④   32. ①   33. ②   34. ③

【문제】 35. 다음 전선 중에서 이동속도가 가장 빠른 것은?
① Cold front ② Warm front
③ Stationary front ④ Occluded front

【문제】 36. 전선을 동반한 저기압에서 온도 경도가 가장 큰 곳은?
① 온난전선 전면 ② 온난전선 후면
③ 한랭전선 전면 ④ 한랭전선 후면

【문제】 37. 한랭전선이 통과한 후 풍향의 변화는?
① 남동풍이 북동풍으로 변한다. ② 남동풍이 남서풍으로 변한다.
③ 남서풍이 북서풍으로 변한다. ④ 북동풍이 북서풍으로 변한다.

【문제】 38. 한랭전선 통과 시 특징은?
① 적란운 등이 발생하고, 시정이 좋아짐 ② 층운 등이 발생하고, 시정이 좋아짐
③ 적란운 등이 발생하고, 시정이 나빠짐 ④ 층운 등이 발생하고, 시정이 나빠짐

【문제】 39. 한랭전선 통과 시 나타나는 현상 중 틀린 것은?
① 비가 온다. ② 기압이 갑자기 상승한다.
③ 온도가 갑자기 상승한다. ④ 바람이 급변한다.

【문제】 40. 한랭전선이 통과할 때의 특징이 아닌 것은?
① 기압의 급상승 ② 온도 강하
③ 바람의 급변 ④ 지속적인 강수

【문제】 41. 한랭전선에 대한 설명으로 틀린 것은?
① 전선면의 경사가 급하다. ② 지속성 강수를 동반한다.
③ 전선 통과 후에 온도가 급변한다. ④ 온난전선에 비해 이동속도가 빠르다.

【문제】 42. 한랭전선의 전면에 부는 바람은?
① 남동풍 ② 남서풍 ③ 북동풍 ④ 북서풍

〈해설〉 한랭전선(cold front)에 대한 설명은 다음과 같다.
1. 인접한 두 기단 중 한랭기단의 찬 공기가 온난기단의 따뜻한 공기 쪽으로 파고들 때 형성되는 전선으로, 이동속도가 빠르고 기울기도 크다. 또한 좁은 지역에서 강수가 나타나며 강수 강도가 세다. 이 때 전선 부근에서는 소나기나 뇌우, 우박 등 궂은 날씨를 동반하는 경우가 많다. 이 전선이 통과한 후에는 기온과 이슬점온도가 급격히 하강하고, 바람이 강해지면서 풍향이 급변한다.
2. 특징
  가. 전선의 이동속도 : 35 km/h, 전선면의 경사도 : 1/50~1/100(평균 1/70)
  나. 전선 전방은 남풍 또는 남서풍, 통과 후에는 서풍 또는 북서풍 (북반구에서는 시계 방향으로 변한다)
  다. 적운 또는 적란운이 만들어지며, 소나기성 강수 동반

정답 35. ① 36. ④ 37. ③ 38. ① 39. ③ 40. ④ 41. ② 42. ②

라. 전선 통과 후 시정이 일반적으로 좋아지며, 일기회복이 빠르다.
마. 전선 통과 후 기압은 급상승, 기온 및 노점온도는 급하강한다.

【문제】43. 우리나라의 장마전선과 관련된 전선은?
① 온난전선　　② 한랭전선　　③ 폐색전선　　④ 정체전선

【문제】44. 저기압의 발달이 용이한 전선은?
① 정체전선　　② 온난전선　　③ 한랭전선　　④ 폐색전선

【문제】45. 사이클론(cyclone) 등 악기상이 생기는 전선은?
① 폐색전선(occluded front)　　② 정체전선(stationary front)
③ 온난전선(warm front)　　　　④ 한랭전선(cold front)

〈해설〉 정체전선 근처에서는 날씨가 흐리고 비가 오는 시간도 길어지는데, 우리나라 여름철 장마전선이 대표적인 예이다. 찬 공기와 따뜻한 공기가 만나 정체전선이 형성되면 한랭전선과 온난전선이 발달하여 온대저기압이 형성된다.

【문제】46. 다음 설명 중 틀린 내용은?
① 한랭전선 후면에는 시정이 좋아진다.
② 온난전선 후면에는 기온이 상승하고, 기압은 일정하거나 하강한다.
③ 한랭전선 전면에는 남서풍이 분다.
④ 온난전선 후면에는 북서풍이 분다.

【문제】47. 전선 통과 후 기온과 압력 변화에 대한 설명으로 틀린 것은?
① 한랭전선 통과 후 기온은 급격히 하강한다.
② 한랭전선 통과 후 기압은 급격히 상승한다.
③ 온난전선 통과 후 기온은 하강한다.
④ 온난전선 통과 후 기압은 하강한다.

■ 잠깐! 알고 가세요.
[온난전선과 한랭전선의 비교]

구 분		온난전선	한랭전선
전선면의 기울기		완만하다.	급하다.
전선면의 이동속도		느리다.	빠르다.
강수형태		넓은 지역, 지속적인 이슬비	좁은 지역, 일시적인 소나기
구름형태		층운형 구름	적운형 구름
주요 기상변화	기온	전선 통과 후 기온 상승	전선 통과 후 기온 하강
	기압	전선 통과 후 기압 하강	전선 통과 후 기압 상승
	풍향	남동풍→남서풍	남서풍→북서풍

정답　43. ④　44. ①　45. ②　46. ④　47. ③

제5절 뇌우와 번개

1. 뇌우(Thunderstorm)

가. 뇌우의 개요

뇌우는 적란운이나 적란운이 모여 발달한 국지적인 폭풍우로서 항공기에 가해지는 가장 위험한 기상요소를 많이 포함하고 있다. 뇌우의 각 단계에서 뇌우 구름의 높이는 수 km에서 수 십 km에 달하며, 수평적으로는 수 km에 형성된다. 뇌우는 대부분 강한 돌풍과 심한 난기류, 번개, 맹렬한 소나기 그리고 심한 착빙 등을 동반하는 중규모의 기상현상이다.

나. 뇌우의 생성조건

(1) 불안정 대기: 최소한 조건부 불안정한 대기상태이어야 한다.
(2) 상승 운동: 초기 촉매작용(lifting force)이 되는 상승기류가 있어야 한다.
(3) 높은 습도: 하층 대기가 다량의 수증기를 함유하고 있어야 한다.

다. 뇌우의 일생

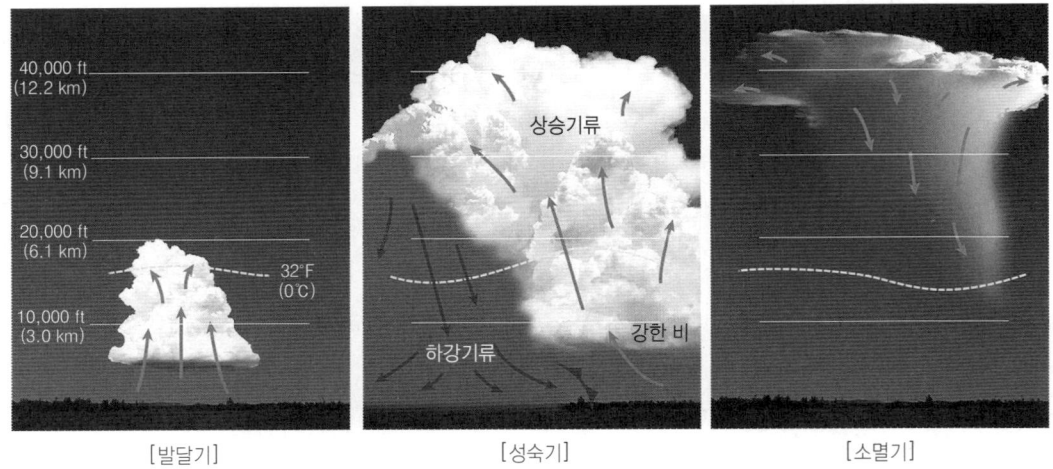

그림 1-24. 뇌우의 일생

(1) 발달기(적운기, Cumulus stage)

발달기는 하층이 습윤하고 불안정하여 상승기류가 생성되고, 적운이 발달하기 시작하는 단계이다. 적운 내부에는 오직 상승기류만이 존재하며 강수가 충분히 발달하지 못한 상태이다. 강한 대류활동으로 구름 내부의 상승운동은 급격히 증가하고 대류권계면까지 강한 상승운동이 나타난다. 이때 구름은 기온이 영하인 고도까지 급격히 성장한다. 이 과정에서 많은 수의 구름입자, 빗방울 그리고 눈송이 들이 구름 속에 축척된다. 구름 속에 축척된 많은 강수입자는 상승기류에 의해 지탱될 수 없게 될 때 구름을 뚫고 낙하하기 시작한다. 낙하하는 강수입자는 주위 공기에 마찰저항으로 작용하고 증발되면서 주위 공기를 냉각시켜 상승기류의 일부를 하강기류로 전환시킨다. 이 결과로 깊은 대류운이 발달하고 발달기의 최종단계에서 강수가 발달하고 하강기류가 시작된다.

(2) 성숙기(Mature stage)

성숙기는 구름의 하층으로부터 강수가 시작되고 강수입자에 의해 만들어진 하강기류가 지표면에 도달하면서 시작된다. 이때는 상대적으로 온난한 상승기류와 한랭한 하강기류가 나란히 존재한다.

낙하하는 눈과 비는 하강기류를 냉각시키고, 냉각된 하강기류는 지면 위에서 수평으로 퍼지면서 지상에 강한 돌풍(gusty wind), 급격한 기온 강하 및 기압의 급상승을 일으킨다. 성숙단계의 하강기류는 적란운의 발달이 최고조에 달하면서 점차 상승기류 부분으로 확대되고 구름 전역에서 많은 강수를 보이면서 소멸단계에 이른다. 성숙기의 뇌우는 적란운의 운정 모양으로 쉽게 판단할 수 있다. 성숙단계에서 적란운은 보통 성층권 고도까지 발달한다. 구름의 가장 높은 부분은 성층권의 매우 낮은 기온과 강한 바람 때문에 바람 방향을 따라 수평으로 퍼져서 권운형 모루구름으로 나타난다.

(3) 소멸기(Dissipating stage)

단세포 기단뇌우는 보통 뇌우가 시작된 후 30분경에 소멸단계어 이른다. 강수와 하강기류가 상승기류를 차단하면서 뇌우세포의 하층까지 확산된다. 그 결과 뇌우 성장에 에너지원이 되는 지표로부터의 열과 수분의 공급이 중단되고 점차 소멸된다. 이때 적란운은 분산되어 낮은 고도에서는 불규칙한 적운 조각이나 층운형 구름으로 변하고 높은 고도에서는 모루권운(anvil cirrus)의 짙은 구름 조각과 줄무늬로 변한다.

라. 뇌우의 구분

(1) 독립된 뇌우의 구분

독립된 뇌우는 기본적으로 보통 뇌우 또는 기단 뇌우와 악성 뇌우로 구분된다.

(가) 기단 뇌우(air mass thunderstorms)

기단 뇌우는 약 1~2시간 정도 지속되면서 강한 비와 돌풍을 동반하기는 하나, 그 수명이 짧고 규모가 작다. 단세포 뇌우가 여기에 해당된다.

(나) 악성 뇌우(severe thunderstorms)

악성 뇌우는 적어도 2시간 이상 지속되면서 50 kt 이상의 돌풍, 직경 2 cm 이상의 우박, 그리고 강한 토네이도 등과 같은 악기상을 동반한다. 다세포 뇌우와 거대세포 뇌우가 해당된다.

(2) 세포수와 구조에 따른 뇌우의 구분

(가) 단세포 뇌우(single cell thunderstorm)

단세포 뇌우는 한 개의 강한 상승기류 영역과 그에 수반된 강수로 구성된 뇌우이며, 그 수명이 아주 짧아서 보통 1시간 정도 지속된다. 단세포 뇌우의 전형적인 발달과정은 발달기(적운기), 성숙기 그리고 소멸기로 구성되어 있다.

(나) 다세포 뇌우

다세포 뇌우는 여러 단계와 여러 개의 대류세포가 뭉쳐진 현상으로서, 2~10시간 유지되며 수십 km의 수평규모를 갖는다.

(다) 거대세포 뇌우

거대세포 뇌우는 하나로 된 거대세포 조직이 수 시간 지속되며 강한 대류, 돌풍, 우박, 강한 강수, 번개, 토네이도를 동반한다. 이 뇌우는 여러 개의 대류세포로 된 다세포 뇌우와 달리 한 개의 커다란 대류세포 즉, 한 개의 강한 상승기류와 하강기류로 조직화된 대류계이다.

마. 뇌우의 종류

발생 원인에 따른 뇌우의 종류는 다음과 같다.

(1) 전선 뇌우(frontal thunderstorm)

전선 뇌우는 따뜻하고 습윤한 불안정 공기가 전선면을 따라 상승하면서 발생한다. 전선 뇌우는 한랭전선이나 온난전선, 정체전선, 폐색전선등 어느 형태의 전선상에서도 형성될 수 있는데 온난전선보다 한랭전선에서 발생률이 높다. 빠르게 이동하는 한랭전선의 경우 한기가 유입될 때 습하고 온난한 공기가 강제로 상승되어 발생하는데, 그 진행 전면의 수 km 되는 지역에서도 뇌우가 형성될 수 있다.

(2) 기단 뇌우(air mass thunderstorm)

기단 뇌우는 전선과는 무관하게 따뜻하고 습윤한 기단 내에서 생성되며 열뇌우(heat thunderstorm)라고도 한다. 기단 뇌우는 지표면이 국지적으로 가열되어 뜨거워지면서 대류로 인하여 상승기류가 만들어지는 형태이며, 우리나라에서는 북태평양 고기압이 영향을 주는 여름에 많이 발생한다. 또한 습윤하고 불안정한 공기가 산악의 경계면을 따라 상승하는 경우 풍상측에서 발생하기도 한다.

(3) 스콜라인 뇌우(squall line thunderstorm)

스콜라인(squall line)이란 전선이 아닌 좁은 띠 모양으로 나타나는 활동적인 불안정 선을 뜻하며, 여기서 발생하는 뇌우를 스콜라인 뇌우라고 한다. 스콜라인 뇌우는 심한 뇌우를 동반하고 항공기에 대한 악기상 중에서 가장 위험한 기상현상 중의 하나이다. 스콜라인은 비전선성(non-frontal)으로 전선이 없어도 형성된다. 이것은 주로 습윤하고 불안정한 대기 속을 빠르게 이동하는 한랭전선의 전면 50~300 mile 지점에 평행하게 발생하며, 그 길이가 수백 마일까지 이어지기도 한다. 스콜이 발생한 좁은 선은 상당히 길어서 우회하기 어렵고, 지역이 매우 광범위한 악기상 상태이기 때문에 비행에 상당한 위험을 초래할 수 있다. 또한 스콜라인 위로 회피하는 것도 대단히 위험하다. 스콜라인은 늦은 오후나 어두워진 후 수 시간 내에 빠르게 발달하여 최대의 강도에 이르게 된다.

바. 뇌우지역 비행절차

강한 하강기류가 있는 뇌우 아래에서 난기류 이외에 강한 윈드시어(windshear), 강한 강수, 낮은 실링(ceiling), 시정 감소 등이 결합되어 나타나면 비행하기에 매우 위험한 지역으로 될 수 있다.

난기류의 강도는 뇌우의 발달정도에 따라 달라진다. 적운단계에서는 약함 또는 보통 강도의 난기류가 발생하며, 성숙단계에서는 보통 또는 심한 강도의 난기류가 발생한다. 소멸단계에서는 뇌우 내부의 난기류는 약해진다. 그러나 소멸의 초기단계에서는 성숙단계의 심한 난기류가 나타날 수 있으며, 소멸단계의 말기에서도 곳에 따라 심한 난기류가 발생할 수 있다. 따라서 뇌우의 단계에 관계없이 가능하면 뇌우 세포는 피하는 것이 좋다.

(1) 뇌우 회피비행

그림 1-25. 뇌우 회피

(가) 접근하는 뇌우의 정면으로 이륙하거나 착륙하지 마라. 저고도 난기류의 갑작스런 돌풍전선은 조종력 손실을 일으킬 수 있다.

(나) 뇌우의 반대편을 볼 수 있다 하더라도 뇌우 아래로 비행을 시도하지 마라. 뇌우 아래의 난기류와 윈드시어는 재난을 불러올 수 있다.

(다) 항공기탑재 레이더 없이 산발적인 은폐뇌우(embedded thunderstorm)를 포함하고 있는 구름 속으로 비행하지 마라.
(라) 강한 뇌우로 식별되거나, 또는 강한 레이더 반사파(radar echo)가 나타나는 뇌우는 최소한 20 NM 이상 회피하라.
(마) 비행구역의 6/10이 뇌우 범위라면 구역 전체를 우회하라.
(2) 뇌우 통과비행
(가) 가장 위험한 착빙을 피하기 위하여 결빙고도 미만이나 -15℃ 고도 이상의 통과고도로 비행한다.
(나) 자동조종장치(autopilot)를 사용하고 있다면 고도유지 mode와 속도유지 mode를 해제한다. 일정한 자세를 유지하고, 고도 및 속도가 변동될 수 있도록 놓아두라. 고도 및 속도의 자동조종은 항공기의 조작을 증가시키고, 따라서 구조적인 응력(stress)을 증가시킨다.
(다) 번개로 인한 일시적인 시력상실(blindness)을 줄이기 위하여 조종실 조명을 최대한 밝게 조절하고 시선을 계기에 둔다.
(라) 권장하는 난기류 통과속도로 동력설정을 유지하고 변경하지 마라. 권장속도가 달리 지정되어 있지 않다면, 비행기의 구조적인 응력을 최소화하기 위하여 비행속도를 설계기동속도 이하로 유지하여야 한다. 설계기동속도(V_A; Design maneuvering speed)는 비행기의 구조적 손상이 없이 급격하게 기동할 수 있는 최대속도이다.
(마) 항공기탑재 레이더를 사용하고 있다면, 비행중인 고도 이외의 다른 고도에서의 뇌우를 탐지할 수 있도록 때때로 안테나의 각도를 상하로 기울인다.
(바) 일단 뇌우 속에 들어갔다면 되돌아가지 마라. 뇌우를 통과하는 직선 진로가 위험에서 항공기를 가장 빨리 벗어나게 할 것이다. 더불어 선회기동은 항공기의 응력(stress)을 증가시킨다.

2. 번개(Lighting)

뇌우가 발생하면 뇌우 구름의 충돌에 의해 번개가 발생하며, 이러한 번개는 뇌우의 모든 고도에서 나타날 수 있다. 번개의 전기적 활동은 뇌우에 의해 일어나지만 뇌우가 소산된 이후에도 계속적으로 존재할 수 있다.

번개가 치는 경우 항공기와 조종사에 대한 영향은 매우 다양하다. 일반적으로 항공기 구조의 손상은 미미하지만 항공기의 전자장비나 계기, 통신기기 및 레이더 등에 손상을 일으킬 수 있다.

제6절 착빙(Icing)

1. 착빙(icing)의 정의

빙결온도 이하의 상태에서 대기에 노출된 물체에 과냉각물방울(과냉각수적) 또는 구름입자가 충돌하여 얼음의 피막을 형성하는 것을 착빙(icing)이라고 한다.

착빙은 항공기에 발생하는 비행장애 요소 중의 하나로 항공기에 착빙이 발생하면 양력이 감소하고, 항력 및 중량은 증가한다. 그 결과 실속속도는 증가하고 항공기 성능은 저하된다. 아울러 착빙이 외부에 노출된 가변표면에 누적되면 항공기의 조종에 영향을 준다.

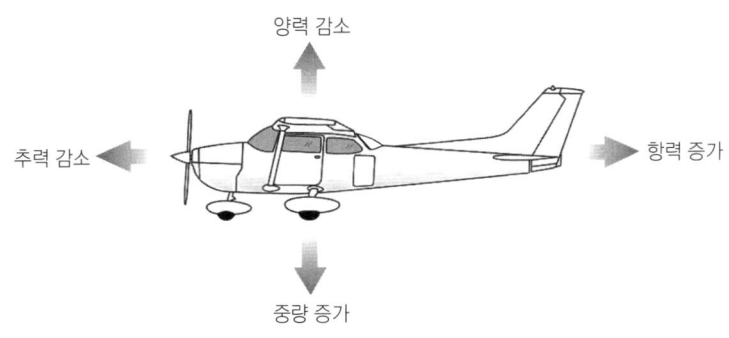

그림 1-26. 착빙의 영향

2. 착빙의 형성조건

착빙 형성의 조건으로 첫째, 항공기가 비 또는 구름 속을 비행해야 하는데 대기 중에 과냉각물방울이 존재해야 하며, 두 번째 조건은 항공기 표면의 자유대기온도가 0℃ 미만이어야 한다. 청명한 대기 속에서는 심한 착빙이 생기지 않으나, 상대습도가 높고 영하의 기온일 때는 프로펠러나 날개 위를 통과하는 공기의 팽창으로 약간의 수분이 응결하여 착빙이 생기기도 한다.

과냉각물방울은 0~-20℃에서 가장 자주 관측되므로 이 온도 범위 내에 있는 구름은 착빙의 가능성이 있다고 보아야 하며, 착빙은 보통 0~-10℃에서 가장 잘 발생한다. 드물게 -40℃인 저온에서도 착빙이 나타날 수 있다. 그러나 운중 온도가 -20℃ 미만이 되면 실제로 착빙은 잘 일어나지 않는다. 왜냐하면 물방울은 이미 결정 형태로 빙결되어 있기 때문이다.

3. 착빙 발생의 영향요소

가. 수증기량

착빙은 공기 중의 과냉각된 수증기나 물방울이 항공기와 접촉하여 발생하므로 공기 중의 수증기량이 많으면 착빙이 잘 발생한다.

나. 물방울(수적)의 크기

크기가 작은 물방울은 공기가 어떤 물체를 지날 때 유선을 따라 움직이지만 큰 물방울은 이러한 영향을 덜 받기 때문에 항공기 노출부에 충돌하기가 쉽다. 따라서 물방울의 크기가 크면 클수록 착빙은 더 쉽고 빠르게 일어난다.

다. 항공기 속도

항공기의 속도가 증가하면 단위 시간 동안 항공기에 충돌하는 물방울의 수도 증가하게 되는데, 이것은 물방울의 양이 많아지는 것과 같은 효과를 나타낸다. 항공기 속도가 400 KTS 정도가 될 때까지는 착빙과 항공기 속도가 서로 비례 관계를 가지지만, 400 KTS 이상에서는 반비례한다.

두께가 얇고 유선형으로 잘 만들어진 날개에는 난류가 적게 생기게 되므로 물방울 들이 날개에 포착될 확률이 커진다. 반대로 두껍고 거친 날개에는 난류가 많이 발생하게 되므로 물방울 들이 날개에 포착될 확률이 적어진다.

3. 착빙의 종류

착빙은 크게 기체 착빙과 기관 착빙으로 구분할 수 있으며, 기체 착빙은 맑은 착빙, 거친 착빙, 혼합 착빙 및 서리(frost)를 포함한다.

가. 맑은 착빙(Clear icing)

물방울이 크고 주위 기온이 0℃인 경우에 항공기 표면을 따라 고르게 흩어지면서 천천히 결빙되며, 적운이나 언 강수현상이 있을 때 자주 나타난다. 물방울의 충돌 간격이 결빙보다 빠를 때 처음의 물방울이 얼어버리기 전에 다음 물방울이 붙으면서 맑은 착빙이 된다.

맑은 착빙에 의한 얼음은 그 표면에서 윤이 나며 투명 또는 반투명하다. 맑은 착빙은 투명하여 눈으로 확인하기가 어렵고, 무겁고 단단하며 항공기 표면에 단단하게 붙어있어 제빙장치로 제거하기가 어려울 수 있다. 항공기 날개의 형태를 크게 변형시키므로 구조 착빙 중에서 가장 위험한 형태의 착빙으로 비행 전에 제거하여야 한다.

나. 거친 착빙(Rime icing)

물방울이 작고 주위 기온이 -10~-20℃인 경우에 작은 물방울이 공기를 포함한 상태로 신속히 결빙하여 부서지기 쉬운 거친 착빙이 형성된다. 거친 착빙은 항공기의 주날개 가장자리나 지지대 부분에서 발생하며, 구멍이 많고 불투명하고 우윳빛 색을 띤다. 거친 착빙도 항공기 날개의 공기역학적 성능에 심각한 영향을 줄 수 있으나, 맑은 착빙보다는 덜 위험하고 제빙장치로 쉽게 제거할 수 있다.

다. 혼합 착빙(Mixed icing)

맑은 착빙과 거친 착빙의 결합으로서 눈 또는 얼음 입자가 맑은 착빙 속에 묻혀서 울퉁불퉁하게 쌓여 형성된다.

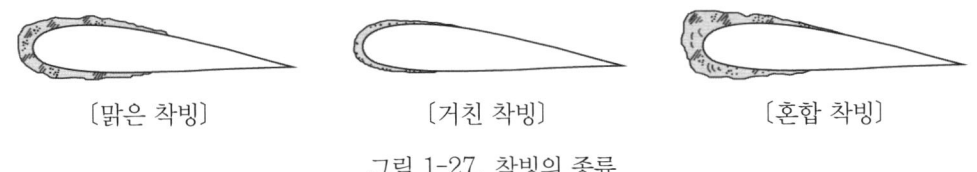

〔맑은 착빙〕   〔거친 착빙〕   〔혼합 착빙〕

그림 1-27. 착빙의 종류

라. 서리(Frost)

일반적으로 서리는 빙정구조를 나타내는 백색의 깃털 모양이다. 포화공기가 이슬점온도까지 냉각되고 그 이슬점온도가 0℃ 이하일 때 수증기가 지표면에 직접 빙결, 축적되어 서리가 발생한다. 일반적으로 겨울철 저녁에 맑고 바람이 약한 날 주기된 항공기 표면은 지표 복사냉각으로 영하의 이슬점온도 이하로 떨어지고 항공기에 서리가 형성된다.

항공기 표면에 부착된 서리가 날개의 공기역학적 형태를 기본적으로 변화시키지는 않지만, 항공기 표면을 거칠게 하여 공기가 원활하게 흐르지 못하게 한다. 따라서 조기에 박리현상을 일으켜 항력을 증가시키고 양력을 감소시킨다.

단단한 서리는 실속속도를 5~10% 증가시킬 수 있으며, 항공기가 이륙할 때 옆놀이(roll)를 크게 하여 이륙을 어렵게 하거나 불가능하게 할 수도 있다. 또한 서리가 부착된 항공기는 저고도에서 난기류나 윈드시어를 만날 때, 특히 저속 운항이나 방향 회전을 할 때 위험하다. 따라서 이륙 전에 항공기에서 모든 서리를 제거하여야 한다.

4. 착빙의 강도

가. 미약함(Trace): 착빙을 감지할 수 있게 된다. 축적률이 승화율보다 약간 더 크다. 1시간 이상 지속되지 않는 한 제빙/방빙장치를 사용할 필요는 없다.

나. 약함(Light): 비행이 1시간 이상 장기간 지속되면 축적률이 문제가 될 수 있다. 때때로 제빙/방빙장치를 사용하여 축적된 얼음을 제거하거나, 얼음이 축적되지 않도록 한다. 제빙/방빙장치를 사용하면 문제가 되지는 않는다.

다. 보통(Moderate): 단시간의 축적률이라도 잠재적으로 위험에 직면할 수 있으며, 제빙/방빙장치의 사용이나 우회비행이 필요하다.

라. 심함(Severe): 축적률이 제빙/방빙장치로는 위험을 감소시키거나 제어할 수 없을 정도이다. 즉시 우회비행이 필요하다. 겨울에 어는 비(freezing rain)가 내리는 층운 밑으로 비행 시에 항공기의 구조적 착빙이 가장 빠른 속도로 발생하며, 가장 높은 축적률을 갖는다.

5. 착빙의 발생환경

가. 구름의 유형과 착빙의 종류

(1) 층운형 구름(stratiform clouds)

착빙은 기본적으로 중층운 및 하층운에서 나타나며, 구름 두께가 3,000~4,000 ft 정도에 한해서 발생한다. 착빙의 강도는 미약한 정도(trace)에서 약한 정도(light)까지가 보통이다. 거친 착빙과 혼합 착빙이 층운형 구름에서 나타날 수 있으며, 혼합 착빙은 언강수 지역에서 발생한다.

(2) 적운형 구름(cumuliform clouds)

층운형의 구름에 비해서 수평적으로는 좁지만, 수직적으로는 상당히 높은 착빙 발생구역을 갖는다. 적운형 구름의 착빙은 대부분 맑은 착빙이지만 높은 고도에서는 거친 착빙과 혼합되어 존재한다.

(3) 권운형 구름(cirriform clouds)

권운은 약간의 물방울을 함유하고 있지만, 착빙은 거의 생기지 않는다. 그러나 적운 꼭대기의 모루를 이루는 두꺼운 권운은 저온 상태의 상당한 양의 수증기가 상승기류를 타고 수송되므로 약한 정도의 착빙이 관측되기도 한다.

나. 구름의 유형과 착빙의 강도

구름의 유형에 따른 착빙의 발생 확률과 강도는 다음과 같다.

표 1-6. 구름의 유형에 따른 착빙의 발생 확률과 강도와의 관계

구름의 유형	착빙 발생 확률	착빙 강도
Cu, Cb, Ns	높음	강한 착빙이 보통
Sc, Ac, As 동반한 Ac	약 50%	중간 착빙 이상은 드물게 발생
As	낮음	중간 또는 약한 착빙
St	낮음	약한 착빙

다. 기온과 착빙의 종류

구조 착빙은 대부분 기온이 0℃~-40℃인 구름 속을 비행할 때 발생한다. 기온이 감소할수록 착빙 가능성은 줄어들어 적란운을 제외하면 -20℃ 이하의 기온에서 착빙은 크게 위험하지 않다. 0℃~-20℃ 기온 범위 안에서 착빙은 다음과 같이 3가지 유형으로 발생한다.

표 1-7 기온에 따른 착빙 유형

기온 범위	착빙의 종류
0~-10℃	맑은 착빙
-10~-15℃	혼합 착빙 또는 거친 착빙
-15~-20℃	거친 착빙

6. 착빙 시 대처방법

가. 지상
  (1) 이륙 전에 모든 서리, 얼음이나 눈을 즉시 제거할 것
  (2) 추운 날씨에 진흙, 습지나 진창에서는 가능한 항공기의 지상 이동이나 이륙을 피할 것

나. 비행 중
  (1) 착빙 지역에서 계속 비행하지 말 것
  (2) 비행 고도의 온도가 0℃에 가까울 때, 소나기나 진눈깨비가 오는 지역을 통과하지 말 것
  (3) 착빙 조건에서는 전선에 평행하게 비행하지 말 것
  (4) 산의 능선 혹은 낮은 구름 속을 비행하지 말 것
  (5) 0℃ 이하의 구름 속을 계기비행 할 때 산정 위의 4,000~5,000 ft 고도를 유지할 것
  (6) 낮은 온도일 때 적운 속으로 비행하지 말 것
  (7) 항공기의 착빙 상태로서 실속(stall) 또는 스핀(spin) 훈련을 금할 것
  (8) 항공기에 착빙이 발생했을 때 너무 급격한 기동을 하지 말 것
  (9) 상승 시 착빙이 예상되는 층을 통과할 때는 실속(stall) 예방을 위해 정상적인 경우보다 조금 빠른 속도를 유지할 것
  (10) 착빙 조건에서는 연료 소비량이 많음을 명심할 것
  (11) 날개와 항공기의 노출부에 착빙이 되어 있을 때는 power landing을 시도할 것

제7절 태풍

1. 태풍의 명칭

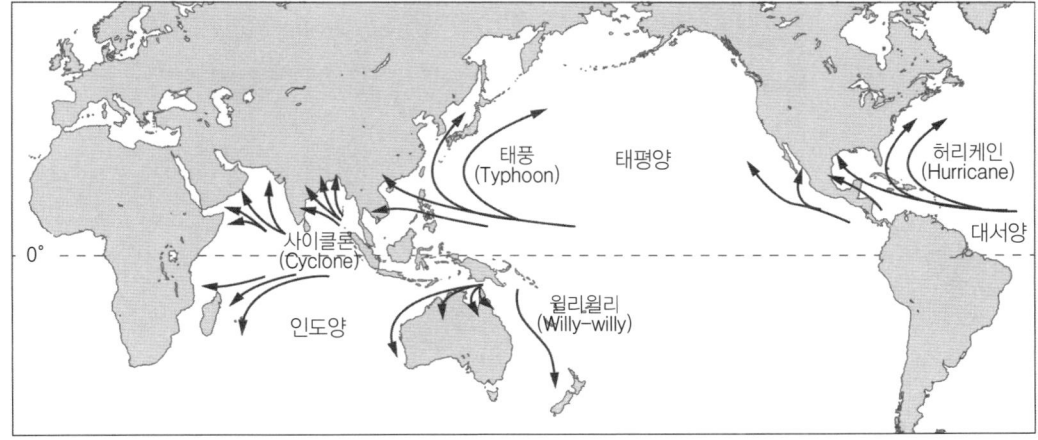

그림 1-28. 태풍의 발생장소와 이동경로

열대성저기압은 발생 해역별로 서로 다른 명칭으로 부르고 있다. 북서태평양 해상에서 발생하는 것을 태풍(typhoon), 북대서양, 카리브해, 멕시코만과 동부태평양에서 발생하는 것을 허리케인(hurricane), 그리고 인도양과 호주 부근 남태평양 해역에서 발생하는 것을 사이클론(cyclone)이라고 부른다. 호주 부근 남태평양 해역에서 발생하는 것을 지역주민들은 윌리윌리(willy-willy)라고 부르기도 한다.

2. 태풍의 분류

세계기상기구(WMO; World Meteorology Organization)는 열대성저기압을 최대풍속에 따라 다음과 같이 4가지 등급으로 분류하고 있다.

우리나라와 일본은 열대성저기압 중에서 중심부근 최대풍속이 초속 17 m 이상의 폭풍우를 동반하는 열대폭풍(tropical storm) 이상을 태풍(typhoon)이라고 부른다. 태평양 지역에서 태풍의 이름은 열대폭풍 이상 시에 매년 1월 1일부터 미리 정해둔 이름 순서대로 년도와 호수를 합쳐 명명된다.

표 1-8. 최대 풍속에 따른 태풍의 분류기준

중심부근 최대풍속 구 분	17 m/s(34 KTS) 미만	17~24 m/s (34~47 KTS)	25~32 m/s (48~63 KTS)	33 m/s(64 KTS) 이상
한국, 일본	열대저기압	태풍(typhoon)		
세계기상기구 (WMO)	열대저기압 Tropical Depression(TD)	열대폭풍 Tropical Storm(TS)	강한 열대폭풍 Severe Tropical Storm(STS)	태풍 Typhoon(TY)

3. 태풍의 발생

일반적으로 태풍이 발생하려면 열대해역에서 해수면 온도가 26~27℃ 이상이어야 하다. 또한 적도 부근에서는 발생하지 않고, 지구의 자전으로 인한 전향효과가 있는 위도 5~25°의 열대해상에서 발생한다. 북서태평양에서 계절별로는 7~9월 사이에 태풍의 발생빈도가 가장 높다. 가끔씩 찾아오는 겨울 태풍은 발생하기는 어려워도 여름 태풍보다 더 큰 위력을 몰고 오기도 한다.

4. 태풍의 특성

가. 태풍의 구조 및 특성

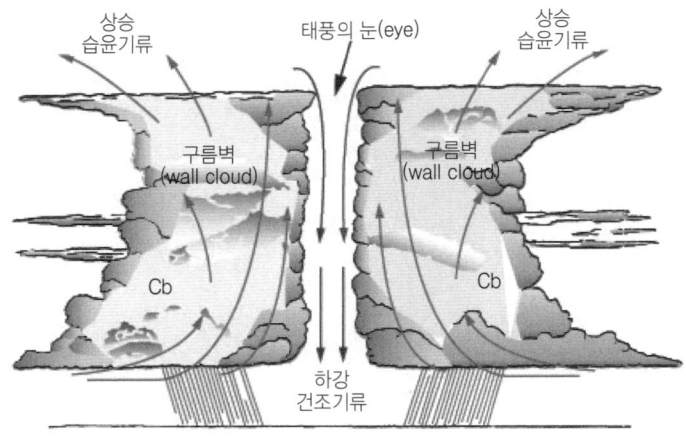

그림 1-29. 태풍의 구조

태풍은 지름 200~1,500 km, 높이 10~15 km로 수평 규모가 상대적으로 매우 크다. 태풍 중심 부근으로 갈수록 기압은 급격히 낮아지며, 풍속은 대단히 강해진다. 그러나 태풍의 중심부에는 하강기류가 있어 바람이 약하고 부분적으로 맑은 날씨가 나타나는데, 이것이 태풍의 눈(eye)이다.

지름 20~50 km 정도의 태풍의 눈 주위에는 소용돌이치는 강한 상승기류에 의해 형성된 적운 또는 적란운의 구름벽(wall cloud)이 회전하고 있으며 풍속이 가장 크다. 이곳의 구름은 적란운이므로 심한 난기류와 착빙 등을 동반한다.

나. 태풍의 이동

북반구에서 태풍이 이동하고 있을 경우에 진행방향 오른쪽의 바람은 강해지고 왼쪽은 약해진다. 북반구에서 태풍은 반시계 방향으로 돌아 들어가므로 오른쪽 반원에서는 태풍의 바람방향과 태풍의 이동 방향이 서로 비슷하여 풍속이 커지는 반면, 왼쪽 반원에서는 그 방향이 서로 반대가 되어 상쇄되므로 상대적으로 풍속이 약화되기 때문이다. 그래서 풍속이 강하고 비도 많이 내리는 진행방향의 오른쪽 반원을 위험반원(危險半圓), 바람이 상대적으로 약한 왼쪽 반원을 가항반원(可航半圓) 또는 안전반원이라고 한다.

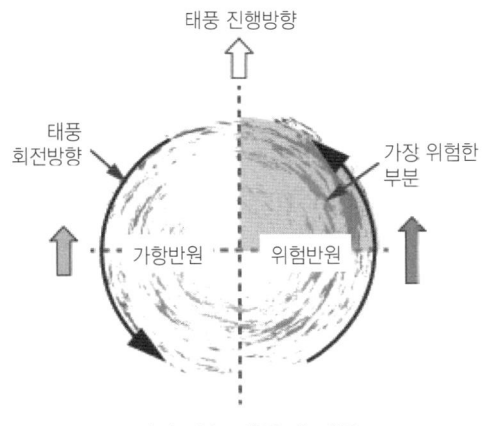

그림 1-30. 태풍의 이동

5. 태풍 부근에서의 비행

태풍은 선형풍과 일반풍이 합류되는 진행방향 오른쪽 반원의 전방이 가장 위험한 부분이며, 왼쪽의 가항반원 후방이 가장 풍속이 약하다. 따라서 북반구의 경우 태풍 진행방향의 왼쪽으로 비행하는 것이 유리하다. 저고도 비행 시 태풍의 눈을 왼쪽에 두고 비행하면 배풍을 받고 비행하여 비행시간을 줄일 수 있다.

난기류가 심한 태풍 속에서는 고도계가 정확하지 않으며, 기압 고도계로 정압면 고도를 비행하여도 진고도와의 차이가 1,000 m에 달하기도 한다. 따라서 태풍 부근을 비행할 때 정확한 진고도를 구하기 위해서는 전파 고도계(radio altimeter)를 사용하여야 한다.

제8절 난기류(Turbulence)

1. 난기류(Turbulence)

가. 난기류의 개요

난기류는 회전기류와 바람 급변의 결과로 불규칙한 변동을 하는 대기의 흐름을 뜻한다. 난기류는 시·공간적으로 여러 규모의 것이 있는데 바람이 강한 날 운동장에서 맴도는 조그만 소용돌이부터 대기 상층의 수십 km에 달하는 난기류가 있으며, 시간적으로도 수초에서 수 시간까지 분포한다. 지상에서는 난기류가 스콜(squall)이나 돌풍(gust) 등에서 나타난다.

나. 난기류의 강도

표 1-9. 난기류의 강도

항목 강도	체감정도			풍속 변동폭 (kts)	연직 풍속	
	항공기	사 람	물 건		m/sec	ft/sec
약함 (Light)	약간의 동요를 느낀다.	음식 서비스와 걷기가 불편하며, 안전벨트의 착용이 요구된다.	움직임이 없다.	15 이하	1.5~6	5
보통 (Moderate)	상당한 동요를 느끼나 통제력을 상실하지는 않는다.	음식 서비스와 걷기가 힘들어 진다.	움직임이 있다.	15~25	6~10	15
심함 (Severe)	동요가 크고 고도변화가 있으며, 순간적으로 통제력을 잃는다.	심한 충격이 있으며, 음식 서비스와 걷기가 불가능해 진다.	심하게 흔들린다.	25 이상	10~15	25
극심함 (Extreme)	심하게 흔들리며 통제가 불가능해 진다.				15 이상	30 이상

다. 난기류의 분류

(1) 대류성 난기류(convective turbulence)

대류성 난기류는 대류성 흐름과 그에 따른 공기의 상승 및 하강으로 인해 발생하는 난기류의 수직 운동이다.

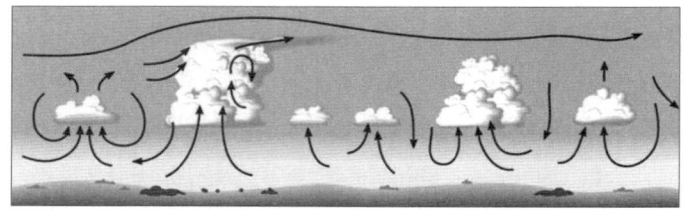

그림 1-31. 대류성 난기류(Convective turbulence)

(2) 기계적 난기류(mechanical turbulence)

기계적 난기류는 나무, 건물, 산과 같이 바람의 흐름을 가로막는 장애물에 의해 생성되는 난기류이며, 역학적 난기류라고도 한다. 기계적 난기류의 강도는 풍속과 장애물의 거칠기에 따라 달라진다. 바람의 속도가 빠르고 표면이 거칠수록 난기류가 커진다.

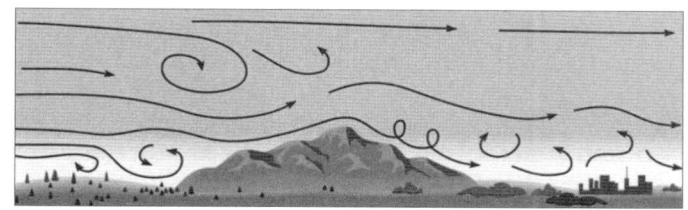

그림 1-32. 기계적 난기류(Mechanical turbulence)

(3) 항적 난기류(wake turbulence)
　(가) 항적 난기류 발생요인
　　　비행중인 항공기의 날개 표면 상부에는 낮은 압력이, 그리고 날개 하부에는 높은 압력이 생긴다. 이 압력차는 날개끝의 내리흐름(downstream)에 와류(vortex)를 발생시키고 날개 후방의 공기 흐름을 말려 올라가게 한다. 말려 올라간 후류는 2개의 반대방향으로 회전하는 원통형 와류가 되며, 이를 항적 난기류라고 한다. 항적 난기류의 강도는 와류를 발생시키는 항공기의 중량, 속도 및 날개의 형상에 좌우된다. 그러나 기본요인은 항공기의 중량이며, 와류의 강도는 중량에 비례하여 증가한다. 가장 큰 강도의 항적 난기류는 항공기가 무겁고(heavy), 외부장착물이 없으며(clean), 그리고 저속(slow)일 때 발생한다.

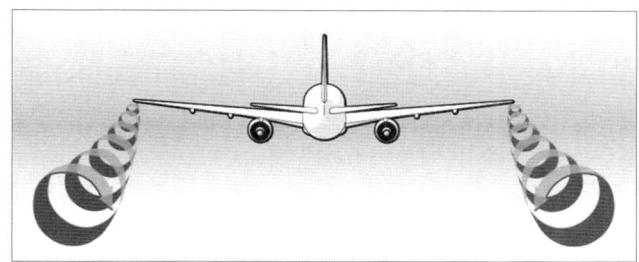

그림 1-33. 항적 난기류(Wake turbulence)

　(나) 항적 난기류 회피절차
　　① 대형 항공기의 뒤를 따라 착륙할 때: 대형 항공기의 최종접근 비행경로나 최종접근 비행경로 위(또는 on-glide slope나 glide slope 위)로 비행하며, 접지지점을 알아 두었다가 그 지점을 지나서 착륙한다.
　　② 이륙하는 대형 항공기의 뒤를 따라 착륙할 때: 대형 항공기의 부양지점(rotation point)을 알아 두었다가 부양지점 훨씬 이전에서 착륙한다.
　　③ 대형 항공기의 뒤를 따라 이륙할 때: 대형 항공기의 부양지점을 알아 두었다가 부양지점 이전에서 이륙한다. 대형 항공기의 후류에서 벗어나 선회할 때 까지 상승경로 위로 계속 상승한다.

2. 마이크로버스트(Microburst)

가. 마이크로버스트(microburst)의 개요
　　마이크로버스트란 직경 4 km(2.5 mile) 이하의 소규모 지역에서 발생하는 최대 풍속 75 m/sec의 강한 하강기류(downdraft)를 말한다. 이러한 하강기류는 일반적으로 가시적인 강수를 동반하지만, 때로는 지표에 도달하기 전에 강수가 증발되어 하강기류가 눈에 보이지 않게 되는 경우가 있기 때문에 위험이 없어 보이는 지역에서 항공기 사고를 유발하기도 한다. 이 하강기류는 지표면에 도달하면서 중심에서 수평으로 바깥쪽으로 퍼져 나간다.

나. 마이크로버스트의 특성

(1) 크기(size) : 마이크로버스트 하강기류가 운저(cloud base)로부터 지면 상공 약 1,000~3,000 ft까지 강하할 때 직경은 통상적으로 1 mile 미만이다. 지면 근처에서 하강기류는 바깥쪽으로 퍼져 나가며 수평으로 직경 약 2.5 mile 까지 확장될 수 있다.

(2) 강도(intensity) : 마이크로버스트는 분당 6,000 ft 정도의 강력한 하강기류로 발달할 수 있다. 지표면 근처의 45 knot에 달하는 수평바람은 마이크로버스트를 가로지르는 90 knot의 윈드시어(windshear)를 야기할 수 있다. 이러한 강한 바람은 지면으로부터 수백 ft 이내에서 발생한다.

(3) 지속시간(duration) : 개개의 마이크로버스트는 지면에 부딪힌 때부터 소멸될 때까지 거의 15분 이상 지속되지는 않는다. 처음 5분 동안은 수평바람이 계속해서 증가하며 최대강도의 바람이 2~4분 정도 지속된다. 때로는 마이크로버스트가 일직선상에 집중되고, 이러한 상황에서 활동이 한 시간 동안 지속될 수도 있다.

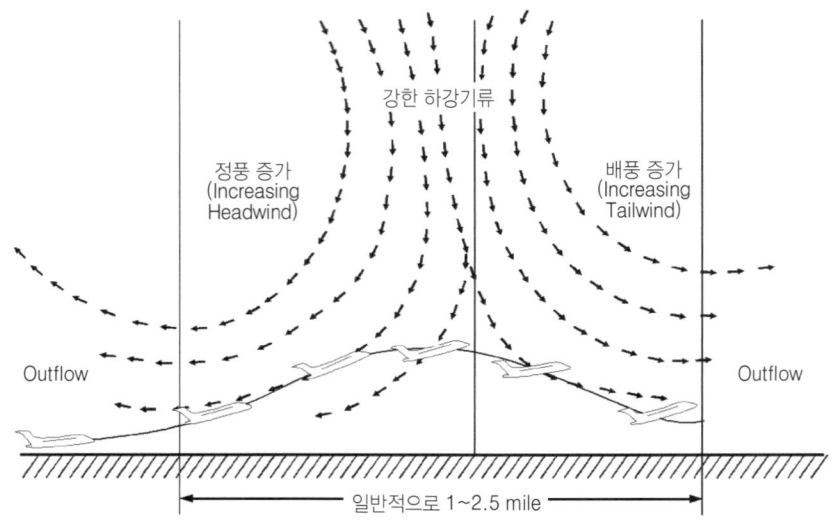

그림 1-34. 마이크로버스트(Microburst)

3. 산악파(Mountain wave)

가. 산악파의 개요

산악파는 강한 풍속의 바람이 거대한 산악지형에 부딪칠 때 발생하는 매우 위험한 난기류이다. 기계적 난기류 중 가장 위험한 것으로 바람이 산맥을 넘을 때 산맥의 영향으로 풍하측에 파동이 생기고, 파동에서 상승·하강기류에 의해 난기류가 생긴다. 산맥을 향해 바람이 분다고 모두 산악파가 생기거나 난기류가 수반되는 것은 아니다. 불규칙한 지형 위를 부는 약한 바람은 심한 산악파를 발생시키지 못한다.

나. 산악파의 발생조건

(1) 풍속이 강할수록 자주 발생하며, 산정을 지나는 풍속의 수직성분이 25 kt 이상이어야 한다.

(2) 바람이 산맥의 축에 직각에 가깝게 불 때 자주 발생한다. 풍향은 산맥의 축에 수직으로 45° 이내로 불어야 한다.

(3) 산정의 상부에 안정층이 존재하여야 한다.

다. 산악파와 관련된 구름

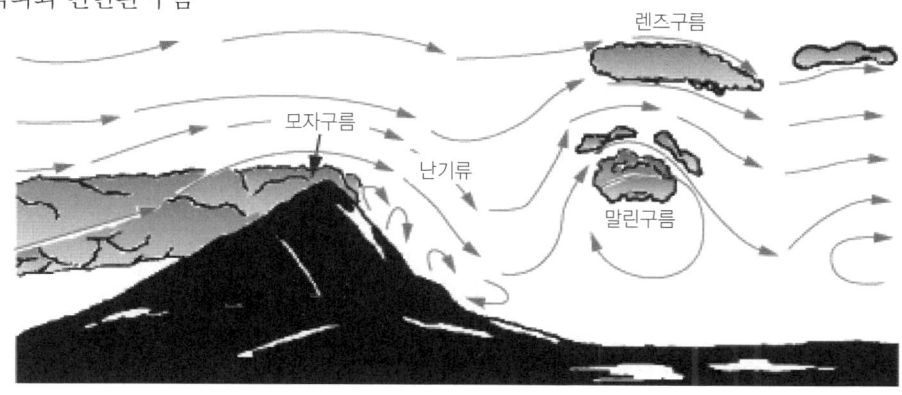

표 1-10. 산악파에서 출현하는 구름

모자구름 (cap cloud)	산맥 바로 정상에서 형성되는 구름으로 대부분 풍상측에 몰려있다. 이는 기류가 상승하면서 응결되어 생긴다. 모자구름은 산마루를 차폐하기 때문에 비행 중 항상 피해야 하며 산맥의 풍하면은 매우 위험한 지역이다.
말린구름 (rotor cloud)	풍하측에 일렬로 늘어선 적운처럼 보이며 난기류를 가장 잘 보여주는 것이다. 이 구름은 거의 정체하며 상승기류로 형성되고 하강기류로 소산되는 과정을 반복한다. 말린구름 내부 및 그 하층이나 말린구름 풍하측의 하강기류 지역은 산악파에서 가장 위험한 지역이다.
렌즈구름 (lenticular cloud)	렌즈모양의 구름으로서 말린구름과 같이 정체성이며 계속적으로 형성된다. 말린구름보다 고고도인 20,000 ft 이상에서 형성되며 윤곽은 부드럽지만, 그 층의 기류에 요란이 있을 때는 구름의 끝 부분이 거칠게 보이기도 한다.

라. 산악파 지역 비행절차
(1) 모자구름, 말린구름, 렌즈구름은 심한 난기류나 강한 상승·하강기류가 있음을 의미하므로 피해가야 한다. 특히 구름의 끝 부분이 거칠 때 이를 피해야 한다.
(2) 가능하면 산악파가 있는 지역을 우회하고, 우회가 어려울 때는 산악의 높이보다 최소한 50%(1.5배) 이상 높은 고도로 비행해야 한다. 이는 난기류를 피하지는 못한다 해도 최소한 강한 하강기류에 의한 위험을 방지해 준다.
(3) 산맥에 접근할 때는 45° 정도의 각도를 유지하여 위험한 정도의 하강기류가 존재할 때는 빠르게 회전해서 산악에서 멀어질 수 있도록 해야 한다.
(4) 강풍 시에 풍하측에서 산맥에 접근할 때는 충분히 먼 곳에서 상승을 개시할 필요가 있다.
(5) 산악지형 부근에서는 강한 기류로 인해 기압고도계가 실제고도보다 2,500 ft까지 더 높은 고도를 지시할 수 있음에 유의해야 한다.
(6) 난기류 지역에서는 적절한 항공기 속도를 유지해야 한다.

4. 제트기류(Jet stream)

가. 제트기류(jet stream)의 정의

제트기류는 대류권 상부 또는 성층권(일반적으로 고도 10~12 km의 대류권계면)에서 거의 수평축으로 집중되는 강하고 좁은 바람의 흐름이다. 수직 및 수평 방향의 강한 윈드시어(wind shear)를 수반하며, 풍속 극대(velocity maxima)를 나타내는 하나 또는 둘 이상의 제트 핵(jet core)이 있다. 제트기류는 수 천 km의 길이, 수 백 km의 폭과 수 km의 두께를 가진다.

나. 제트기류의 특징

제트기류는 일종의 온도풍으로서 제트기류의 생성은 수평 온도 차이의 증가와 밀접한 관련을 가지며, 남북 간의 온도 차이가 가장 심한 극 전선의 상공을 중심으로 제트기류가 형성된다. 제트기류의 최저풍속은 50 kt(30 m/s)로 정하고 있으며, 최대풍속이 50 kt 이상 되는 강한 등풍속선은 모두 제트기류에 속하게 된다.

제트기류는 서에서 동으로 부는 편서풍이다. 수직방향 윈드시어는 1 km 당 10~20 kt(5~10 m/sec), 수평방향의 윈드시어는 100 km 당 10 kt(5 m/sec) 정도의 비율로 풍속이 변한다. Jet 중심으로부터 외측으로 풍속이 감소하는 비율은 적도측에 비해 극측에서 매우 크므로, 윈드시어는 적도측보다 극측에서 크다. 따라서 북반구에서는 일반적으로 jet 중심의 북측면이 남측면보다 윈드시어가 더 크다

다. 제트기류의 종류

(1) 한대 제트기류(polar jet stream)

우리나라와 같은 중위도 지방의 한대전선 상공에서 발달하는 제트기류이다. 한대 제트기류의 풍속은 여름철보다 겨울철에 훨씬 더 강하게 나타난다. 또한 겨울에는 제트기류의 평균 위치가 훨씬 남쪽(북위 약 20°~25°)으로 남하하며 고도는 낮아지고, 여름에는 고위도인 북위 약 70°까지 북상하며 고도는 높아진다.

(2) 아열대 제트기류(subtropical jet stream)

북위 30° 부근 저위도 지방의 아열대 고압대 상공에서 발달하며, 한대 제트기류에 비하여 계절에 따른 위치 변화와 풍속 변화가 크지 않다.

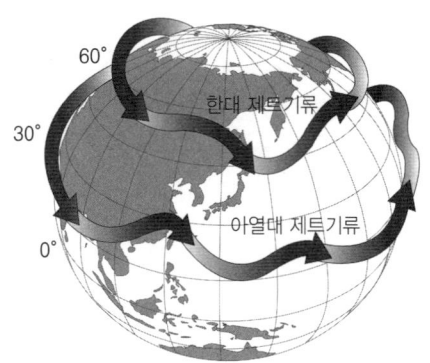

그림 1-35. 제트기류(Jet stream)

5. 청천난류(CAT; Clear Air Turbulence)

가. 청천난류의 정의

청천난류란 구름 한 점 없는 맑은 하늘에서 수평 또는 수직적인 바람의 변화로 인해 발생하는 돌발적인 난기류를 의미한다. 하지만 청천난류란 구름이 없는 경우만을 의미하지는 않는다. 권운이나 연무 속에서와 같이 전혀 위험이 없어 보이는 대기에서도 청천난류가 나타날 수 있다.

연구에 의하면 청천난류의 약 75%가 맑은 날 발생한다. 청천난류는 뇌우영역 내에서의 대류성 난기류나 지표면 근처의 기계적 난기류와 달리 불규칙적이지 않고 규칙적인 형태를 가지고 있으며, 평균적으로 고도 15,000 ft 이상에서 발견된다. 대류권계면에서는 일반적으로 구름이 존재하기가 어렵기 때문에 권계면 고도에서의 난기류는 청천난류 형태로 나타나는 경우가 많다.

청천난류는 주로 제트기류(jet stream) 부근에서 발생하는데, 그 이유는 제트기류 부근에는 강한 윈드시어로 인해 난기류가 생기기 때문이다. 제트기류에서 청천난류가 주로 발생하는 곳은 제트기류 북쪽의 차가운 쪽(cold side)인 극측(polar side)의 상층 기압골(upper trough)이다. 그 외 제트기류에서 청천난류가 빈번히 발생하는 곳은 제트기류에 연해서 급속히 발달하는 저기압의 북쪽 또는 북동쪽이다. 모든 청천난류가 제트기류와 연관되어 있는 것은 아니지만, 심한 청천난류가 나타나는 경우에는 발생위치가 제트기류와 연관되어 있는 경우가 많다.

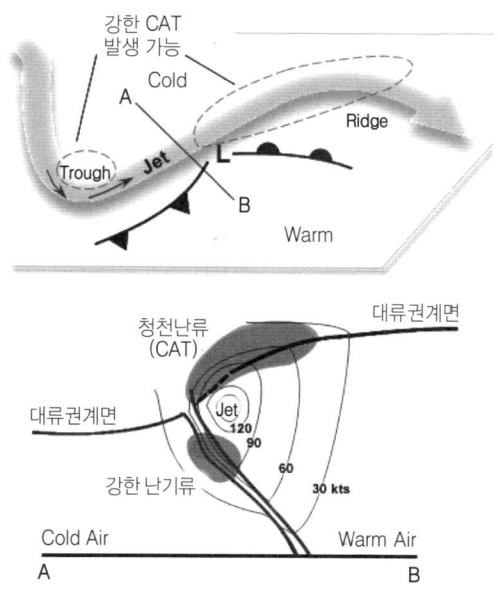

그림 1-36. 제트기류와 청천난류(CAT)

나. 청천난류 회피비행

제트기류에 의한 난기류가 정풍이나 배풍 방향을 향하여 나타나면 비행고도나 항로를 변경해야 한다. 왜냐하면 이 경우 청천난류 영역은 얕고 좁지만 제트기류를 따라 길게 나타나기 때문이다. 만약 측풍 방향에서 제트기류에 의한 청천난류가 나타나면 항로나 비행고도를 바꾸는 것은 중요하지 않다. 이 지역을 빨리 회피하고 싶으면 수 분 동안 온도계를 살핀 후 상승하거나 하강해야 한다. 전진함에 따라 온도가 상승하면 고도를 높이고, 온도가 하강하면 고도를 낮추어야 청천난류 지역에서 빠르게 벗어날 수 있다.

6. 윈드시어(Wind shear)

가. 윈드시어(wind shear)의 정의

윈드시어는 바람의 급격한 움직임으로 인하여 발생하는 짧은 거리에 있어서의 풍향과 풍속의 급변 현상을 말한다. 윈드시어는 모든 고도에서 발생 가능하지만, 지상 2,000 ft 범위 내에서 항공기가 이착륙하는 짧은 시간 동안에 발생하는 저고도 윈드시어(low level wind shear)는 더욱 위험하다. 이 시점에서 항공기는 실속속도보다 약간 빠른 상태이기 때문에 풍속의 뚜렷한 변화는 양력을 잃게 할 수 있기 때문이다.

나. 윈드시어(wind shear)의 형성

청천난류(CAT)가 대류권계면 고도에서 생기는 고고도(high level) 윈드시어인 반면, 보다 낮은 고도에서의 난기류로서 저고도(low level) 윈드시어가 있다.

일반적으로 저고도 윈드시어와 관련된 기상현상에는 전선대(frontal zone), 저고도 기온역전, 뇌우, 마이크로버스트(microburst), 돌풍전선(gust front) 및 산악파 등이 있다.

(1) 청천난류(clear air turbulence)

모든 난기류가 사실상 윈드시어와 관계가 있지만, 직접적인 원인으로 발생하는 것으로 대표적인 것이 제트기류 주위의 바람 차이, 즉 바람경도로 인한 윈드시어인 청천난류(CAT)가 있다.

(2) 전선대(frontal zone)

전선대에서도 풍향이 급변하여 윈드시어가 생길 수 있다. 전선에 의한 저고도 윈드시어의 위험을 지상 일기도에서 판단하는 방법은 기온차가 5℃ 이상일 때, 그리고 전선의 이동속도가 30 kt 이상이 되면 저고도로 전선을 횡단할 때 윈드시어의 가능성이 현저해진다는 것이다.

한랭전선에 의한 저고도 윈드시어는 전선이 비행장을 통과한 후에 발생한다. 한랭전선은 기울기가 급격하고 온난전선에 비해 이동속도가 빠르기 때문에 한 지점에서의 저고도 윈드시어 지속시간은 2시간 이하이다. 따뜻한 공기가 지표면 부근의 차고 밀도가 큰 공기를 타고 올라가는 지역에서 온난전선과 관련된 상층의 강풍은 풍향과 풍속을 크게 변화시킨다. 온난전선성 윈드시어는 전선면의 경사가 완만하고 이동이 느리기 때문에 비행장 부근에 6시간 이상 유지되기도 한다. 더욱이 온난전선과 연관된 낮은 실링(ceiling)과 시정의 감소는 조종사에게 복합적인 위험을 가져온다.

(3) 저고도 기온역전(low level temperature inversion)

맑고 바람이 약한 야간에 지표 부근에 기온 역전층이 생겼을 때, 상층은 역전층 하층의 안정층에 비해 비교적 풍속이 크기 때문에 풍속차로 윈드시어가 발생할 수 있다. 조종사는 기온역전이 있는 지표면 상부 2,000~4,000 ft의 풍속이 최소 25 kt 이상일 때는 윈드시어 발생을 예상하여야 한다.

다. 저고도 윈드시어(low level wind shear)의 발생 징후

항공기가 윈드시어와 조우하고 있는지는 계기판에 잘 나타난다. 지시되는 항공기 속도계와 수직속도계의 심한 변동은 거의 대부분 윈드시어와 연관된 것이다. 또 다른 인식자는 대기속도와 대지속도 사이에 큰 차이가 있을 때 이다. 이 두 속도와 연관된 큰 변화도 윈드시어와 관련이 있다. 관성항법장치(INS; Inertial Navigation System)를 장착한 항공기 조종사는 착륙을 시도하는 고도와 활주로 사이의 윈드시어를 알기 위하여 현재 고도의 바람과 보고된 지상풍을 비교할 수 있다. 풍향이 단지 몇 도 정도 변화하는 항로는 큰 문제가 없지만 20° 이상 변하게 되면 주의해야 한다.

라. 저고도 윈드시어(low level wind shear)의 영향

저고도 윈드시어는 항공기의 이착륙과정에서 매우 큰 영향을 준다. 항공기가 이착륙 할 때에 활주로 근처에서 저고도 윈드시어로 인한 정풍이나 배풍의 급격한 변화는 항공기의 실속이나 비정상적인 고도 상승을 초래하며 측풍에 의해 활주로 이탈을 초래하기도 한다.

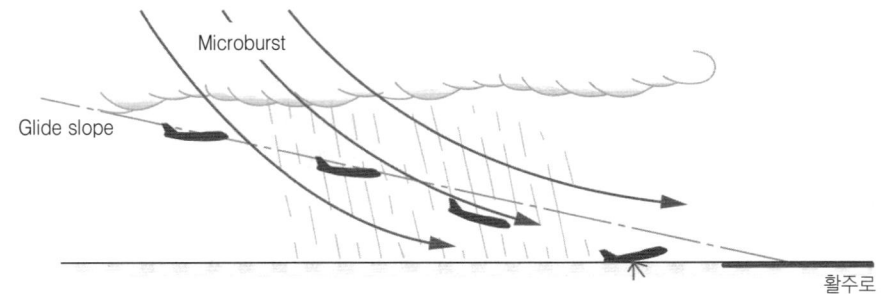

그림 1-37. 마이크로버스트로 인한 윈드시어(양력 감소형)

(1) 양력 감소형

착륙하기 위해 접근 중에 윈드시어가 발생하여 갑자기 정풍이 멈추거나 배풍(tail wind)으로 변하면, 항공기 날개에 대한 기류의 상대속도는 감소하고 비행속도가 감소한다. 비행속도가 감소하여

양력이 감소하게 되면 항공기 기수는 내려가고(pitch down), 정상적인 강하각보다 낮게 강하하게 된다. 이러한 윈드시어로 인해 고도가 급격하게 감소하면 활주로에 못 미쳐 추락하거나, 불시착 사고처럼 착륙 도중 뒤집힐 수도 있다.

이렇게 정풍이 감소하는 윈드시어 상태를 양력 감소형이라고 하며, 항공기의 속도가 감소하게 되면 조종사는 즉시 항공기의 추력을 증가시켜야만 한다. 그러나 항공기의 속도와 강하각이 회복되면 즉시 추력을 다시 감소시켜야 한다. 만일 항공기의 속도와 강하각을 회복한 후에 증가된 추력을 즉시 제거하지 않으면 빠른 속도로 인해 활주거리가 길어진다.

(2) 양력 증가형

착륙하기 위해 접근 중에 윈드시어가 발생하여 갑자기 배풍이 멈추거나 정풍(head wind)으로 변하면, 항공기 날개에 대한 기류의 상대속도는 증가하고 비행속도가 증가한다. 비행속도가 증가하여 양력이 증가하게 되면 항공기 기수는 올라가고(pitch up), 정상적인 강하각보다 높게 강하하게 된다.

이러한 윈드시어의 주된 위험은 항공기의 활주거리를 길게 하여 활주로를 벗어나게 할 수 있다는 것이다. 또 다른 위험요소는 항공기가 착륙할 때 갑자기 항공기의 속도가 증가하고 강하각이 감소하는 것을 느끼게 되면 대부분의 조종사는 속도를 감소시키고, 원래의 강하각을 유지하도록 기수를 내린다는 것이다. 시간이 지남에 따라 항공기에 작용하는 감속력은 항공기의 속도를 감소시킬 것이고, 조종사가 항공기의 추력이 낮다는 것을 느끼게 될 때에는 너무 늦어서 회복할 수 없는 경우가 발생하기도 한다.

이렇게 정풍이 증가하는 윈드시어 상태를 양력 증가형이라고 하며, 항공기의 속도가 증가하게 되면 조종사는 즉시 항공기의 추력을 감소시켜야만 한다. 그리고 정상적인 강하각에 진입하면 추력을 정상적인 추력으로 증가시킨 후 접근 착륙하여야 한다.

마. 저고도 윈드시어 경보장치(LLWAS; Low Level Wind Shear Alert System)

LLWAS는 공항 주변의 저고도 윈드시어 상태를 탐지하기 위하여 고안되었으며, 이러한 범위를 벗어난 윈드시어는 탐지하지 못한다.

새로운 LLWAS-NE(Network Expansion) 시스템은 윈드시어 및 마이크로버스트를 탐지하여 경보를 발부하고, 공항 활주로와 관련된 위험지역을 관제사에게 제공한다. 이것은 또한 새로운 활주로가 건설될 때 공항과 더불어 발전할 수 있는 유연성과 성능을 갖고 있다. 이러한 시스템 중 일부는 활주로 끝의 바람정보를 탐지할 수 있는 성능도 갖추고 있다. 관제사는 사용 중인 활주로의 윈드시어 및 마이크로버스트 경보가 접수되면 도착 및 출발하는 항공기에게 경보정보를 알려주어야 한다.

출제예상문제

Ⅰ. 뇌우와 번개

【문제】1. 뇌우의 설명으로 틀린 것은?
① 번개와 강수를 동반하는 적란운 또는 적란운의 집합체에서 형성된다.
② 습하고 불안정한 공기가 지속적으로 수직 상승하면서 발생된다.
③ 뇌우의 각각의 구름은 수 km에서 수 십 km까지 수평적으로 형성된다.
④ 번개, 폭풍우, 착빙, 난기류 등을 동반하는 중규모의 기상현상이다.

【문제】2. 다음 중 뇌우를 동반하는 구름은?
① Ci   ② Cb   ③ Cs   ④ As

【문제】3. 심한 요란과 강우를 동반하기 때문에 조종사가 피해야 하는 구름은?
① 권운   ② 층운   ③ 회전운   ④ 적란운

【문제】4. 다음 중 뇌우의 형성조건으로 맞는 것은?
① 충분한 수증기, 불안정한 대기, 하강기류
② 충분한 수증기, 불안정한 대기, 상승기류
③ 충분한 수증기, 안정한 대기, 하강기류
④ 충분한 수증기, 안정한 대기, 상승기류

【문제】5. Thunderstorm이 생기기 위한 조건으로 맞는 것은?
① 고온, 다습, 안정된 lapse rate   ② 고온, 다습, 불안정한 lapse rate
③ 고온, 건조, 안정된 lapse rate   ④ 고온, 건조, 불안정한 lapse rate

【문제】6. 뇌우의 생성조건이 아닌 것은?
① 대기 중에 과냉각수적이 존재해야 한다.
② 초기 촉매작용이 되는 상승기류가 있어야 한다.
③ 하층 대기가 다량의 수증기를 함유하고 있어야 한다.
④ 최소한 조건부 불안정한 대기상태이어야 한다.

【문제】7. Thunderstorm의 생성조건에 대한 설명 중 틀린 것은?
① 최소한 조건부 불안정한 대기상태, 즉 상승기류 시 불안정, 하강기류 시 안정상태를 유지하여야 한다.
② 생성단계에서는 지속적으로 상승기류가 유입되어야 한다.

정답   1. ③   2. ②   3. ④   4. ②   5. ②   6. ①

③ 하층 대기가 다량의 수증기를 함유하고 있어야 한다.
④ 반드시 과냉각수적이 존재하여야 한다.

〈해설〉 뇌우(thunderstorm)
1. 뇌우는 천둥과 번개를 동반하는 적란운(Cb) 또는 적란운의 집합체이다. 강한 대류활동을 가진 뇌우는 폭우, 우박, 돌풍, 번개 등을 동반함으로써 짧은 시간 동안에 큰 항공 재해를 가져올 수 있는 중규모 기상현상이다. 습하고 불안정한 공기가 지속적으로 수직 상승하면서 발생되며, 뇌우 각각의 구름은 수 km에서 수 십 km까지 수직적으로 형성된다.
2. 뇌우의 생성조건
  가. 불안정 대기 : 최소한 조건부 불안정한 대기상태이어야 한다.
  나. 상승 운동 : 초기 촉매작용(lifting force)이 되는 상승기류가 있어야 한다.
  다. 높은 습도 : 하층 대기가 다량의 수증기를 함유하고 있어야 한다.

【문제】 8. 뇌우에서 지속적인 상승기류가 생성되는 단계는?
① 발달기   ② 성숙기   ③ 소멸기   ④ 전 단계 모두

【문제】 9. 뇌우의 발생과 소멸에서 상승기류와 하강기류가 공존하는 단계는?
① Cumulus stage   ② Mature stage
③ Dissipating stage   ④ In all stages

【문제】 10. 뇌우의 발달 단계 중 강수현상이 시작되는 단계는?
① 생성기   ② 성숙기   ③ 소멸기   ④ 발달기

【문제】 11. 뇌우의 성숙단계에서 발생하는 현상은?
① 비가 그친다.   ② 급격하게 구름이 형성된다.
③ 구름 속에 하강기류만 존재한다.   ④ 지면에 비가 내리기 시작한다.

【문제】 12. 뇌우의 성숙기에서의 특성으로 옳은 것은?
① 상승기류만 존재한다.   ② 하강기류만 존재한다.
③ 강우가 시작된다.   ④ 거스트 전선(gust front)이 형성된다.

【문제】 13. 하강기류로 인한 뇌우 주변의 기상현상으로 맞지 않는 것은?
① 기압의 급상승   ② 온도의 급격한 감소
③ 강한 지상돌풍   ④ Windshear

【문제】 14. 뇌우의 생성 및 소멸 과정에 대한 설명 중 올바른 것은?
① 뇌우가 생성되기 위한 기본적인 조건은 불안정 대기, 하강 작용, 그리고 높은 습도이다.
② 적운단계에서는 강한 하강기류가 발달하며 강수가 시작된다.
③ 성숙단계에서는 상승 및 하강기류가 동시에 나타나고, 강수현상이 발생한다.
④ 소멸단계에서는 상승기류가 지속적으로 생성되면서 하강기류는 점차 약해진다.

정답 7. ④   8. ①   9. ②   10. ②   11. ④   12. ③   13. ④   14. ③

〈해설〉 뇌우의 단계 및 특징은 다음과 같다.

단 계	특 징
발달기(적운기) (Cumulus stage)	• 강한 상승기류가 발생하면서 적운이 급격하게 성장한다.
성숙기 (Mature stage)	• 상승기류와 하강기류가 함께 나타나며 천둥, 번개, 소나기, 우박 등을 동반한다. • 구름의 하층으로부터 강수가 시작된다. • 냉각된 하강기류는 지면 위에서 수평으로 퍼지면서 지상에 강한 돌풍(gusty wind), 급격한 기온 강하 및 기압의 급상승을 일으킨다.
소멸기 (Dissipating stage)	• 하강기류가 우세하고 강수가 약해진다.

【문제】 15. 뇌우에 대한 설명 중 틀린 것은?
① 기단 뇌우는 약 1~2시간 정도 지속되면서 강한 비와 돌풍을 동반하기는 하나, 그 수명이 짧고 규모가 작다.
② 악성 뇌우는 강수나 바람이 심하지만 그 크기가 크지 않고 1~2시간 이내로 소멸된다.
③ 단세포 뇌우는 한 개의 강한 상승기류 영역과 그에 수반된 강수로 구성된 뇌우로서 그 수명이 아주 짧아서 보통 1시간 정도 지속된다.
④ 다세포 뇌우는 여러 단계와 여러 개의 대류세포가 뭉쳐진 현상으로서 2~10시간 유지되며 수십 km의 수평규모를 갖는다.

〈해설〉 뇌우를 구분하면 다음과 같다.
1. 독립된 뇌우의 구분
 가. 기단 뇌우(air mass thunderstorms) : 약 1~2시간 정도 지속되면서 강한 비와 돌풍을 동반하기는 하나, 그 수명이 짧고 규모가 작다.
 나. 악성 뇌우(severe thunderstorms) : 적어도 2시간 이상 지속되면서 50 kt 이상의 돌풍, 직경 2 cm 이상의 우박, 그리고 강한 토네이도 등과 같은 악기상을 동반한다.
2. 세포수와 구조에 따른 뇌우의 구분
 가. 단세포 뇌우(single cell thunderstorm) : 한 개의 강한 상승기류 영역과 그에 수반된 강수로 구성된 뇌우로서 그 수명이 아주 짧아서 보통 1시간 정도 지속된다. 단세포 뇌우의 전형적인 발달과정은 적운기, 성숙기 그리고 소멸기로 구성되어 있다.
 나. 다세포 뇌우 : 여러 단계와 여러 개의 대류세포가 뭉쳐진 현상으로서 2~10시간 유지되며 수십 km의 수평규모를 갖는다.
 다. 거대세포 뇌우 : 하나로 된 거대세포 조직이 수 시간 지속되며 강한 대류, 돌풍, 우박, 강한 강수, 번개, 토네이도를 동반한다. 이 뇌우는 여러 개 대류세포로 된 다세포 뇌우와 달리 한 개의 커다란 대류세포 즉, 한 개의 강한 상승기류와 하강기류로 조직화된 대류계이다.

【문제】 16. Squall line에 대한 설명으로 틀린 것은?
① 매우 빠르게 형성되며, 길이가 수백 마일까지 이어지기도 한다.
② 비전선성(non-frontal)이며, 폭이 좁은 뇌우의 일종이다.
③ 지속되는 심한 뇌우를 동반하며 돌풍을 일으키기도 한다.
④ 온난전선 전방의 습기가 많고 불안정한 대기 중에서 발생한다.

정답 15 ② 16. ④

【문제】 17. 전선은 아니지만 한랭전선 전방에서 띠의 형태를 유지하며 국지적 돌풍을 야기할 수 있는 현상은?
① Squall   ② Gust   ③ Microburst   ④ Katabatic wind

【문제】 18. Squall line에 대한 설명으로 틀린 것은?
① Cold line 앞에 평행하게 발생한다.
② 수백 마일의 길이를 가진다.
③ 뇌우, 강수와 기상이변 등이 발생한다.
④ 전선이 있어야 발생할 수 있다.

【문제】 19. 지표면의 불규칙한 가열로 발생하는 뇌우는?
① 스콜   ② 다세포 뇌우   ③ 기단성 뇌우   ④ 전선 뇌우

【문제】 20. Squall line이 주로 발생하는 위치는?
① 한랭전선 전방   ② 정체전선의 후방
③ 온난전선 전방   ④ 폐색전선 상

〈해설〉 발생 원인에 따른 뇌우의 종류는 다음과 같다.
1. 전선 뇌우(frontal thunderstorm)
전선 뇌우는 따뜻하고 습윤한 불안정 공기가 전선면을 따라 상승하면서 발생한다. 전선 뇌우는 어느 형태의 전선상에서도 형성될 수 있는데 온난전선보다 한랭전선에서 발생률이 높다.
2. 기단 뇌우(air mass thunderstorm)
기단 뇌우는 전선과는 무관하게 따뜻하고 습윤한 기단 내에서 생성되며 열뇌우(heat thunderstorm)라고도 한다. 기단 뇌우는 지표면이 국지적으로 가열되어 뜨거워지면서 대류로 인하여 상승기류가 만들어지는 형태이다. 또한 습윤하고 불안정한 공기가 산악의 경계면을 따라 상승하는 경우 풍상측에서 발생하기도 한다.
3. 스콜라인 뇌우(squall line thunderstorm)
가. 스콜라인은 비전선성(non-frontal)이며, 좁은 띠 모양으로 나타나는 뇌우의 일종이다.
나. 스콜라인 뇌우는 심한 뇌우를 동반하고 항공기에 대한 악기상 중에서 가장 위험한 기상현상 중의 하나이다.
다. 주로 습윤하고 불안정한 대기 속을 빠르게 이동하는 한랭전선의 전면 50~300 mile 지점에 평행하게 발생하며, 그 길이가 수백 마일까지 이어지기도 한다.

【문제】 21. 뇌우의 가장 위험한 기상현상은?
① 강우   ② Wind shear와 요란기류
③ 번개   ④ 결빙

【문제】 22. 심한 난기류 시 유지해야 하는 비행속도는?
① Vy 이하의 속도   ② Vy 이상의 속도
③ Va 이하의 속도   ④ Va 이상의 속도

정답   17. ①   18. ④   19. ③   20. ①   21. ②   22. ③

【문제】 23. 뇌우에 관한 설명 중 맞는 것은?
① 발달기에는 상승기류, 성숙기에는 상승 및 하강기류, 소멸기에는 하강기류가 존재하므로 비행 시 모든 단계에서 주의해야 한다.
② 발달기에는 약한 상승기류만이 존재하며, 강수가 시작되지 않기 때문에 비행에 위험하지 않다.
③ 성숙기에는 상승 및 하강기류가 공존하고, 강수가 시작되므로 성숙기에만 비행에 주의하면 된다.
④ 소멸기에는 하강기류만 있으며, 강수가 끝나기 때문에 비행에 위험하지 않다.

【문제】 24. 레이더 상에 강한 뇌우의 echo가 형성되어 있을 때 피해야 하는 최소거리는?
① 3 NM ② 5 NM ③ 10 NM ④ 20 NM

【문제】 25. Heavy precipitation, thunderstorm 발견 시 이를 피하기 위한 최소거리는?
① 20 NM ② 30 NM ③ 40 NM ④ 50 NM

【문제】 26. 뇌우지역 통과 시에 취해야 할 비행행동으로 맞는 것은?
① 자동조종장치를 사용하여 고도 및 속도를 일정하게 유지한다.
② Va 이하의 속도로 비행한다.
③ 조종실 조명을 최대한 어둡게 한다.
④ 뇌우에 진입하였다면 가능한 빨리 되돌아 나온다.

【문제】 27. 뇌우지역 통과 시 조치사항으로 맞지 않는 것은?
① 모든 뇌우는 최대한 회피한다.
② 동력을 권장 난기류 통과속도로 설정한다.
③ 수평자세를 최대한 맞추려고 하고, 고도를 일정하게 유지한다.
④ 최대한 빠른 비행경로로 빠져 나온다.

【문제】 28. 뇌우 통과 시의 절차로 맞는 것은?
① Radar 안테나를 상하로 움직여 에코(echo) 변화를 감시한다.
② Cockpit 내부 light는 최소로 한다.
③ Autopilot 사용 시 고도유지 mode와 속도유지 mode를 작동시킨다.
④ 필요에 따라 power setting을 변경하며 비행한다.

【문제】 29. 뇌우 통과 시 어느 속도 이하로 비행해야 하는가?
① Vy ② Vse ③ Va ④ Vx

【문제】 30. 뇌우에 동반되며 항공기 외부 및 전자항법장비의 손상을 일으킬 수 있는 기상현상은?
① Squall ② Hail ③ Microburst ④ Lighting

〈해설〉 뇌우지역 기상특성 및 뇌우지역 비행절차는 다음과 같다.

[정답] 23. ① 24. ④ 25. ① 26. ② 27. ③ 28. ① 29. ③ 30. ④

1. 뇌우지역 기상특성
  가. 강한 하강기류가 있는 뇌우 아래에서 난기류 이외에 강한 윈드시어(windshear), 강한 강수, 낮은 실링(ceiling), 시정 감소 등이 결합되어 나타날 수 있다.
  나. 적운단계에서는 약함 또는 보통 강도의 난기류가 발생하며, 성숙단계에서는 보통 또는 심한 강도의 난기류가 발생한다. 소멸단계의 초기단계에서는 심한 난기류가 나타날 수 있으며, 말기에서도 곳에 따라 심한 난기류가 발생할 수 있다. 따라서 뇌우의 단계에 관계없이 가능하면 뇌우 세포는 피하는 것이 좋다.
  다. 번개(lighting)가 치는 경우 일반적으로 항공기 구조의 손상은 미미하지만, 항공기의 전자장비나 계기, 통신기기 및 레이더 등에 손상을 일으킬 수 있다.
2. 뇌우지역 비행절차
  가. 강한 뇌우로 식별되거나, 또는 강한 레이더 반사파(radar echo)가 나타나는 뇌우는 최소한 20 NM 이상 회피하라.
  나. 자동조종장치(autopilot)를 사용하고 있다면 고도유지 mode와 속도유지 mode를 해제한다. 일정한 자세를 유지하고, 고도 및 속도가 변동될 수 있도록 놓아두라.
  다. 번개로 인한 일시적인 시력상실(blindness)을 줄이기 위하여 조종실 조명을 최대한 밝게 조절하고 시선을 계기에 둔다.
  라. 권장하는 난기류 통과속도로 동력설정을 유지하고 변경하지 마라. 권장속도가 달리 지정되어 있지 않다면, 비행기의 구조적인 응력을 최소화하기 위하여 비행속도를 설계기동속도(V_A) 이하로 유지하여야 한다.
  마. 항공기탑재 레이더를 사용하고 있다면, 비행중인 고도 이외의 다른 고도에서의 뇌우를 탐지할 수 있도록 때때로 안테나의 각도를 상하로 기울인다.
  바. 일단 뇌우 속에 들어갔다면 되돌아가지 마라.

Ⅱ. 착빙(Icing)

【문제】1. 착빙(Icing)이 항공기에 미치는 영향으로 틀린 것은?
  ① 항공기 양력의 감소
  ② 엔진 성능의 감소
  ③ 계기의 오작동
  ④ 실속 속도의 감소

【문제】2. 착빙 조우 시 항공기에 미치는 영향으로 틀린 것은?
  ① 무게가 증가한다.
  ② 추력과 항력이 증가한다.
  ③ 양력이 감소한다.
  ④ 계기 및 통신 장애가 발생한다.

【문제】3. 항공기에 착빙이 생겼을 때의 증상이 아닌 것은?
  ① 항력 감소   ② 양력 감소   ③ 중량 증가   ④ 마찰 증가

【문제】4. 착빙에 대한 설명 중 맞는 것은?
  ① 착빙은 주로 날개가 영하의 온도일 때 생성된다.
  ② 대기 중의 과냉각수적에 의해 착빙이 발생한다.
  ③ 영하 20℃ 이하에서는 과냉각수적이 주로 존재한다.
  ④ 착빙은 -10℃~-20℃에서 자주 발생한다.

정답   1. ④   2. ②   3. ①   4. ②

【문제】5. 항공기 표면에 착빙이 가장 발생하기 쉬운 온도는?
① 10℃~0℃　　② 0℃~-10℃　　③ -10℃~-20℃　　④ -20℃~-35℃

〈해설〉 착빙의 영향과 형성조건은 다음과 같다.
1. 항공기에 착빙이 발생하면 양력이 감소하고, 항력 및 중량은 증가한다. 그 결과 실속속도는 증가하고 항공기 성능은 저하된다. 아울러 착빙이 외부에 노출된 항공기의 가변표면에 누적되면 조종에 영향을 준다. 또한 pitot system에 착빙이 발생하면 동정압 계통 계기에 장애가 발생할 수 있으며, 안테나에 착빙이 생기면 무선통신에 장애를 일으킬 수 있다.
2. 착빙 형성조건
　가. 대기 중에 과냉각물방울이 존재해야 하다.
　나. 항공기 표면의 자유대기온도가 0℃ 미만이어야 한다.
3. 과냉각물방울은 0~-20℃에서 가장 자주 관측되므로 이 온도 범위 내에 있는 구름은 착빙의 가능성이 있다고 보아야 하며, 착빙은 보통 0~-10℃에서 가장 잘 발생한다.

【문제】6. 다음 중 착빙에 영향을 주는 요소는?
① 항공기 중량　　　　　　② 항공기 비행고도
③ 항공기 속도　　　　　　④ 대기압

【문제】7. 착빙에 영향을 주는 요소가 아닌 것은?
① 기압　　② 어는 비　　③ 수적의 크기　　④ 항공기 속도

〈해설〉 착빙 발생에 영향을 미치는 요소는 다음과 같다.
1. 수증기량 : 공기 중의 수증기량이 많으면 착빙이 잘 발생한다.
2. 물방울(수적)의 크기 : 물방울의 크기가 크면 클수록 착빙은 더 쉽고 빠르게 일어난다.
3. 항공기 속도 : 항공기 속도가 400 KTS 정도가 될 때까지는 착빙과 항공기 속도가 서로 비례관계를 가지지만, 400 KTS 이상에서는 반비례한다.

【문제】8. 항공기 유리창에 넓게 퍼진 상태로 얇게 얼음막이 형성되는 착빙은?
① Hoar frost　　② Clear icing　　③ Rime icing　　④ Mixed icing

【문제】9. 투명하고 단단한 얼음으로 처음의 물방울이 얼어버리기 전에 다음 물방울이 붙으면서 생기는 착빙은?
① Rime ice　　② Cloudy ice　　③ Clear ice　　④ Mixed ice

【문제】10. 액체 상태의 물방울이 항공기 표면에 부딪힌 후, 항공기 표면에 흐르면서 무겁고 단단하며 매끄럽게 착빙되는 것은?
① Clear icing　　　　　　② Rime icing
③ Mixed icing　　　　　　④ Carburetor icing

【문제】11. 다음 기체 착빙 중 가장 위험한 것은?
① Rime ice　　② Mixed ice　　③ Dry ice　　④ Clear ice

정답　5. ②　6. ③　7. ①　8. ②　9. ③　10. ①　11. ④

【문제】 12. 다음 착빙 중 가장 위험한 것은?
① 서리(frost)
② 우빙(clear ice)
③ 표면이 거친 착빙(mixed ice)
④ 수빙(rime ice)

【문제】 13. 착빙에 대한 설명 중 맞는 것은?
① 맑은 착빙은 발견하기가 어려우며 반드시 제거해야 한다.
② 거친 착빙은 발견하기 어렵고 제거하기도 어렵다
③ 맑은 착빙은 비행에 상관없기 때문에 제거하지 않아도 된다.
④ 거친 착빙은 비행에 상관없기 때문에 제거하지 않아도 된다.

【문제】 14. 기온이 0℃ 이하일 때 공기 중의 수증기가 지표면에 얼어붙는 기상현상은?
① Frost
② Ice pellets
③ Hail
④ Freezing rain

【문제】 15. 서리가 항공기 안전에 저해되는 이유는?
① 조종효과를 감소시키기 때문에
② 날개의 기본적인 구조적 형태를 변화시키기 때문에
③ 상대풍을 조기에 분리시켜 실속을 일으키기 때문에
④ 항공기 표면에 붙어 있던 결빙은 공중에서 더욱 많은 얼음 입자가 붙게 되어 실속을 일으킬 수 있기 때문에

【문제】 16. When will frost most likely form on aircraft surfaces?
① On overcast nights with unstable air and moderate winds.
② On overcast nights with freezing drizzle precipitation.
③ On clear nights with convective action and a small temperature/dewpoint spread.
④ On clear nights with stable air and light winds.

【문제】 17. 서리 착빙이 생기는 조건으로 맞는 것은?
① 공기가 안정된 아침
② 맑고 바람이 없는 저녁 다음 날 아침
③ 흐리고 약한 바람이 부는 저녁
④ 습도가 높고 공기가 불안정한 저녁 다음 날 아침

〈해설〉 기체 착빙의 종류는 다음과 같다.

종류	특징
맑은 착빙 (clear icing)	• 항공기 표면을 따라 고르게 흩어지면서 천천히 결빙된다. 따라서 처음의 물방울이 얼어버리기 전에 다음 물방울이 붙으면서 맑은 착빙이 된다. • 투명하여 눈으로 확인하기가 어렵고, 무겁고 단단하며 항공기 표면에 단단하게 붙어있어 제빙장치로 제거하기가 어려울 수 있다. • 항공기 날개의 형태를 크게 변형시키므로 구조 착빙 중에서 가장 위험한 형태의 착빙으로 비행 전에 제거하여야 한다.

정답 12. ② 13. ① 14. ① 15. ③ 16. ④ 17. ②

종 류	특 징
거친 착빙 (rime icing)	• 작은 물방울이 공기를 포함한 상태로 신속히 결빙하여 부서지기 쉬운 거친 착빙이 형성된다. • 구멍이 많고 불투명하며 우윳빛 색을 띤다. 맑은 착빙보다는 덜 위험하고 제빙장치로 쉽게 제거할 수 있다.
혼합 착빙 (mixed icing)	• 맑은 착빙과 거친 착빙의 결합
서리 (frost)	• 이슬점온도가 0℃ 이하일 때 수증기가 지표면에 직접 빙결, 축적되어 발생한다. • 일반적으로 겨울철 저녁에 맑고 바람이 약한 날 복사냉각에 의해 땅 표면 온도가 영하로 떨어지는 경우에 주로 발생한다. • 항공기 표면에 부착된 서리가 날개의 공기역학적 형태를 기본적으로 변화시키지는 않지만, 조기에 박리현상을 일으켜 항력을 증가시키고 양력을 감소시킨다.

【문제】18. 착빙강도의 종류가 아닌 것은?
① Trace　　　② Severe　　　③ Moderate　　　④ Heavy

【문제】19. 착빙강도에 대한 설명으로 옳은 것은?
① Trace: 착빙의 누적율이 녹는율보다 조금 낮다.
② Light: 방빙장치를 사용하지 않아도 문제가 발생하지 않는다.
③ Severe: 제빙 또는 방빙장치를 사용해도 제거가 어려우며, 항공기 조종에 큰 악영향을 미친다.
④ Moderate: 착빙지역에 들어가도 위험하지 않다.

【문제】20. 항공기 운항에서 급속한 착빙(icing)이 발생하기 쉬운 기상 조건은?
① frozen precipitation
② cumulonimbus clouds
③ freezing rain
④ high humidity and freezing temperature

【문제】21. 다음 중 severe icing이 예상되는 조건은?
① freezing rain　　　② -10℃의 층적운
③ -10℃의 적운　　　④ 권상운

〈해설〉 착빙 강도의 분류는 다음과 같다.

착빙 강도	축적상태	조 치
미약함(Trace)	축적률(누적율)이 승화율(녹는율)보다 약간 크다.	• 1시간 이상 계속해서 지속되지 않는 한 제빙/방빙장치를 사용할 필요는 없다.
약함(Light)	축적률이 승화율보다 크다.	• 제빙/방빙장치를 사용하면 문제가 되지는 않는다.
보통(Moderate)	축적률이 단시간 조우에도 잠재적 위험을 내포한다.	• 제빙/방빙장치의 사용과 이탈비행이 필요하다.
심함(Severe)	축적률이 매우 크다.	• 제빙/방빙장치가 효과가 없으며, 즉각적인 이탈비행이 필요하다. • 어는 비(freezing rain)가 내리는 기상환경에서 비행 시에 구조적 착빙이 가장 빠른 속도로 발생하고, 심한 착빙이 예상된다.

정답　18. ④　19. ③　20. ③　21. ①

【문제】 22. 맑은 착빙이 잘 생기는 구름은?
　　① 적란운　　② 권적운　　③ 층적운　　④ 권운

【문제】 23. Clear icing이 가장 잘 발생하는 구름은?
　　① 권운　　② 층운　　③ 적운　　④ 권적운

【문제】 24. 우빙(clear icing)이 잘 생기는 구름은?
　　① Sc　　② Ns　　③ Cs　　④ Cb

【문제】 25. 다음 중 착빙이 가장 쉽게 일어날 수 있는 구름은?
　　① Cb　　② Cc　　③ Ci　　④ Cs

【문제】 26. 어떤 구름이 착빙을 초래할 수 있는가?
　　① 권운　　② 권적운　　③ 층운　　④ 적란운

【문제】 27. Icing 시에 비행기에 영향이 없는 구름층은?
　　① 고층운　　② 난층운　　③ 적운　　④ 적란운

【문제】 28. Icing이 거의 발생하지 않는 구름은?
　　① Cu　　② Sc　　③ Ci　　④ Ac

【문제】 29. 다음 중 착빙이 가장 생기기 어려운 구름은?
　　① 적운　　② 권운　　③ 난층운　　④ 층적운

【문제】 30. 0℃~-10℃에서 가장 빈번하게 발생되는 착빙은?
　　① Rime icing　　② Clear icing　　③ Mixed icing　　④ Induction icing

【문제】 31. -15℃~-20℃에서 일어날 수 있는 착빙은?
　　① Clear icing　　② Mixed icing　　③ Dry icing　　④ Rime icing

【문제】 32. 착빙에 대한 설명 중 맞는 것은?
　　① 0℃ 부근에서의 착빙은 제거하지 않아도 된다.
　　② 0℃에서부터 -10℃ 부근에서 생성되는 착빙은 rime icing 이다.
　　③ 0℃ 부근에서의 착빙은 발견하기 어려우며, 꼭 제거해야 한다.
　　④ 0℃ 이상에서의 맑은 착빙은 이륙 중 제거되기 때문에 제거하지 않아도 된다.

【문제】 33. 맑은 착빙에서 거친 착빙으로 전환되는 온도는?
　　① 0℃　　② -5℃　　③ -10℃　　④ -15℃

정답　22. ①　23. ③　24. ④　25. ①　26. ④　27. ①　28. ③　29. ②　30. ②

〈해설〉 착빙의 발생환경은 다음과 같다.
1. 구름의 유형에 따른 착빙의 종류는 다음과 같다.
   착빙은 기본적으로 중층운과 하층운에서 나타나고, 권운형의 상층운에서는 거의 나타나지 않는다.

구 분	구 름	특 징
층운형 구름	층운(St), 고층운(As)	거친 착빙과 혼합 착빙이 나타날 수 있으며, 혼합 착빙은 언강수 지역에서 발생한다.
적운형 구름	적란운(Cb), 적운(Cu)	대부분 맑은 착빙이지만 높은 고도에서는 거친 착빙과 혼합되어 존재한다.
권운형 구름	권운(Ci)	착빙이 거의 생기지 않는다.

2. 구름의 유형에 따른 착빙의 발생 확률 및 강도는 다음과 같다.

운 형	발생 확률	강 도
Cu, Cb, Ns	높음	강한 착빙이 보통
Sc, Ac, As 동반한 Ac	약 50%	중간 착빙 이상은 드물게 발생
As	낮음	중간 또는 약한 착빙
St	낮음	약한 착빙

3. 기온에 따른 착빙의 종류는 다음과 같다.

기온 범위	착빙의 종류
0~-10℃	맑은 착빙(clear icing)
-10~-15℃	혼합 착빙(mixed icing) 또는 거친 착빙
-15~-20℃	거친 착빙(rime icing)

【문제】34. 착빙 시 비행절차로 옳은 것은?
① 착빙이 예상되면 상승 시 속도를 줄인다.
② 착빙이 예상되면 상승 시 속도를 높인다.
③ 착빙이 예상되면 착빙 예상지역을 이탈한다.
④ 착빙 시 기동해서 이탈한다.

〈해설〉 착빙 시 대처방법은 다음과 같다.
1. 이륙 전에 모든 서리, 얼음이나 눈을 즉시 제거할 것
2. 착빙지역에서 계속 비행하지 말 것
3. 비행고도의 온도가 0℃에 가까울 때, 소나기나 진눈깨비가 오는 지역을 통과하지 말 것
4. 착빙조건에서는 전선에 평행하게 비행하지 말 것
5. 산의 능선 혹은 낮은 구름 속을 비행하지 말 것
6. 항공기에 착빙이 발생했을 때 너무 급격한 기동을 하지 말 것
7. 상승 시 착빙이 예상되는 층을 통과할 때는 stall 예방을 위해 정상적인 경우보다 조금 빠른 속도를 유지할 것
8. 날개와 항공기의 노출부에 착빙이 되어 있을 때는 power landing을 시도할 것

Ⅲ. 태풍

【문제】1. 열대성저기압의 발생 지역과 명칭이 잘못 짝지어진 것은?
① 북서태평양: Typhoon
② 인도양: Hurricane
③ 북대서양: Hurricane
④ 남태평양: Cyclone

정답 31. ④   32. ③   33. ③   34. ②   /   1. ②

〈해설〉 열대성저기압의 발생 해역에 따른 명칭은 다음과 같다.

명 칭	발생 해역
태풍(typhoon)	북서태평양
허리케인(hurricane)	북대서양, 카리브해, 멕시코만, 동부태평양
사이클론(cyclone)	인도양과 호주 부근 남태평양
윌리윌리(willy-willy)	호주 부근 남태평양

【문제】 2. TD(Tropical Depression)의 최대풍속은?
① 17 KTS 미만 ② 17~24 KTS ③ 34 KTS 미만 ④ 34~47 KTS

【문제】 3. Tropical Storm 중심 부근의 풍속은?
① 30~56 KTS ② 32~58 KTS ③ 34~63 KTS ④ 48~65 KTS

【문제】 4. 중심 부근의 최대풍속이 34~47 kts인 열대성저기압은?
① Typhoon
② Tropical Storm
③ Severe Tropical Storm
④ Tropical Depression

【문제】 5. 중심 부근의 최대풍속이 48~63 KTS인 열대성저기압을 두엇이라 하는가?
① Severe Tropical Storm(STS)
② Topical Depression(TD)
③ Tropical Storm(TS)
④ Typhoon(TY)

【문제】 6. 태풍(typhoon) 중심 부근의 최대풍속은?
① 47 KTS 이상 ② 58 KTS 이상 ③ 64 KTS 이상 ④ 72 KTS 이상

【문제】 7. 열대성저기압의 종류별 중심 부근의 최대풍속으로 맞는 것은?
① 열대저기압(TD): 30 KTS 미만
② 열대폭풍(TS): 32~47 KTS
③ 강한 열대폭풍(STS): 45~62 KTS
④ 태풍(TY): 64 KTS 이상

【문제】 8. 태풍의 이름은 어느 단계에서 지어지는가?
① 강한 열대폭풍(STS)
② 열대폭풍(TS)
③ 열대저기압(TD)
④ 태풍(TY)

〈해설〉 최대풍속에 따른 태풍의 분류는 다음과 같다. 우리나라와 일본은 열대성저기압 중에서 중심부근 최대 풍속이 초속 17 m 이상의 폭풍우를 동반하는 열대폭풍(tropical storm) 이상을 태풍(typhoon)이라고 부른다. 태평양 지역에서 각 태풍의 이름은 정해둔 순서대로 년도와 호수를 합쳐 열대폭풍(TS) 단계에서 명명된다.

중심부근 최대풍속 구 분	17 m/s(34 KTS) 미만	17~24 m/s (34~47 KTS)	25~32 m/s (48~63 KTS)	33 m/s (64 KTS) 이상
한국, 일본	열대저기압	태풍(typhoon)		
세계기상기구 (WMO)	열대저기압 Tropical Depression(TD)	열대폭풍 Tropical Storm(TS)	강한 열대폭풍 Severe Tropical Storm(STS)	태 풍 Typhoon(TY)

정답 2. ③ 3. ③ 4. ② 5. ① 6. ③ 7. ④ 8. ②

【문제】 9. 태풍에 대한 설명으로 틀린 것은?
① 중심 부근의 최대풍속 64 kt 이상의 열대성저기압을 태풍이라 한다.
② 진행방향에서 왼쪽 반구는 위험반원이며, 오른쪽 반구는 비행에 안전한 반원이다.
③ 적도 5° 이내에서는 발생하지 않는다.
④ 해수면 온도 26.5℃ 이상의 열대해역에서 발생한다.

【문제】 10. 태풍의 특성 중 틀린 것은?
① 태풍의 바람은 오른쪽 전방이 강하다.
② 보통 여름보다 겨울에 더 강하게 나타난다.
③ 태풍의 눈 부분이 바람이 가장 강하다.
④ 크기는 반경 200 km인 것도 있다.

【문제】 11. 태풍에 대한 설명 중 틀린 것은?
① 일종의 열대성저기압이다.
② 북반구에서만 발생한다.
③ 진행방향의 우측반원이 가장 위험하다.
④ 태풍의 눈 주변에는 적란운과 난기류가 존재한다.

【문제】 12. 태풍에 대한 설명 중 틀린 것은?
① 중심으로 갈수록 등압선의 간격은 조밀해진다.
② 진행방향의 우측반원이 가장 위험하다.
③ 태풍의 눈에는 하강기류가 존재한다.
④ 저고도 비행 시 태풍의 눈을 피해 왼쪽으로 비행하면 배풍을 받고 비행하여 시간을 줄일 수 있다.

【문제】 13. 태풍에 대한 설명으로 틀린 것은?
① 태풍 중심에서 바람이 가장 강하다.
② 태풍의 눈 주변에는 적란운과 난기류가 존재한다.
③ 태풍의 바람은 진행방향의 오른쪽이 강하다.
④ 태풍의 눈에서는 기압이 급격히 감소한다.

【문제】 14. 태풍에 대한 설명으로 틀린 것은?
① 태풍 중심부 주변은 적란운이 존재하고 turbulence가 심하다.
② Turbulence가 심할 때는 고도계가 정확하지 않으므로 radio altimeter를 사용해야 진고도를 알 수 있다.
③ 저고도 비행 시 태풍의 중심을 왼쪽에 두고 비행하면 tail wind를 받으면서 비행할 수 있다.
④ 동체 주기 시, 비행기의 기수를 바람이 부는 반대방향으로 향하게 parking 해야 한다.

정답 9. ② 10. ③ 11. ② 12. ④ 13. ① 14. ④

【문제】15. 태풍과 관련된 특성에 대한 설명으로 틀린 것은?
① 태풍 중심부 주변은 적란운이 존재하고 turbulence가 심하다.
② 등압선을 따라 비행해도 고도가 1,000 m 씩 차이가 나기도 한다.
③ 태풍의 눈 부분이 바람이 가장 강하다.
④ 저고도 비행 시 태풍의 중심을 왼쪽에 두고 비행하면 배풍을 받으면서 비행할 수 있다.

【문제】16. 태풍 접근 시 기상 변화와 태풍의 영향을 가장 심하게 받는 곳으로 맞는 것은?
① 기압 하강과 풍속 상승, 태풍의 오른쪽
② 기압 하강과 풍속 상승, 태풍의 왼쪽
③ 기압 하강과 풍속 하강, 태풍의 오른쪽
④ 기압 하강과 풍속 하강, 태풍의 왼쪽

【문제】17. 태풍이 비행에 있어 가장 위험을 초래하는 것은 무엇 때문인가?
① 급격한 기압 상승   ② 장착 계기의 오차
③ 난기류와 심한 착빙   ④ 폭풍우

〈해설〉 태풍의 특성은 다음과 같다.
1. 태풍의 구조 및 특성
   가. 태풍은 지름 200~1,500 km, 높이 10~15 km로 수평 규모가 상대적으로 매우 크다.
   나. 태풍 중심 부근으로 갈수록 풍속이 강해지고, 기압은 급격히 낮아진다. 따라서 등압선의 간격은 중심에 가까워질수록 조밀해진다.
   다. 태풍의 중심부에는 하강기류가 있어 바람이 약하고, 부분적으로 맑은 날씨가 나타나는데 이것이 태풍의 눈(eye)이다. 태풍의 눈 주위에는 소용돌이치는 강한 상승기류에 의해 형성된 적운 또는 적란운의 구름벽이 회전하고 있으며 풍속이 가장 크다. 이곳의 구름은 적란운이므로 심한 난기류와 착빙 등을 동반한다.
2. 태풍의 이동
   북반구에서 태풍의 진행방향 오른쪽의 바람은 강해지고 왼쪽은 약해진다. 이때 진행방향의 오른쪽 반원을 위험반원(危險半圓)이라고 하고, 바람이 상대적으로 약한 왼쪽 반원을 가항반원(可航半圓) 또는 안전반원이라고 한다. 이중에 오른쪽 반원의 전방이 가장 위험한 부분이다.
3. 태풍 부근에서의 비행
   가. 북반구의 경우 태풍 진행방향의 왼쪽으로 비행하는 것이 유리하다. 저고도 비행 시 태풍의 눈을 왼쪽에 두고 비행하면 배풍을 받고 비행하여 비행시간을 줄일 수 있다.
   나. 태풍 부근을 비행할 때 정확한 진고도를 구하기 위해서는 전파 고도계(radio altimeter)를 사용하여야 한다.
   다. 항공기를 주기(paring)할 때는 전복되는 것을 방지하기 위하여 가능하면 기수를 바람이 부는 방향으로 향하게 하여야 한다.

Ⅳ. 난기류(Turbulence)

【문제】1. 다음 중 난기류의 강도 분류에 포함되지 않는 것은?
① Slight   ② Moderate   ③ Severe   ④ Extreme

정답   15. ③   16. ①   17. ④   /   1. ①

【문제】 2. Turbulence level이 아닌 것은?
　　① Light　　② Moderate　　③ Extreme　　④ Trace

【문제】 3. 기내에서 걷기가 힘든 정도의 turbulence가 발생했을 때, 이 turbulence의 강도는?
　　① Light　　② Moderate　　③ Severe　　④ Extreme

【문제】 4. Moderate turbulence의 증상으로 맞는 것은?
　　① 항공기의 동요가 크고 고도 변화가 있으며, 걷기가 힘들어 진다.
　　② 항공기가 순간적으로 통제력을 상실하고, 물건들이 심하게 흔들리며 걷기가 불가능해 진다.
　　③ 걷기가 힘들어지고 물건들이 움직이지만 항공기의 통제력을 상실하지는 않는다.
　　④ 걷기가 불편하며 안전벨트의 착용이 요구되지만 물건의 움직임은 없다.

【문제】 5. Moderate turbulence 시의 대기속도 변화치는?
　　① 0~5 kts　　② 5~15 kts　　③ 15~25 kts　　④ 30 kts 이상

【문제】 6. Vertical gust가 초속 10~15 m인 turbulence의 강도는?
　　① Light　　② Moderate　　③ Severe　　④ Extreme

〈해설〉 난기류를 강도에 따라 분류하면 다음과 같다.

항목 강도	체감정도		풍속 변동폭 (knots)	연직 풍속 (m/sec)
	항공기	사 람		
약함 (Light)	약간의 동요를 느낀다.	음식 서비스와 걷기가 불편하며, 안전벨트 착용이 요구된다.	15 이하	1.5~6
보통 (Moderate)	상당한 동요를 느끼나 통제력을 상실하지는 않는다.	음식 서비스와 걷기가 힘들어 진다.	15~25	6~10
심함 (Severe)	동요가 크고 고도변화가 있으며, 순간적으로 통제력을 잃는다.	심한 충격이 있으며, 음식 서비스와 걷기가 불가능해 진다.	25 이상	10~15
극심함 (Extreme)	심하게 흔들리며 통제가 불가능해 진다.	-	-	15 이상

【문제】 7. 역학적 난기류(mechanical turbulence)란 무엇인가?
　　① 나무, 건물, 산과 같은 장애물로 인해 생기는 난기류
　　② 대류성 흐름과 공기의 상승 및 하강으로 인해 생기는 난기류
　　③ 항공기의 후류로 인해 발생하는 난기류
　　④ 바람이 산악을 가로질러 불 때 발생하는 난기류

【문제】 8. 항적 난류 회피 시 대형 항공기 뒤에 내리는 소형 항공기의 착륙 경로로 적합한 것은?
　　① Glide slope 경로상의 아래쪽으로 내린다.
　　② Glide slope 경로상의 위쪽으로 내린다.
　　③ 대형 항공기의 착륙지점 이전에서 착륙한다.
　　④ 대형 항공기의 착륙지점과 동일한 지점에 착륙한다.

정답　2. ④　3. ②　4. ③　5. ③　6. ③　7. ①　8. ②

【문제】9. 다음 중 wake turbulence의 강도가 가장 큰 경우는?
　　① 높은 받음각, 무거운 중량, 저속 항공기　　② 낮은 받음각, 가벼운 중량, 고속 항공기
　　③ 높은 받음각, 무거운 중량, 고속 항공기　　④ 낮은 받음각, 가벼운 중량, 저속 항공기

【문제】10. 다음 중 가장 큰 강도의 wake turbulence가 발생하는 항공기는?
　　① light, dirty, and fast 항공기　　② heavy, dirty, and fast 항공기
　　③ heavy, clean, and slow 항공기　　④ light, clean, and slow 항공기

【문제】11. 소형 항공기가 대형 항공기 뒤를 따라 이착륙 할 때 wake turbulence 회피절차로 적합한 것은?
　　① 대형 항공기의 최종접근경로 위로 접근하여 대형 항공기의 접지지점 이전에 착륙한다.
　　② 대형 항공기의 최종접근경로 위로 접근하여 대형 항공기의 접지지점을 지나서 착륙한다.
　　③ 대형 항공기의 최종접근경로 아래로 접근하여 대형 항공기의 접지지점 이전에 착륙한다.
　　④ 대형 항공기의 rotation point를 알아 두었다가 rotation point를 지나서 이륙한다.

〈해설〉 기계적 난기류(mechanical turbulence)와 항적 난기류(wake turbulence)
　1. 기계적 난기류 : 나무, 건물, 산과 같이 바람의 흐름을 가로막는 장애물에 의해 생성되는 난기류이며 역학적 난기류라고도 한다.
　2. 항적 난기류
　　가. 항적 난기류의 강도 : 와류를 발생시키는 항공기의 중량, 속도 및 날개의 형상에 좌우된다. 항공기가 무겁고(heavy), 외부장착물이 없으며(clean), 그리고 저속(slow)일 때 가장 큰 강도의 항적 난기류가 발생한다.
　　나. 항적 난기류 회피절차
　　　(1) 대형 항공기의 뒤를 따라 착륙할 때 : 대형 항공기의 최종접근 비행경로나 최종접근 비행경로 위(또는 on-glide slope나 glide slope 위)로 비행하며, 접지지점을 알아 두었다가 그 지점을 지나서 착륙
　　　(2) 이륙하는 대형 항공기의 뒤를 따라 착륙할 때 : 대형 항공기의 부양지점(rotation point)을 알아 두었다가 부양지점 훨씬 이전에서 착륙
　　　(3) 대형 항공기의 뒤를 따라 이륙할 때 : 대형 항공기의 부양지점을 알아 두었다가 부양지점 이전에서 이륙

【문제】12. Microburst에 대한 다음 설명 중 틀린 것은?
　　① 좁은 지역에 집중되는 하강기류이다.
　　② 약 15분 가량 유지된다.
　　③ 지표면에 도달하면 하강기류 중심을 기준으로 전방위로 흩어지면서 영향을 미친다.
　　④ Cloud base의 5 mile 이내, 지표 부근의 10 mile 이내의 작은 범위에서 발생하는 강한 하강기류이다.

【문제】13. 직경 4 km 이하의 지역에 발생하는 최대풍속 75 m/s의 강력한 하강풍을 무엇이라고 하는가?
　　① Downdraft　　② Downburst　　③ Microburst　　④ Macroburst

정답　9. ①　10. ③　11. ②　12. ④　13. ③

【문제】 14. 마이크로버스트 하강기류(downdraft)의 최대 풍속은?
① 5,000 FPM ② 6,000 FPM ③ 7,000 FPM ④ 8,000 FPM

〈해설〉 마이크로버스트(microburst)의 특성은 다음과 같다.
1. 정의 : 마이크로버스트란 직경 4 km(2.5 mile) 이하의 소규모 지역에서 발생하는 최대 풍속 75 m/sec 의 강한 하강기류(downdraft)를 말한다.
2. 크기(size) : 마이크로버스트 하강기류가 운저(cloud base)로부터 지면 상공 약 1,000~3,000 ft 까지 강하할 때 직경은 통상적으로 1 mile 미만이다. 지면 근처에서 하강기류는 바깥쪽으로 퍼져 나가며 수평으로 직경 약 2.5 mile 까지 확장될 수 있다.
3. 강도(intensity) : 마이크로버스트는 분당 6,000 ft 정도의 강력한 하강기류로 발달할 수 있다.
4. 지속시간(duration) : 개개의 마이크로버스트는 지면에 부딪힌 때부터 소멸될 때까지 거의 15분 이상 지속되지는 않는다.

【문제】 15. 산악파의 발생 조건이 아닌 것은?
① 수직 성분 25노트 이상의 바람 ② 산맥의 축에 45도 이내의 풍향
③ 불규칙한 지면의 약한 바람 ④ 산정의 안정된 대기

〈해설〉 산악파(mountain wave)의 발생조건은 다음과 같다.
1. 산정을 지나는 풍속의 수직 성분이 25 kt 이상이어야 함
2. 풍향은 산맥의 축에 수직으로 45° 이내로 불 것
3. 산정의 상부에 안정층이 존재할 것

【문제】 16. 산악파에 의해 형성되는 구름 중 난기류가 가장 심한 것은?
① Rotor cloud ② Lenticular cloud
③ Cap cloud ④ Leewave cloud

【문제】 17. 산악파에 의해 산 아래층에서 발달하며, 난기류로 인해 내부가 회전하여 위험한 구름은?
① Rotor cloud ② Leeward cloud
③ Cap cloud ④ Lens cloud

【문제】 18. 산악파에 대한 다음 설명 중 틀린 것은?
① 풍상 쪽은 대기상태가 좋지 않다.
② 풍하 쪽은 강한 하강기류로 위험하다.
③ 산악과 직각으로 비행 시에는 산 높이의 1.5배 이상의 고도로 비행한다.
④ 렌즈구름 주변은 안정되어 있다.

【문제】 19. 산악파에 대한 설명 중 맞는 것은?
① 산악파는 산 정상에만 있다.
② 가장 위험한 것은 풍하쪽의 말린구름이다.
③ 산의 전면부가 위험하다.
④ 산의 후면부는 위험하지 않다.

정답 14. ② 15. ③ 16. ① 17. ① 18. ④ 19. ②

【문제】20. 다음 중 산악지역에 정체되어 있는 구름은?
① Lenticular cloud　　　　　② Wave cloud
③ Roll cloud　　　　　　　　④ Stratus cloud

【문제】21. 산악파에 의해 산지의 정상에 발생할 수 있는 구름은?
① Rotor cloud　　　　　　　② Lenticular cloud
③ Cap cloud　　　　　　　　④ Leewave cloud

【문제】22. 습기가 있을 때 산 정상에 형성되는 산악파 구름은?
① 파상운　　② 모자운　　③ 회전운　　④ 고적운

【문제】23. 산악파에 대한 다음 설명 중 맞는 것은?
① Rotor cloud는 위험하지 않다.
② 산악 위의 lenticular cloud 주변은 안정되어 있다.
③ 산악파의 하강기류로 인해 기압고도계는 실제고도보다 낮게 지시한다.
④ 최소한 산악의 높이보다 50% 이상 높은 고도로 비행하여야 한다.

【문제】24. 산악풍이 있는 지역 비행 시 절차로 맞는 것은?
① 산악파를 피하기 위해 산맥의 90도 정면으로 접근한다.
② 산악파는 산의 정상에만 있으므로 산 정상 부근을 우회한다.
③ 최소한 산 정상 높이보다 30% 이상의 고도를 취한다.
④ 풍하에서 산악지역으로 접근 시 미리 풍하 이상의 충분한 고도로 상승한다.

【문제】25. 산악파 조우 시 비행절차로 틀린 것은?
① 기압고도계는 실제고도보다 높게 지시할 수 있다는 것을 유의해야 한다.
② 산맥에 접근할 때는 45도 정도의 각도를 유지한다.
③ 풍하측에서 산맥에 접근할 때에는 충분히 먼 곳에서부터 상승한다.
④ 적어도 산정상의 30% 높이만큼의 고도를 취하여야 한다.

〈해설〉 산악파와 관련된 구름과 산악파 지역 비행절차는 다음과 같다.
1. 산악파와 관련된 구름

종 류	특 징
모자구름(cap cloud)	산맥 바로 정상에서 형성되는 구름
말린구름(rotor cloud)	말린구름 내부 및 그 하층이나 말린구름 풍하측의 하강기류 지역은 산악파에서 가장 위험한 지역이다.
렌즈구름(lenticular cloud)	렌즈모양의 구름으로서 말린구름과 같이 정체성이며 계속적으로 형성된다.

2. 산악파 지역 비행절차
가. 가능하면 산악파가 있는 지역을 우회하고, 우회가 어려울 때는 산악의 높이보다 최소한 50%(1.5배) 이상 높은 고도로 비행해야 한다.

정답　20. ①　21. ③　22. ②　23. ④　24. ④　25. ④

나. 산맥에 접근할 때는 45° 정도의 각도를 유지하여 위험한 정도의 하강기류가 존재할 때는 빠르게 회전해서 산악에서 멀어질 수 있도록 해야 한다.
다. 강풍 시에 풍하측에서 산맥에 접근할 때는 충분히 먼 곳에서 상승을 개시할 필요가 있다.
라. 산악지형 부근에서는 강한 기류로 인해 기압고도계가 실제고도보다 2,500 ft 까지 더 높은 고도를 지시할 수 있음에 유의해야 한다.

【문제】 26. 대기권에서 제트기류가 위치하는 곳은?
① 성층권계면   ② 대류권계면   ③ 중간권계면   ④ 열권계면

【문제】 27. 일반적으로 제트기류가 위치하는 고도는?
① 고도 11 km의 대류권계면
② 고도 25 km의 대류권계면
③ 고도 25 km의 성층권계면
④ 고도 50 km의 성층권계면

【문제】 28. 제트기류에 대한 설명으로 틀린 것은?
① 제트기류는 대류권 상부 또는 성층권 내에서 거의 수평인 축에 집중되어 있는 강하고 좁은 바람의 흐름이다.
② 제트기류의 최저풍속은 80 kt로 정하고 있으며, 최대풍속이 80 kt 이상 되는 강한 등풍속선은 모두 제트기류에 속하게 된다.
③ 제트기류는 연직 및 수평방향에 강한 바람쉐어를 수반하며, 하나 또는 그 이상의 최대 풍속역이 있다.
④ 제트기류는 수천 km의 길이, 수백 km의 폭, 그리고 수 km의 깊이를 가진다.

【문제】 29. 제트기류에 대한 설명 중 틀린 것은?
① 제트기류의 최저풍속은 50 m/s 이다.
② 대류권 상부 또는 성층권 내에서 거의 수평축에 따라 집중적으로 부는 좁은 강한 기류이다.
③ 일반적으로 수 천 km의 길이와 수 백 km의 폭을 가진다.
④ 연직방향으로 1 km 당 10~20 kt의 비율로 풍속이 변한다.

【문제】 30. Jet stream이 발생할 때의 바람은?
① 기압경도풍   ② 지상풍   ③ 온도풍   ④ 선형풍

【문제】 31. 북태평양을 지나는 jet stream의 이름은?
① Polar front jet stream
② Equatorial jet stream
③ Arctic jet stream
④ Subtropical jet stream

【문제】 32. 제트기류 중 중위도에 영향을 주는 제트기류는?
① 극 제트기류
② 아열대 제트기류
③ 적도 제트기류
④ 한대 제트기류

정답 26. ② 27. ① 28. ② 29. ① 30. ③ 31. ④ 32. ④

【문제】33. 제트기류에 관한 설명 중 틀린 것은?
① 풍속 50 kts 이상의 강한 바람의 흐름이다.
② 대류권 상부에 위치한다.
③ 북반구에만 존재한다.
④ 겨울철에는 남하한다.

【문제】34. Jet stream에 대한 설명 중 옳지 않은 것은?
① 최소 50 knot 이고, 최대로는 250 knot 까지 불기도 한다.
② 일반적으로 수 천 km의 길이와 수 백 km의 폭, 그리고 수 km의 두께를 가진다.
③ 겨울철에는 북상하고 여름철에는 남하한다.
④ 여름철에는 약해지고 겨울철에는 강해진다.

【문제】35. 제트기류에 대한 설명 중 틀린 것은?
① 풍속 30 m/sec 이상의 바람이다.
② 여름에는 북쪽으로 겨울에는 남쪽으로 이동한다.
③ 여름에는 약해지고 겨울에는 강해진다.
④ Core는 하나만 존재한다.

【문제】36. Jet stream에 대한 설명으로 틀린 것은?
① 풍속 80 kts 이상의 west wind 이다.
② Jet stream 주변에서 청천난기류(CAT)가 주로 발생한다.
③ 대류권계면에서 확인할 수 있다.
④ 강하고 폭이 좁은 수평적인 공기의 이동이다.

【문제】37. 제트기류와 관련된 설명으로 옳지 않은 것은?
① 제트기류는 수천 km의 길이, 수백 km의 폭, 그리고 수 km의 깊이를 가진다.
② Jet stream 주변에서 청천난기류(CAT)가 주로 발생한다.
③ 풍속 50 kts 이상의 강한 바람의 흐름이다.
④ 제트기류의 윈드시어가 심한 곳은 기류 중심의 남쪽이다. (북반구 기준)

【문제】38. 다음 그림에서 sub-tropical jet stream의 위치는?

① A
② B
③ C
④ D

정답 33. ③   34. ③   35. ④   36. ①   37. ④   38. ②

【문제】39. 제트기류에 대한 설명으로 맞는 것은?
① 제트기류가 기압에 수직으로 지날 때 그 세기가 가장 크다.
② 제트기류는 기압골 사이로 지나간다.
③ 제트기류는 북측이 남측보다 윈드시어가 크다.
④ 제트기류는 풍속 100 kt 이상의 바람을 말한다.

【문제】40. Jet stream의 특성이 아닌 것은?
① 겨울에는 위도상으로 남하하고 고도가 높아지며, 여름에는 북상하고 고도가 낮아진다.
② 수직 수평의 wind shear는 jet 중심의 북쪽면이 남쪽면보다 크다.
③ 강한 청천난류(CAT)가 jet core 하방의 찬 기류 쪽에 존재한다.
④ 우리나라에 주로 영향을 주는 것은 polar jet stream 이다.

〈해설〉 제트기류(Jet stream)의 특징은 다음과 같다.
  1. 제트기류의 정의
    가. 대류권 상부 또는 성층권(일반적으로 고도 10~12 km의 대류권계면)에서 거의 수평축으로 집중되는 강하고 좁은 바람의 흐름이다.
    나. 풍속 극대(velocity maxima)를 나타내는 하나 또는 둘 이상의 제트 핵(jet core)이 있다.
    다. 수 천 km의 길이, 수 백 km의 폭과 수 km의 두께를 가진다.
  2. 제트기류의 특징
    가. 제트기류는 일종의 온도풍이다.
    나. 수직방향 윈드시어는 1 km 당 10~20 kt, 수평방향의 윈드시어는 100 km 당 10 kt 정도의 비율로 풍속이 변한다.
    다. 제트기류의 최저풍속은 50 kt(30 m/s)로 정하고 있다.
    라. 북반구에서 제트기류는 보통 여름철보다 겨울철에 더 강하게 나타난다. 겨울철에는 남쪽으로 이동하며 고도는 낮아지고, 여름철에는 북상하며 고도는 높아진다.
    마. 제트기류가 일으키는 수직 및 수평 윈드시어에 의해 주변에 청천난류(CAT)가 발생할 수 있다.
  3. 제트기류의 종류
    가. 한대전선 제트기류(polar front jet stream) : 우리나라와 같은 중위도의 한대전선 상공에서 발달하는 제트기류이며, 극 제트기류라고도 한다.
    나. 아열대 제트기류(subtropical jet stream) : 위도 30°부근의 아열대 고압대 상공에서 발달한다.

【문제】41. 고고도에서 jet stream 중심으로 진입 시 wind shear로 인한 피해를 최소화하기 위해서는?
① Jet stream 중심 하부로 진입한다.
② Jet stream 약간 아래 남쪽으로 진입한다.
③ Jet stream 약간 위 북쪽으로 진입한다.
④ Jet stream 북동쪽으로 진입한다.

【문제】42. 청천난류(CAT)가 잘 발생하는 위치는?
① Jet 기류의 북쪽
② Jet 기류의 남쪽
③ Jet 기류의 중심부 최대풍 지역
④ Jet 기류의 남쪽과 북쪽

정답 39. ③ 40. ① 41. ② 42. ①

【문제】43. 제트기류에서 청천난류(CAT)가 발생하기 가장 쉬운 곳은?
① 능선　　　　② 골 지역　　　　③ 마루 지역　　　　④ 안장부 지역

【문제】44. 청천난기류(CAT)에 대한 설명 중 틀린 것은?
① 공기의 대류현상과는 관련이 없다.
② 반드시 jet stream과 관련되어 발생한다.
③ 대류권계면의 불연속면에서 발생한다.
④ 15,000 ft 이상 비행하는 제트 항공기의 비행 장애요소가 된다.

【문제】45. 일반적인 CAT(clear air turbulence)의 위치는?
① 제트기류의 극지방 상의 상부 골(trough)
② 고기압 흐름의 적도 지역의 상부 마루(ridge) 근처
③ CAT의 소멸 단계에서 고기압 마루(ridge)를 지향한 동서의 남쪽
④ 저기압 골의 상부 마루(ridge) 근처

【문제】46. 청천난류가 발생하기 쉬운 곳은?
① Wind shear 근처　　　　② 산악풍이 있을 때 풍상 쪽
③ Jet stream 근처　　　　④ 산의 정상부 부근

【문제】47. 제트기류에 의한 청천난류(CAT)가 측면에 나타나면 어떻게 비행해야 되는가?
① 온도가 올라감에 따라 고도를 상승시키고, 내려감에 따라 고도를 하강시킨다.
② 온도가 올라감에 따라 고도를 하강시키고, 내려감에 따라 고도를 상승시킨다.
③ 온도가 올라감에 따라 속도를 높이고, 내려감에 따라 속도를 낮춘다.
④ 온도가 올라감에 따라 속도를 낮추고, 내려감에 따라 속도를 높인다.

〈해설〉 청천난류(CAT; Clear Air Turbulence)
　1. 청천난류(청천난기류)의 정의
　　가. 청천난류란 구름 한 점 없는 맑은 하늘에서 수평 또는 수직적인 바람의 변화로 인해 발생하는 돌발적인 난기류를 의미한다. 즉 대류성 구름이나 열적인 요인과 무관하다.
　　나. 평균적으로 고도 15,000 ft 이상에서 발견된다.
　　다. 주로 제트기류(jet stream) 부근에서 발생한다. 제트기류에서 청천난류가 주로 발생하는 곳은 제트기류 북쪽의 차가운 쪽(cold side)인 극측(polar side)의 상층 기압골(upper trough)이다. 그 이외 제트기류에 연해서 급속히 발달하는 저기압의 북쪽 또는 북동쪽에서 빈번히 발생한다.
　　다. 모든 청천난류가 제트기류와 연관되어 있는 것은 아니지만, 심한 청천난류가 나타나는 경우에는 발생위치가 제트기류와 연관되어 있는 경우가 많다.
　2. 청천난류 회피비행
　　청천난류 지역을 빨리 회피하고 싶으면 수 분 동안 온도계를 살핀 후 상승하거나 하강해야 한다. 전진함에 따라 온도가 상승하면 고도를 높이고, 온도가 하강하면 고도를 낮추어야 청천난류 지역에서 빠르게 벗어날 수 있다.

[정답]　43. ②　　44. ②　　45. ①　　46. ③　　47. ①

【문제】48. Low level wind shear에 대한 설명 중 틀린 것은?
　　① 고도 3,000 ft 이하에서 발생하는 풍향과 풍속의 급격한 변화를 말한다.
　　② 역전층 위의 강한 바람과 함께 저고도 기온역전이 존재할 때 wind shear가 발생할 수 있다.
　　③ Microburst, 뇌우와 같은 기상현상은 wind shear와 관련이 있다.
　　④ 착륙하기 위해 접근 중에 배풍으로 변화하면 정상적인 강하각보다 낮게 강하하게 된다.

【문제】49. 다음 중 wind shear와 관련이 없는 것은?
　　① Low-level temperature inversion　　② Clear air turbulence
　　③ Frontal zones　　④ Inertial wind

【문제】50. 전선에 의한 wind shear가 발생할 수 있는 경우가 아닌 것은?
　　① 전선의 기온차가 5℃ 이상일 때　　② 전선의 이동속도가 30 KT 이상일 때
　　③ 전선의 풍향차가 30° 이상일 때　　④ 항공기가 저고도로 전선을 횡단할 때

【문제】51. 다음 중 저고도 전단풍(low-level wind shear)이 발생하기 위한 조건으로 맞는 것은?
　　① 지상풍이 약하고 가변일 때
　　② 역전층 위의 강한 바람과 함께 저고도 기온역전이 존재할 때
　　③ 지상풍이 15노트 이상이고, 고도 변화 시 바람 방향과 속도가 변함이 없을 때
　　④ 지상풍과 상층풍이 모두 상대적으로 강할 때

【문제】52. 저고도 기온역전에 의한 wind shear가 발생하기 위한 조건은?
　　① 따뜻한 층과 차가운 층 간에 최소한 10℃ 이상의 온도 차이
　　② 지표면 근처의 바람과 역전층 바로 상부의 바람 간에 최소한 30°의 풍향 차이
　　③ 지표면 근처의 바람과 역전층 바로 상부의 바람 간에 최소한 60°의 풍향 차이
　　④ 지표면 근처의 무풍이나 미풍 및 역전층 바로 상부의 상대적으로 강한 바람

【문제】53. 다음 중 위험한 전단풍(wind shear)이 예상되는 경우는?
　　① 안정된 공기층이 산맥을 지나갈 때
　　② 저고도 기온역전(temperature inversion) 지역에서 상층풍이 25노트 이상일 때
　　③ 중층운이 발달되고 전선이 통과한 후
　　④ 대기가 불안정층을 이루고 있을 때

【문제】54. 비행 중 경험하는 저고도 바람시어(wind shear)의 발생을 알 수 있는 현상이 아닌 것은?
　　① 속도계와 수직속도계의 진동
　　② 계기속도와 대지속도 사이의 큰 차이
　　③ 활공로를 유지하기 위해 소요되는 정상적인 power setting과 강하율
　　④ 접근 시 경험하는 풍향, 풍속과 보고된 지상의 풍향, 풍속과의 큰 차이

[정답]　48. ①　49. ④　50. ③　51. ②　52. ④　53. ②　54. ③

〈해설〉 윈드시어(wind shear)
1. 윈드시어란 바람의 급격한 움직임으로 인하여 발생하는 짧은 거리에 있어서의 풍향과 풍속의 급변 현상을 말한다. 윈드시어는 모든 고도에서 발생 가능하지만 지상 2,000 ft 범위 내에서 항공기가 이착륙하는 짧은 시간 동안에 발생하는 저고도 윈드시어(low level wind shear)는 더욱 위험하다.
2. 윈드시어(wind shear)와 관련된 기상현상
   가. 청천난류(clear air turbulence)
   나. 전선대(frontal zone) : 기온차가 5℃ 이상일 때, 그리고 전선의 이동속도가 30 KT 이상이 되면 저고도로 전선을 횡단할 때 윈드시어의 가능성이 현저해진다.
   다. 저고도 기온역전(low level temperature inversion) : 맑고 바람이 약한 야간에 지표 부근에 기온 역전층이 생겼을 때, 상층은 역전층 하층의 안정층에 비해 비교적 풍속이 크기 때문에 상부 2,000~4,000 ft의 풍속이 최소 25 kt 이상일 때는 풍속차로 윈드시어가 발생할 수 있다.
3. 저고도 윈드시어(low level wind shear)의 발생 징후
   지시되는 항공기 속도계와 수직속도계의 심한 변동은 거의 대부분 윈드시어와 연관된 것이다. 또 다른 인식자는 대기속도와 대지속도 사이에 큰 차이가 있을 때 이다. 이 두 속도와 연관된 큰 변화도 윈드시어와 관련이 있다. 관성항법장치(INS)를 장착한 항공기 조종사는 착륙을 시도하는 고도와 활주로 사이의 윈드시어를 알기 위하여 현재 고도의 바람과 보고된 지상풍을 비교할 수 있다.

【문제】55. 항공기가 활주로에 접근 중 윈드시어가 가장 위험한 시기는?
① 정풍에서 배풍으로 바뀔 때　　　② 배풍에서 정풍으로 바뀔 때
③ 측풍으로 흩어질 때　　　　　　④ 아래로 흩어질 때

【문제】56. 비행 중 IAS 증가, pitch 증가, 그리고 sink rate 감소가 발생할 수 있는 조건은?
① Tailwind component 증가　　　② Headwind component 증가
③ Tailwind component 감소　　　④ Headwind component 감소

【문제】57. Windshear 시 배풍이 증가하면?
① 지시대기속도 증가, 기수 상승　　② 지시대기속도 증가, 기수 강하
③ 지시대기속도 감소, 기수 상승　　④ 지시대기속도 감소, 기수 강하

【문제】58. LLWAS network expansion에 관련된 내용 중 틀린 것은?
① 공항 주변의 윈드시어를 탐지하며, microburst 경보는 제공하지 않는다.
② 활주로의 어느 부분에서 발생했는지를 관제사에게 통보한다.
③ 관제사는 항공기에 위험 기상상황을 전파한다.
④ 활주로가 확장 건설되면 탐지범위가 확대될 수 있다.

〈해설〉 저고도 윈드시어(low level wind shear)
1. 저고도 윈드시어(low level wind shear)의 영향
   가. 양력 감소형 : 접근 중에 윈드시어가 발생하여 갑자기 배풍(tail wind)으로 변하면 비행속도가 감소한다. 비행속도가 감소하여 양력이 감소하게 되면 항공기 기수는 내려가고(pitch down), 정상적인 강하각보다 낮게 강하하게 된다. 이러한 윈드시어로 인해 고도가 급격하게 감소하면 활주로에 못 미쳐 추락하거나, 불시착 사고처럼 착륙 도중 뒤집힐 수도 있다.

[정답] 55. ①　56. ②　57. ④　58. ①

나. 양력 증가형 : 접근 중에 윈드시어가 발생하여 갑자기 정풍(head wind)으로 변하면 비행속도가 증가한다. 비행속도가 증가하여 양력이 증가하게 되면 항공기 기수는 올라가고(pitch up), 정상적인 강하각보다 높게 강하하게 된다. 이러한 윈드시어의 주된 위험은 항공기의 활주거리를 길게 하여 활주로를 벗어나게 할 수 있다는 것이다.

2. 저고도 윈드시어 경보장치(LLWAS; Low Level Wind Shear Alert System)

새로운 LLWAS-NE(Network Expansion) 시스템은 윈드시어 및 마이크로버스트를 탐지하여 경보를 발부하고, 공항 활주로와 관련된 위험지역을 관제사에게 제공한다. 이것은 또한 새로운 활주로가 건설될 때 공항과 더불어 발전할 수 있는 유연성과 성능을 갖고 있다. 이러한 시스템 중 일부는 활주로 끝의 바람정보를 탐지할 수 있는 성능도 갖추고 있다. 관제사는 사용 중인 활주로의 윈드시어 및 마이크로버스트 경보가 접수되면 도착 및 출발하는 항공기에게 경보정보를 알려주어야 한다.

항공기상 (Aviation Weather)

PART 2
항공기상 예보 및 관측

- 항공기상 예보
- 항공기상 관측 및 보고

1 항공기상 예보

제1절 일기도(Weather Chart)

1. 지상 일기도(Surface weather chart)

가. 지상 일기도 개요

지상 일기도는 해면 기압의 분포, 지상 기온, 풍향 및 풍속, 날씨, 구름의 종류와 높이 등의 기상상태를 분석하는 일기도를 말한다. 지상 일기도는 날씨 분석을 위한 기본 일기도로 사용되고 있으며, 일정한 시간 간격으로 작성하여 날씨의 분포를 파악하고 앞으로의 변화를 예측하는데 사용한다.

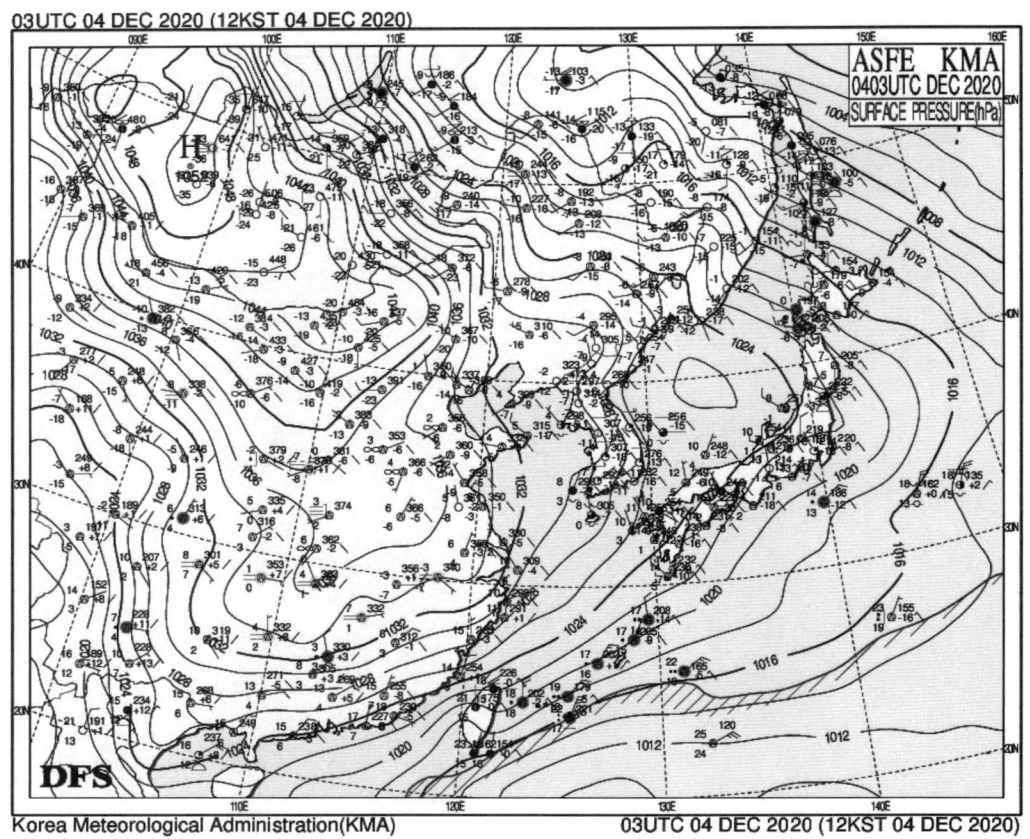

그림 2-1. 지상 일기도 예시(sample)

(1) 기압의 분석

(가) 등압선(Isobar)

등압선(isobar)이란 기압이 동일하거나 일정한 곳을 연결한 선으로 공기의 흐름을 파악하는데 중요하다. 일기도에서는 지표면의 여러 관측소에서 측정한 기압 값을 해면의 값으로 보정하여 지도상의 각 관측소의 위치에 기입하고, 기압이 같은 지점을 연결하여 작성한다. 일기도 상에서 등압선은 1,000 hPa을 기준으로 하여, 보통 4 hPa 간격의 흑색(또는 청색) 실선으로 그린다. 등압선의 간격이 좁을수록 기압의 차가 크므로 기압경도와 바람의 세기가 강하고, 간격이 넓을수록 기압의 차가 작으므로 기압경도와 바람의 세기가 약해진다.

일기도에서 등압선의 각 부분을 나타내는 용어는 다음과 같다.

- 기압골(Trough) : 저기압부가 좁고 길게 뻗혀서 저기압성 곡률이 최대인 곳을 연결한 선으로 선을 따라 기압이 가장 낮게 된다. 전선은 기압골의 전형적인 예이며, 흑색 굵은 실선으로 표시한다.
- 기압능(Ridge, 기압마루) : 고기압 구역이 길게 뻗혀 고기압성 곡률이 최대인 곳을 연결한 선으로 선을 따라 기압이 가장 높게 된다. 흑색 지그재그선으로 표시한다.
- 기압의 안장부(Col ; Cut-off lows) : 2개의 고기압 구역과 2개의 저기압 구역에 포위된 중립 구역. 즉 기압골과 기압능이 교차하는 장소이다. 따라서 풍향은 가변적이고 풍속은 약하다.

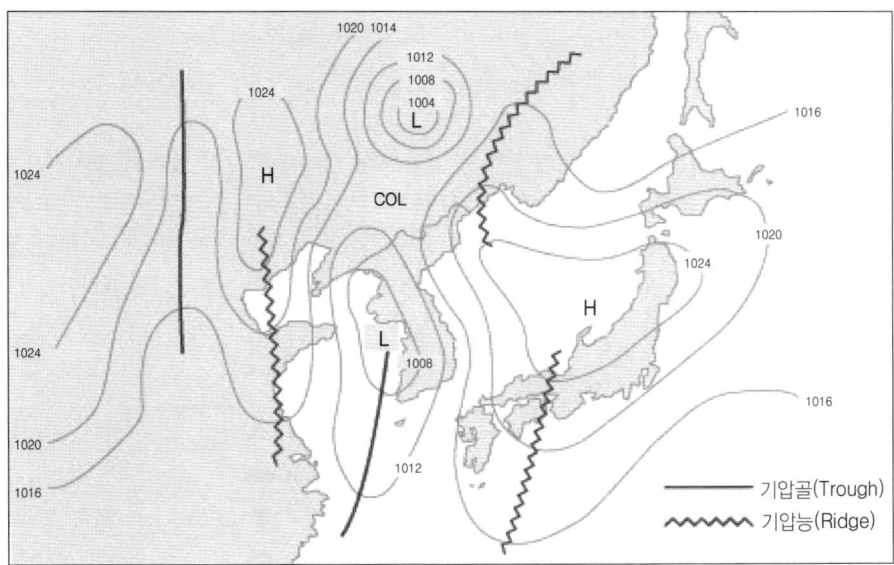

그림 2-2. 지상 일기도의 기압 형태

(나) 등압선 분석

① 등압선은 반드시 폐곡선이 되든가 아니면 일기도의 가장자리에서 끝나게 된다.

② 등압선은 서로 교차하거나 도중에 두 갈래로 갈라지지 않는다. 또한 두 등압선은 한 등압선으로 합쳐지지 않으며 도중에 끊어지지도 않는다.

③ 한 등압선을 그릴 때 그 등압선을 경계로 한 쪽은 그 등압선의 값보다 높은 기압이 분포하며, 다른 한 쪽은 그 등압선 값보다 반드시 낮은 기압이 분포하도록 그린다.

④ 기압골과 기압능이 만나는 안장부의 경우 같은 값의 등압선 간의 거리가 평형을 유지하게 그린다.

⑤ 두 등압선의 간격은 풍속에 반비례하도록 그린다. 그러나 특별히 풍속 차가 없는 한 가급적 간격을 일정하게 그린다.

⑥ 대칭적인 두 고기압이나 두 저기압 사이에는 같은 기압값의 두 등압선이 서로 마주보나 흐름은 서로 반대 방향이다.

⑦ 해양에서의 기압 관측값은 오차가 큰 경우가 많고, 뇌우가 있는 곳에서도 오차가 큰 경우가 많아 기압값의 신뢰도가 떨어진다. 육상에서의 바람은 그 지역의 고유한 특성이 있는 경우가 많다. 그러므로 등압선을 그릴 때 육상에서는 바람보다 기압값을 더 중요시하고, 해상에서는 기압값보다 바람을 더 중요시해야 한다.

(2) 전선의 분석

전선은 등압면 일기도, 수직 단면도, 단열선도 등을 종합하여 전선의 위치와 강도, 전선의 활동과 기상상태, 이동 방향과 속도, 발생과 소멸 등을 종합하여 분석하여야 한다.

(가) 전선은 기온, 노점온도, 풍향이 불연속을 이루어 이들 값이 급변하는 지역에 위치할 가능성이 크다.

① 전선은 성질이 서로 다른 기단의 경계 현상이므로 기온, 노점온도가 불연속을 이루어 그 등치선이 밀집되는 지역이며, 풍향도 불연속을 이루어 풍향이 급변하는 지역에 해당된다.

② 전선에서는 기압경도가 불연속(기압 자체는 연속)을 이루어 등압선이 급격히 굽어지는 곳, 또는 등압선이 급격히 굽어지는 곳, 등압선은 평행해도 그 간격이 급격한 변화를 이루는 지역에 위치할 가능성이 크다.

(나) 전선 상에서는 일반적으로 일기가 악화된다. 강수 등 나쁜 일기가 줄지어 나타나는 지역에 전선이 있을 가능성이 크다. 이 때 전선의 종류에 따라 나타나는 일기 형태가 다르다. 온난전선은 그 전방에서는 넓게 악기상을 보이지만 후방에서는 비교적 양호한 기상을 이루는데, 한랭전선에서는 전방과 후방의 구별이 없이 전선 상에서 비교적 좁게 악기상이 나타난다.

표 2-1. 전선의 기호

구 분	기 호	색 상
한랭전선(cold front)	▲▲▲▲	청색(blue)
온난전선(warm front)	●●●●	적색(red)
정체전선(stationary front)	●▽●▽	적색 청색 교대
폐색전선(occluded front)	▲●▲●	자색(purple)

나. 지상 일기도 표시

지상 일기도에는 관측시간, 관측지점, 강수자료, 관측소 운영형태, 최저 운저고도, 운량, 풍향 및 풍속, 온도, 노점온도, 기압 및 변화경향, 강수량, 현재기상 및 과거 주요기상, 구름층 자료 등이 포함되어 있다. 이러한 자료는 그 관측지점에 그림 2-3과 같이 각각의 숫자와 부호로 표시된다.

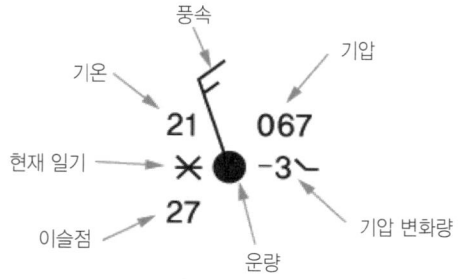

그림 2-3. 일기도 기입의 예

(1) 운량(sky cover)

부호	○	◐	◔	◔	◐	◓	◕	◑	●
의미	0/8	1/8	2/8	3/8	4/8	5/8	6/8	7/8	8/8

(2) 풍향

　　바람이 불어오는 방향을 관측지점원에서 3/8 in(10 mm) 길이로 표시한다.

(3) 풍속

　　풍속은 풍향 기호의 직선과 시계 방향으로 120° 각을 이루게 표시한다. 짧은 직선은 5 KT, 긴 직선은 10 KT, 그리고 깃발 모양은 50 KT를 나타낸다.

부호	●	●	●	●	●	●	●	●
의미	무풍	5 KT	10 KT	15 KT	25 KT	50 KT	65 KT	110 KT	120 KT

(4) 운형(cloud types)

(5) 현재 일기

부호	,	✷	△	∽	⎡
의미	이슬비(drizzle)	눈(snow)	우박(hail)	어는 비(freezing rain)	뇌우(thunderstorm)
부호	●	▽̇	≡	▽	∞
의미	비(rain)	소나기(shower rain)	안개(fog)	소낙성(shower)	연무(haze)

(6) 과거 기상

(7) 기압변화 경향

(8) 기온 및 이슬점(노점온도)

　　기온 및 이슬점(노점온도)은 소수점 이하를 반올림하여 두 자리 정수로 기입하며, 영하인 경우에는 기온 앞에 "−" 부호를 붙인다.

(9) 시정(visibility)

(10) 기압

　　기압은 소수점 이하 첫째 자리(1/10 hPa 단위)를 포함해서 끝의 세자리만 기입한다. 예를 들어 1004.0 hPa이면 040으로, 1010.4 hPa이면 104로, 999.8 hPa이면 998로, 그리고 950.0 hPa이면 500으로 기입한다. 중심부의 기압이 950 hPa 이하로 내려갈 경우에는 별도로 기압을 표시한다.

(11) 기타: 기압 변화량, 최저층 운량, 최저운 고도, 강수량 및 관측 간격 등

2. 상층 일기도(등압면 일기도)

가. 상층 일기도 개요

　　지상 부근의 1,000 hPa 일기도보다 높은 고도에 대한 등압면 일기도를 상층 일기도라 하고, 상층 일기도의 분석은 기압계의 연직구조를 알기 위한 입체분석의 수단으로 사용된다. 각 상층 일기도에서 분석하는 내용은 경우에 따라 많은 차이가 있으나 일반적으로 분석하는 내용은 다음과 같다.

표 2-2. 상층 일기도 분석요소

상층일기도 종류	기압고도 (MSL)	분석요소					
		등고선	등온선	등노점선 (등포차선)	전선	기압능 기압골	등풍속선 (Jet 분석)
925 hPa	2,500 ft	○	○	○	○	△	
850 hPa	5,000 ft	○	○	△	○	△	
700 hPa	10,000 ft	○	○	△	△	○	
500 hPa	18,000 ft	○	○			○	
300 hPa	30,000 ft	○	○			△	○
200 hPa	39,000 ft	○	○				○
100 hPa		○	○				○

△ : 분석할 경우도 있음

나. 상층 일기도 종류

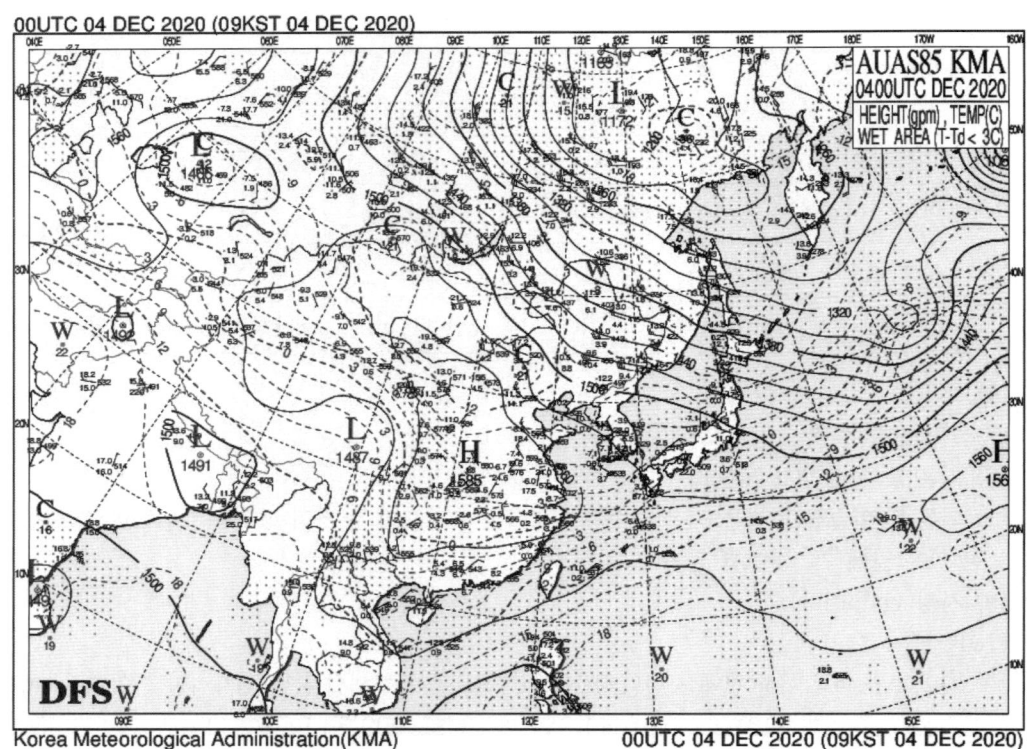

그림 2-4. 상층 일기도 예시 [850 hPa 일기도]

(1) 925 hPa 일기도
 (가) 등고선 분석
  등고선은 810 gpm을 기준으로 30 gpm 간격의 실선으로, 그리고 등고선이 소한 곳에서는 중간선을 분석하여 파선으로 표시한다.
 (나) 일기도 이용
  ① 지상 고·저기압의 위치를 확인하고, 온도분포를 이용하여 전선의 위치결정에 활용한다.
  ② 동계의 아침 최저기온은 역전층 하부에서 나타나므로 최저기온 예보에 활용한다.

③ 역전층의 깊이를 이용하여 안개 예보 등에 활용한다.
(2) 850 hPa 일기도
　(가) 등고선 분석
　　　등고선은 1,500 gpm(WMO 권장; 1,500 gpm)을 기준으로 하여 30 gpm 간격의 실선으로, 그리고 등고선이 소한 곳에는 중간선을 분석하여 파선으로 표시한다.
　(나) 일기도 이용
　　① 대류권 하층에서의 기압계 분포와 강도를 한 눈에 파악할 수 있으므로 각종 기상 브리핑에 이용할 수 있다.
　　② 하층운 강수예보에 이용한다.
　　③ 기압계의 이동을 예보하는데 이용한다.
　　④ 대류권 하층에서의 습기 유입상태를 조사하는데 이용한다.
　　⑤ 일교차 영향을 가장 적게 받기 때문에 기온예보에 이용한다.
(3) 700 hPa 일기도
　(가) 등고선 분석
　　　등고선은 3,000 gpm(WMO 권장; 3,000 gpm)을 기준으로 하여 60 gpm 간격의 실선으로 분석하고 등고선이 소한 곳에서는 중간선을 파선으로 분석한다.
　(나) 일기도 이용
　　① 일반적인 이용법은 지상 일기도와 850 hPa 일기도의 이용법과 동일하다. 10,000 ft 고도의 비행을 위한 기상 브리핑에 이용할 수 있다.
　　② 1,000~500 hPa 층후도상에 이류와 평균기류를 묘화하는데 이용한다.
　　③ 1,000~750 hPa 층후도를 작성하는데 이용한다.
　　④ 착빙예보와 중층운 강수예보에 이용하며, 편서풍 파동이 잘 나타나므로 단파를 분석할 수 있다.
(4) 500 hPa 일기도
　(가) 등고선 분석
　　　등고선은 5,400 gpm(WMO 권장; 5,580 gpm)을 기준으로 하여 60 gpm 간격으로 분석한다. 500 hPa 고도는 대기의 중간층으로서 수렴과 발산이 거의 없는 비발산고도이며, 대류권 대기운동의 평균적인 상태를 나타내므로 상층 전체의 대표적인 일기도가 된다.
　(나) 일기도 이용
　　① 층후도 작성에 이용한다.
　　② 중·장기예보에 주로 이용한다.
(5) 300 hPa 일기도
　(가) 등고선 분석
　　　등고선은 9,000 gpm(WMO 권장; 9,180 gpm)을 기준으로 하여 120 gpm 간격으로 묘화한다.
　(나) 일기도 이용
　　① 주기압골과 주기압능을 발견하는데 사용한다.
　　② 청천난류를 예보하는데 이용한다.
　　③ 제트기류에 의한 상승기류의 예상에 이용된다.

(6) 200 hPa 일기도
　(가) 등고선 분석
　　등고선은 12,000 gpm(WMO 권장; 11,760 gpm)을 기준으로 하여 120 gpm 간격으로 분석한다.
　(나) 일기도 이용
　　① 권운, 청천난류, 강수예보에 이용한다.
　　② 상층 저기압 이동예보에 이용되며, 제트 항공기에 대한 비행정보 제공에 활용된다.
(7) 100 hPa 일기도
　(가) 등고선 분석
　　등고선은 16,200 gpm을 기준으로 하여 120 gpm 간격으로 분석한다.
　(나) 일기도 이용
　　200 hPa 일기도의 이용방법과 같다.

3. 기상 묘사도(Weather Depiction Chart)

가. 기상 묘사도 개요

　기상 묘사도는 항공정시관측보고(METAR)를 기초로 하여 작성되는 그래픽 일기도이다. 이 차트는 전반적인 IFR, MVFR과 VFR 비행 범주(flying category) 및 그 밖의 악기상 상태를 제공함으로써 비행계획 수립단계에서 전반적인 기상상황을 파악하는 데 유효한 도움을 준다.

나. 기상 묘사도 기상요소

　기상 묘사도에 표시되는 기상요소는 다음과 같다.
(1) 시정(visibility)
(2) 현재 기상(present weather)
(3) 운량(sky cover)
(4) 실링(ceiling)

제2절 항공기상 예보

1. 공항예보(Terminal Aerodrome Forecast; TAF)

　공항예보는 일정기간(보통 6시간에서 30시간)동안 공항에서 예상되는 우세한 기상현상에 대하여 국제적으로 합의된 부호를 사용하여 서술하는 것이다.

가. 공항예보 발표
(1) 공항예보의 발표시각
　국제공항에 대한 공항예보는 일 4회(05, 11, 17, 23 UTC) 발표하며, 국내공항에 대한 공항예보는 일 4회(00, 06, 12, 18 UTC) 발표한다. 다만 항공기 운항상황을 고려하여 필요한 경우에는 공항예보의 발표시각 및 유효시간을 조정할 수 있다.
(2) 공항예보의 유효시간 [ICAO Annex 3 기준]
　(가) 정시 공항예보의 유효시간은 6시간 이상 30시간 이내로 하며, 새로 발표되는 공항예보는 이전에 발표된 공항예보를 대체한다.
　(나) 12시간 미만의 유효시간을 가지는 공항예보는 3시간 간격으로, 12시간 이상 30시간까지의 유효시간을 가지는 공항예보는 6시간 간격으로 발표하며 수정예보는 필요에 따라 발표한다.

나. 공항예보 전문
(1) 식별군
식별군은 보고형태 지시자, 지명약어, 발표시각 및 유효시간 순으로 작성한다.
〔전문 형식〕 TAF CCCC YYGGggZ $Y_1Y_1G_1G_1/Y_2Y_2G_2G_2$
(가) 보고형태 지시자(TAF) : TAF(Terminal Aerodrome Forecasts)
(나) 지명약어(CCCC) : 공항의 ICAO 지명약어
(다) 발표시각(YYGGggZ) : 발표시각을 날짜/시각/분으로 구성(UTC 기준)
(라) 유효시간
① ($Y_1Y_1G_1G_1G_2G_2$) : 유효시간은 $Y_1Y_1G_1G_1$부터 G_2G_2까지이다. 6자리 숫자 가운데 첫 번째 2자리 숫자는 날짜를 나타내고, 나머지 4자리 숫자는 시간을 나타낸다. 〔우리나라〕
② ($Y_1Y_1G_1G_1/Y_2Y_2G_2G_2$) : 유효시간은 $Y_1Y_1G_1G_1$부터 $Y_2Y_2G_2G_2$까지이다. 각각 4자리 숫자 가운데 첫 번째 2자리 숫자는 날짜를 나타내고, 마지막 2자리 숫자는 시간을 나타낸다. 〔ICAO〕

(2) 지상풍
(가) 바람은 5자리 숫자(풍속이 99 kt를 초과할 경우에는 6자리 숫자)로 표시한다. 첫 3자리 숫자는 진북 기준 10° 단위의 풍향을 나타내며, 풍향이 가변(variable)인 경우에는 "VRB"로 표시한다. 다음의 2자리 숫자는 풍속을 나타내며, 풍속의 단위가 knot라는 것을 나타내기 위하여 약어 "KT"를 덧붙인다.
(나) 최대순간풍속(돌풍, gust)이 평균풍속보다 10 kt 이상 지속될 것으로 예상되면 평균풍속 뒤에 문자 G를 붙이고 최대순간풍속을 표시해야 한다. 풍속이 100 kt 이상으로 예상 될 때는 문자 P 뒤에 99KT를 사용하여 표시해야 한다.
　〔예문〕 31015G25KT
　〔해석〕 풍향 310도, 평균풍속 15 kt, 최대순간풍속 25 kt
(다) 바람이 1 kt(2 km/h) 미만일 것으로 예상되면 풍향 풍속예보는 00000(calm)으로 표시해야 한다.
　〔예문〕 00000KT

(3) 시정
예상되는 우세시정을 4자리 숫자를 사용하여 m 단위로 표시해야 한다. 우세시정으로 예보할 수 없을 때는 최단시정으로 표현한다.

(4) 일기현상
공항 내에서 발생이 예상되는 다음의 각 일기현상을 특성과 강도를 단일 일기현상이나 복합현상과 함께 하나 또는 그 이상, 최대 3개까지 예보되어야 한다. 이러한 일기현상이 끝날 것으로 예상될 때에는 "NSW(Nil Significant Weather)"로 표시하여야 한다.
- 어는 강수
- 어는 안개
- 보통 또는 강한 비(소낙성 포함)
- 낮게 날린 먼지, 모래 또는 눈
- 높게 날린 먼지, 모래 또는 눈(눈보라 포함)
- 먼지 보라
- 모래 보라

- 뇌전(강수 유무 무관)
- 스콜
- 깔때기 구름(토네이도 또는 용오름)
- 기타 시정에 중대한 변화를 가져올 것으로 예상되는 WMO No 306 Manual on codes의 code table 4678에 포함된 일기현상

(5) 구름

　(가) 구름의 운량은 전체 하늘에 대해 구름이 차지하고 있는 부분을 okta(8분위)로 표현하며, 운고는 100 ft 단위로 표시해야 한다.

　(나) 보고되지 않은 적란운(CB)은 예상될 때마다 운형을 표시하여 예보해야 한다.

(6) 기온

　기온예보를 포함할 경우, 공항예보의 유효시간 동안의 최고기온과 최저기온을 발생시간과 함께 표시하여야 한다.

(7) 변화지시군(change indicator groups)

　(가) 변화지시자 BECMG(Becoming)

BECMG은 기상상태가 특정 기간 내의 불특정 시간에 규칙적 또는 불규칙적으로 변할 것이 예상될 때 시간 그룹(time group)과 함께 사용한다. 변화기간은 보편적으로 2시간을 초과할 수 없으며 어떠한 경우라도 4시간을 초과할 수 없다.

　[형식] TTTTT GGGeGe
　[예문] BECMG 1012 6000 BKN010
　[해석] 1000(UTC)에서 1200(UTC) 사이에 시정이 6,000 m가 되고 운고 1,000 ft, 운량 5~7 oktas의 구름이 있음

　(나) 변화지시자 TEMPO(Temporary)

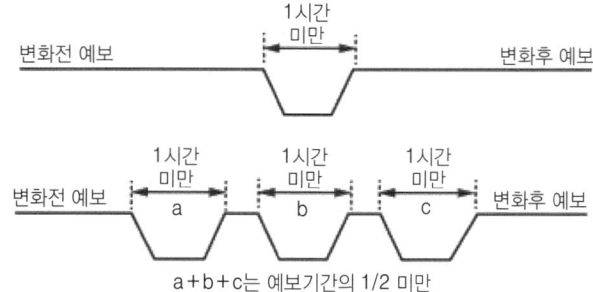

TEMPO는 기상상태가 특정 기간의 어느 시간에 일시적으로 변할 것이 예상될 때 사용한다. 이때 각각의 일시적인 변화는 기상상태의 변동 지속시간이 매 경우 1시간 미만이고, 각 변동 지속시간의 합이 전체 예보기간의 1/2 미만일 것으로 예상될 때 사용해야 한다. 만일 매 경우 일시

적인 변화가 1시간 이상 지속되거나, 각 변동 지속시간의 합이 전체 예보기간의 1/2 이상 될 것으로 예상되면 변화지시자 BECMG를 사용해야 한다.

[형식] TTTTT GGGeGe
[예문] TEMPO 1116 4000 +SHRA
[해석] 1000(UTC)에서 1600(UTC) 사이에 일시적으로 강한 소낙성 비가 오면서 시정이 4,000 m가 될 때가 있을 것으로 예상됨.

(다) 변화지시자 FM(From)

FM은 일련의 우세한 기상상태가 뚜렷하게 변하여 다른 기상상태로 변화할 것으로 예상될 때 사용해야 한다.

(8) 확률의 사용

(가) 예보요소의 발생 확률은 필요에 따라 약어 "PROB"를 사용하여 표시되어야 하며, "PROB" 다음에 적용되는 예보기간과 10 단위의 퍼센트의 확률이 표시된다.

[예문] PROB40
[해석] 40% Probability

(나) 예보요소에 대한 발생확률이 30% 미만일 때는 운항상 중요하지 않으므로 언급하지 않는다.
(다) 예보요소에 대한 발생확률이 50% 이상이며 그에 대한 확신이 크면 BECMG, TEMPO 또는 FM 중 적절한 것을 사용하여 표시해야 한다.

2. 악기상예보 [Significant weather(SIGWX) forecasts]

가. 악기상예보 개요

악기상예보는 항로상에 영향을 미칠 수 있는 기상현상을 차트로 표현하는 것이다. 지상~10,000 ft까지의 저고도(low-level), 10,000 ft~25,000 ft까지의 중고도(mid-level), 그리고 25,000 ft~63,000 ft까지의 고고도(high-level) 악기상예보로 각각 구분하여 표현한다.

세계공역예보센터(WAFC; World Area Forecast Centre)에서 발표하는 SIGWX 차트의 요소들은 다음과 같다.

- 뇌우
- 열대저기압(태풍)
- 심한 스콜
- 보통 또는 심한 난류(난기류)
- 보통 또는 심한 착빙
- 넓게 퍼진 모래보라/먼지보라
- 뇌우, 태풍, 난기류, 착빙 등과 관련된 구름
- 경계가 뚜렷한 수렴구역
- 전선
- 대류권계면 고도

- 제트기류
- 화산재

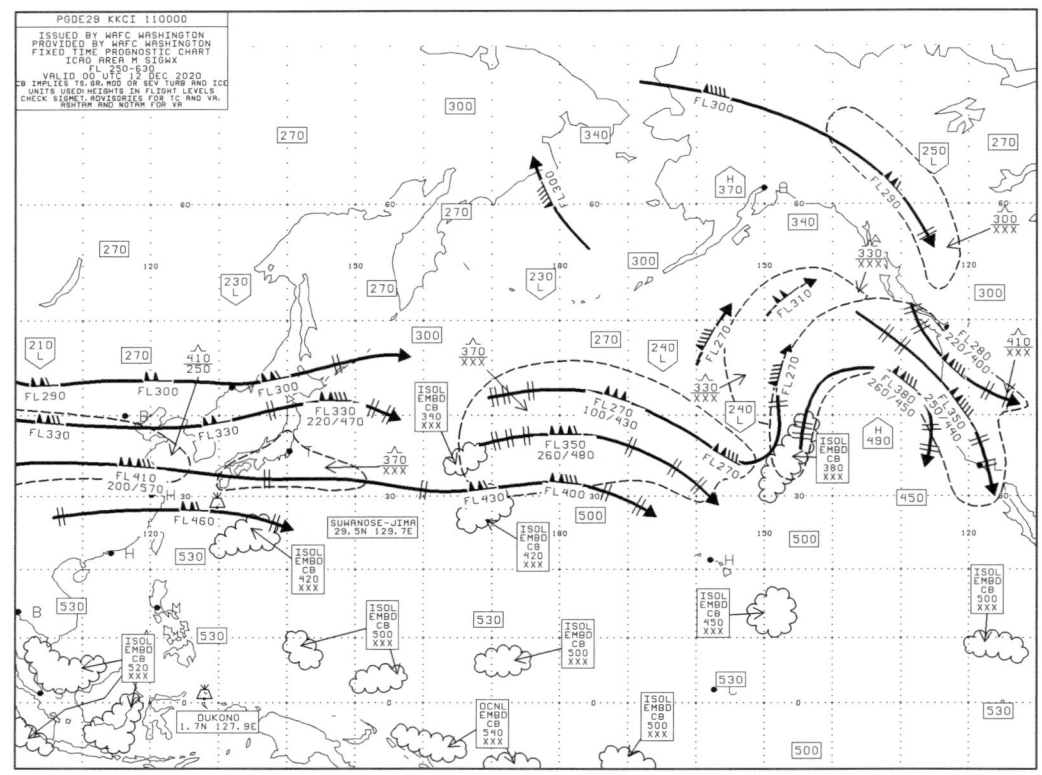

그림 2-5. High Level Significant Weather Chart 예시 [ICAO Area F]

나. 악기상예보 기호
(1) 중요 일기현상

악기상예보의 일기현상을 나타내는 주요 기호는 다음과 같다.

표 2-3. 악기상예보의 주요 기호(symbol)

구분	기상현상	기호	구분	기상현상	기호
태풍	태풍/열대성저기압(tropical cyclone)	⌖		우박(hail)	△
난류	보통 난류(moderate turbulence)	∧	기타	심한 스콜라인(severe squall line)	-V-V-
	심한 난류(severe turbulence)	⩔		광범위한 연기(widespread smoke)	⩕
착빙	보통 착빙(moderate icing)	⊻		광범위한 안개(widespread fog)	≡
	심한 착빙(severe icing)	⊻		광범위한 박무(widespread mist)	=

(2) 운량(sky coverage) [ICAO]

적란운(Cb)의 운량을 표시하는 용어는 다음과 같다.
 (가) OBSC(obscured) : 연무나 먼지 등에 가려 희미한 것을 의미함
 (나) EMBD(embedded) : 다른 구름층 사이에 끼여 있는 것을 의미함

(다) ISOL(isolated): 동떨어져 있는 상태를 의미함(적란운이 악기상 예상구역의 50% 미만을 차지할 것으로 예상될 때)
(라) OCNL(occasional): 듬성듬성한 상태를 의미함(적란운이 악기상 예상구역의 50~75% 이하를 차지할 것으로 예상될 때)
(마) FRQ(frequent): 빽빽한 상태를 의미함(적란운이 악기상 예상구역의 75% 이상을 차지할 것으로 예상될 때)

표 2-4. 적란운 운량을 나타내는 용어 [FAA]

용어(code)	원 어	의 미
ISOL	Isolated	적란운이 악기상 예상구역의 1/8 미만을 차지할 것으로 예상됨
OCNL	Occasional	적란운이 악기상 예상구역의 1/8~4/8를 차지할 것으로 예상됨
FRQ	Frequent	적란운이 악기상 예상구역의 4/8를 초과할 것으로 예상됨
EMBD	Embedded	적란운이 다른 구름층, 연무 또는 먼지 등에 가려져 있음

(3) 대류권계면 고도

대류권계면 고도는 직사각형 또는 오각형의 내부에 100 ft MSL 단위로 표시해야 한다.

450 : 대류권계면의 높이

 : 대류권계면에서 가장 높은 지점(H) 또는 가장 낮은 지점(L)의 높이

다. 악기상예보 표시

중요 일기현상은 악기상 구역 안에 해당 그림기호를 넣어 표시하되 여백이 없을 때에는 구역 밖에 빈 여백을 활용한다.

(1) 적란운(cumulonimbus clouds)

적란운 발생이 예상되는 수직범위는 운정고도(top height) 및 운저고도(base height)로 식별한다. 해당 차트의 하한고도(고고도 악기상예보 차트의 경우 FL250) 미만까지 이어지는 적란운의 운저고도는 "XXX"로 표기한다.

표 2-5. 고고도 악기상예보 적란운 표시의 예

표 기	의 미
ISOL EMBD CB 520/270	운정이 52,000 ft이고 운저가 27,000 ft인 운량 1/8 미만(ISOL)의 은폐 적란운(EMBD CB)이 예상됨
OCNL EMBD CB 420/XXX	운정이 42,000 ft이고 운저가 25,000 ft 미만의 어느 지점이며, 운량이 1/8~4/8(OCNL)인 은폐 적란운(EMBD CB)이 예상됨
FRQ CB 330/XXX	운정이 33,000 ft이고 운저가 25,000 ft 미만의 어느 지점이며, 운량이 4/8를 초과(FRQ)하는 적란운(CB)이 예상됨

(2) 난류(난기류, turbulence)

난류 발생이 예상되는 수직 범위는 최저고도(top height) 및 최고고도(base height)로 식별한다. 해당 차트의 하한고도(고고도 악기상예보 차트의 경우 FL250) 미만까지 이어지는 난류의 최저고도는 "XXX"로 표기한다. 해당 차트의 상한고도(고고도 악기상예보 차트의 경우 FL630)를 초과하는 고도까지 이어지는 난류의 최고고도는 "ABV 630"으로 표기한다.

표 2-6. 고고도 악기상예보 난류 표시의 예

표기	의미
∧ 380/270	38,000 ft부터 27,000 ft 사이의 고도에서 강도 보통의 난류가 예상됨
∧ TO 400/∧∧ XXX	40,000 ft부터 25,000 ft 미만의 어느 지점 사이의 고도에서 강도 보통에서 심함까지의 난류가 예상됨
∧ ABV 630/350	63,000 ft를 초과하는 어느 지점부터 35,000 ft 사이의 고도에서 강도 보통의 난류가 예상됨

(3) 태풍(tropical cyclones)

태풍은 기호의 인접한 위치에 태풍의 이름을 표시한 태풍 기호로 나타낸다.

3. SIGMET/AIRMET

가. SIGMET

(1) SIGMET의 정보

SIGMET 정보는 항공기 안전운항에 영향을 미칠 수 있는 특정 항공로상의 기상현상을 시간과 공간적인 변화에 대하여 발생이나 발생이 예상될 때 간략하게 약어로 서술한 전문을 말하는 것이다. FL100 이상을 운항하는 모든 항공기에게 위험을 초래할 수 있는 기상현상이 발생 또는 예상될 때는 해당 악기상에 대한 SIGMET 정보를 발표한다.

(2) SIGMET의 유효시간

SIGMET 전문의 유효시간은 4시간을 초과하지 않아야 하며, 화산재 구름과 태풍과 같은 특별한 경우의 전문은 6시간을 초과하지 않아야 한다.

(3) SIGMET의 내용 및 형식

(가) SIGMET 전문은 승인된 ICAO의 약어와 명확한 의미를 가진 수치를 사용하여 간략하게 약어로 작성해야 한다.

(나) SIGMET 전문의 본문 맨 앞에는 발표하는 SIGMET에 관련된 비행정보구역(FIR) 또는 그 명칭을 표시해야 한다.

나. AIRMET

(1) AIRMET의 정보

AIRMET는 10,000 ft 아래의 저고도 운항 항공기에 영향을 미칠 수 있는 특정 항공로상의 기상현상의 발생이나 발생이 예상될 때, 그리고 이러한 기상현상을 시간과 공간적인 변화에 대하여 발생이나 발생이 예상될 때 간략하게 약어로 서술한 전문을 말하는 것이다.
(2) AIRMET의 유효시간
　　AIRMET 전문의 유효시간은 4시간을 초과하지 않아야 한다.

4. 착륙예보(Landing Forecast)

착륙예보는 국지적 이용자와 공항으로부터 1시간 이내의 비행거리에 있는 항공기의 필요성에 부합하기 위한 예보로, 당해 공항에서 예상되는 기상상태를 국제적으로 합의된 부호를 이용하여 간결하게 서술하는 것이다. 착륙예보는 경향예보 형식으로 작성되어야 한다.

유효시간은 착륙예보의 형식이 포함되는 관측보고의 시간으로부터 2시간이어야 한다.

5. 이륙예보(Take-off Forecast)

이륙예보는 적재중량을 고려한 안전한 항공기 이륙을 지원하기 위하여 서술하는 것이다. 이륙예보는 요청에 따라 출발예정시간 전 3시간 이내에 운항자 및 운항승무원에게 제공될 수 있도록 발표해야 한다.

6. 상층풍 및 기온예보(WINTEM; Winds and temperatures aloft forecast)

상층풍 및 기온예보 차트는 바람/기온 차트로 운항자가 비행전 또는 비행중에 비행계획을 수립하는데 필요한 일정 격자 간격의 상층 바람과 기온의 기상정보이다. 항공로상의 특정고도에 대한 상층 바람(풍향, 풍속)과 기온을 세계공역예보센터(WAFC)로부터 수신하여 항공기 운항관계자에게 제공한다.

출제예상문제

Ⅰ. 일기도(Weather Chart)

【문제】 1. Isobar의 올바른 설명은?
① A line of equal wind shear
② A line of equal wind speed
③ A line of equal or constant temperature
④ A line of equal or constant barometric pressure

【문제】 2. 기압이 동일한 지점을 연결한 선을 무엇이라 하는가?
① Isobar ② Ridge ③ Trough ④ Contour

【문제】 3. 지상 일기도의 기준 기압은?
① 900 hPa ② 1,000 hPa ③ 1,013 hPa ④ 1,100 hPa

【문제】 4. 일기도에서 isobar가 좁을 때의 현상으로 맞는 것은?
① weak gradient and weak winds
② weak gradient and strong winds
③ strong gradient and weak winds
④ strong gradient and strong winds

【문제】 5. 일기도에서 등압선 간격이 좁은 곳의 현상으로 맞는 것은?
① 날씨가 맑다.
② 기온이 낮다.
③ 바람이 강하게 분다.
④ 바람이 약하게 분다.

【문제】 6. 일기도에서 등압선이 간격이 넓어질 때의 기상현상은?
① 바람의 속도가 줄어든다.
② 바람의 속도가 빨라진다.
③ 북서풍이 분다.
④ 날씨가 맑다.

【문제】 7. 다음 그림과 같은 일기도에서 기압골(trough)을 나타내는 부분은?

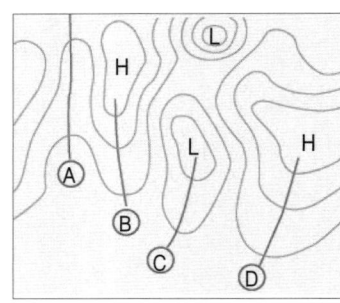

① A, B
② C, D
③ B, D
④ A, C

정답 1. ④ 2. ① 3. ② 4. ④ 5. ③ 6. ① 7. ④

【문제】 8. 기압골이 조밀하게 형성되어 있는 곳에서 나타나는 현상은?
① 심한 바람   ② 기온의 상승   ③ 기압의 증가   ④ 강우량의 증가

【문제】 9. 일기도의 등압선에서 저기압 지점을 이은 선을 무엇이라 하는가?
① Col   ② Ridge   ③ Trough   ④ Depression

【문제】 10. 다음 중 고기압/저기압과 관계가 없는 것은?
① Ridge   ② Trough   ③ Col   ④ Contrails

〈해설〉 지상 일기도의 등압선
1. 등압선(isobar) : 기압이 동일하거나 일정한 곳을 연결한 선
  가. 등압선은 1,000 hPa을 기준으로 하여, 보통 4 hPa 간격의 흑색(또는 청색) 실선으로 그린다.
  나. 등압선의 간격이 좁을수록 기압의 차가 크므로 기압경도와 바람의 세기가 강하고, 간격이 넓을수록 기압의 차가 작으므로 기압경도와 바람의 세기가 약해진다.
2. 등압선의 각 부분을 나타내는 용어
  가. 기압골(trough) : 저기압부가 좁고 길게 뻗혀서 저기압성 곡률이 최대인 곳을 연결한 선 (흑색 굵은 실선으로 표시)
  나. 기압능(기압마루, ridge) : 고기압 구역이 길게 뻗혀 고기압성 곡률이 최대인 곳을 연결한 선 (흑색 지그재그선으로 표시)
  다. 기압의 안장부(Col; cut-off lows) : 2개의 고기압 구역과 2개의 저기압 구역에 포위된 중립 구역. 즉 기압골과 기압능이 교차하는 장소이다.

【문제】 11. 일기도의 등압선에 대한 설명 중 틀린 것은?
① 기압이 같은 곳을 연결한 선이다.
② 기압치가 다른 두 등압선은 서로 교차하지 않는다.
③ 같은 등압선이 중간에 두 갈래로 갈라지기도 한다.
④ 특별히 풍속차가 없을 때 등압선의 간격은 일정하게 그려진다.

【문제】 12. 등압선에 대한 설명으로 틀린 것은?
① 폐쇄곡선으로 차트의 가장자리에서 시작하고 가장자리에서 끝난다.
② 서로 교차할 수 있다.
③ 도중에 갈라지거나 다른 것과 합쳐질 수 없다.
④ 대칭적인 고기압과 고기압 또는 저기압과 저기압 사이에는 두 등압선의 간격이 일정하지만 방향은 반대이다.

【문제】 13. 지상 일기도 분석에 대한 내용 중 틀린 것은?
① 등압선을 그릴 때 육상에서는 기압이 바람보다 중요하다.
② 해상에서는 기압보다 바람이나 온도오차가 크다.
③ 뇌우가 있는 곳에서는 기압의 오차가 커서, 기압값의 신뢰도가 떨어진다.
④ 육상에서의 바람은 그 지역의 고유한 특성이 있는 경우가 많다.

정답   8. ①   9. ③   10. ④   11. ③   12. ②   13. ②

【문제】14. 등압선에서 알 수 있는 것은?
① 전선, 풍향   ② 강수, 시정   ③ 강수, 풍속   ④ 풍향, 풍속

〈해설〉 일기도에서 등압선의 분석 방법은 다음과 같다.
1. 등압선은 반드시 폐곡선이 되든가 아니면 일기도의 가장자리에서 끝나게 된다.
2. 등압선은 서로 교차하거나 도중에 두 갈래로 갈라지지 않는다. 또한 두 등압선은 한 등압선으로 합쳐지지 않으며 도중에 끊어지지도 않는다.
3. 두 등압선의 간격은 풍속에 반비례하도록 그린다. 그러나 특별히 풍속 차가 없는 한 가급적 간격을 일정하게 그린다.
4. 대칭적인 두 고기압이나 두 저기압 사이에는 같은 기압값의 두 등압선이 서로 마주보나 흐름은 서로 반대 방향이다.
5. 해양에서의 기압 관측값은 오차가 큰 경우가 많고, 뇌우가 있는 곳에서도 오차가 큰 경우가 많아 기압값의 신뢰도가 떨어진다. 등압선을 그릴 때 육상에서는 바람보다 기압값을 더 중요시하고, 해상에서는 기압값보다 바람을 더 중요시해야 한다.
6. 바람은 등압선을 따라 고기압에서 저기압으로 불기 때문에 풍향에 대한 표시가 없어도 등압선을 보면 대략적인 풍향을 알 수 있고, 등압선의 간격을 보면 풍속을 알 수 있다.

【문제】15. 전선 분석 시 불연속 기상요소가 아닌 것은?
① 기압   ② 풍향   ③ 이슬점온도   ④ 기온

【문제】16. 전선면의 불일정 요소로 나타나지 않는 것은?
① 온도   ② 노점온도   ③ 풍향   ④ 기압

【문제】17. 일기도에서 폐색전선 기호의 색상은?
① Red   ② Blue   ③ Purple   ④ Black

【문제】18. 아래 그림의 기호가 의미하는 것은?

① Cold front
② Warm front
③ Occluded front
④ Stationary front

【문제】19. 정체전선 기호의 형태와 색깔로 맞는 것은?
① ▽▽◠◠─ ; 반원 - 파란색, 역삼각형 - 붉은색
② ▽◠▽◠─ ; 반원 - 붉은색, 역삼각형 - 파란색
③ ▲◠▲◠─ ; 반원, 삼각형 - 보라색
④ ▲▲◠◠─ ; 반원, 삼각형 - 파란색

〈해설〉 전선(fronts)의 분석
1. 전선은 기온, 노점온도, 풍향, 그리고 기압경도(기압 자체는 연속)가 불연속을 이루어 이들 값이 급변하는 지역에 위치할 가능성이 크다.

정답   14. ④   15. ①   16. ④   17. ③   18. ④   19. ②

2. 전선의 기호와 색상

구 분	기 호	색 상
한랭전선(cold front)	▲▲▲▲	청색(blue)
온난전선(warm front)	●●●●	적색(red)
정체전선(stationary front)	▼●▼●	적색 청색 교대
폐색전선(occluded front)	▲●▲●	자색(purple)

【문제】20. 지상 일기도에 나타나지 않는 것은?
① 기온　　② 노점　　③ 전선　　④ 운정고도

【문제】21. 지상 일기도 분석에서 알 수 없는 것은?
① 제트기류
② 풍향 및 풍속
③ 기온과 노점온도
④ 전선 위치

【문제】22. 지상 일기도에서 볼 수 없는 것은?
① 등풍속선
② 정체전선
③ 안개 및 강풍 경보지역
④ 고기압, 저기압의 중심 위치

【문제】23. 다음 중 65 kts의 풍속을 나타내는 기호는?

① 　② 　③ 　④

【문제】24. 일기도에서 다음 기호가 나타내는 지역의 풍속은 얼마인가?

① 80 kts
② 120 kts
③ 180 kts
④ 220 kts

【문제】25. 다음 바람 표시 중 틀린 것은?

①  25 Kts　②  100 Kts　③ 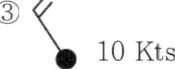 10 Kts　④  60 Kts

〈해설〉 풍향 기호의 짧은 직선은 5 KT, 긴 직선은 10 KT, 그리고 깃발 모양은 50 KT의 풍속을 나타낸다.

【문제】26. 기상표시기호 중 drizzle의 기호는?
① ▲　　② ▽　　③ ●　　④ ,

【문제】27. 기상기호 ▽의 의미는?
① Drizzle　　② Haze　　③ Shower　　④ Freezing rain

정답　20. ④　21. ①　22. ①　23. ③　24. ②　25. ③　26. ④　27. ③

【문제】 28. 눈(snow)을 나타내는 기상 symbol은?
① ≡　　　② ▲　　　③ ⌒　　　④ ✶

【문제】 29. 다음 중 hail을 나타내는 기상기호는?
① △　　　② ⌒　　　③ ❜　　　④ •

【문제】 30. Thunderstorm을 나타내는 기상기호는?
① ∇̇　　　② ⌇　　　③ ⌐　　　④ ∞

【문제】 31. 기상기호 ⌒ 의 의미는?
① Shower rain　　　② Freezing rain
③ Haze　　　④ Thunderstorm

【문제】 32. 기상기호 중 "❜" 기호가 의미하는 기상 현상은?
① Snow　　　② Hail　　　③ Drizzle　　　④ Rain

【문제】 33. 기상기호가 잘못 연결된 것은?
① △ - 우박　　　② ❜ - 이슬비
③ ⌐ - 태풍　　　④ ⌒ - 어는 비

〈해설〉 현재 일기를 나타내는 주요 기호(symbol)는 다음과 같다.

기호	❜	✶	△	⌒	⌐
의미	이슬비(drizzle)	눈(snow)	우박(hail)	어는 비 (freezing rain)	뇌우 (thunderstorm)
기호	•	∇̇	≡	∇	∞
의미	비(rain)	소나기(shower rain)	안개(fog)	소낙성(shower)	연무(haze)

【문제】 34. 아래 그림과 같은 weather depiction chart의 기호에서 노점온도는 얼마인가?

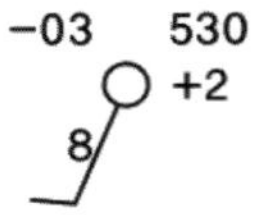

-03　530
○ +2
 8

① -3℃
② 8℃
③ 53°F
④ 2℃

【문제】 35. 아래 그림과 같은 일기도의 기호에서 기온과 이슬점온도는 얼마인가?

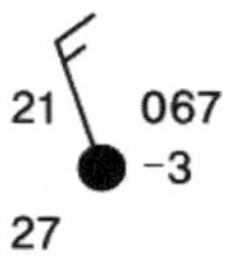

21　067
● -3
27

① 기온: 21℃, 이슬점온도: 27℃
② 기온: 21℃, 이슬점온도: 67℃
③ 기온: 27℃, 이슬점온도: 21℃
④ 기온: 27℃, 이슬점온도: -3℃

정답　28. ④　29. ①　30. ③　31. ②　32. ③　33. ③　34. ②　35. ①

〈해설〉 풍향을 나타내는 부호의 좌측 상부에는 기온을 좌측 하부에는 이슬점(노점온도)을 두 자리 정수로 기입하며, 영하인 경우에는 기온 앞에 "−" 부호를 붙인다.

【문제】36. 일기도 기호의 기압 표기를 해당하는 hPa 단위의 기압으로 잘못 환산한 것은?
① 128: 912.8 hPa
② 964: 996.4 hPa
③ 031: 1003.1 hPa
④ 897: 989.7 hPa

〈해설〉 일기도 기호에서 일기도의 기압은 보통 1,050 hPa를 넘거나 950 hPa 이하로 내려가지 않기 때문에 기압표시를 해당하는 hPa 단위로 환산하는 방법은 다음과 같다.
1. 맨 앞의 숫자가 0~4이면 앞에 10이 생략된 것이다. (예를 들어, 040이면 1004.0 hPa, 128이면 1012.8 hPa 이다)
2. 맨 앞의 숫자가 5~9이면 앞에 9가 생략된 것이다. (예를 들어, 500이면 950.0 hPa, 830이면 983.0 hPa, 998이면 999.8 hPa 이다)

【문제】37. 저고도의 기상분석과 관련된 일기도는?
① 850 hPa 일기도
② 700 hPa 일기도
③ 500 hPa 일기도
④ 300 hPa 일기도

【문제】38. 저고도 순항 시 하층운에서 습기 유입상태 등의 기상변화를 조사하는데 이용되는 등압(constant pressure) 차트는?
① 300 hpa 등압 차트
② 500 hpa 등압 차트
③ 700 hpa 등압 차트
④ 850 hpa 등압 차트

【문제】39. 850 hPa 기상차트의 용도로 맞는 것은?
① 기압계의 이동과 상층운 예보
② 중층운 강수 예보와 층후도 작성에 이용
③ 하층 기상 확인 및 강수 예보
④ 제트기류 분석과 청천난류 예보

【문제】40. 700 mb 기상도의 특성으로 맞는 것은?
① 하층운 강수예보, 대기 하층 습윤구역 예측 및 저공비행을 위한 기상 브리핑에 이용할 수 있다.
② 중층운 강수예보, 단파 계산 및 10,000 ft 고도의 비행을 위한 기상 브리핑에 이용할 수 있다.
③ 기압계의 이동과 상층운 예보에 이용할 수 있다.
④ 제트기류의 분석과 고공비행 예보에 이용할 수 있다.

〈해설〉 850 hPa와 700 hPa 일기도의 특성은 다음과 같다.
1. 850 hPa 일기도
① 대류권 하층에서의 기압계 분포와 강도를 한 눈에 파악할 수 있다.
② 하층운 강수예보에 이용한다.
③ 기압계의 이동을 예보하는데 이용한다.
④ 대류권 하층에서의 습기 유입상태를 조사하는데 이용한다.
2. 700 hPa 일기도 : 일반적인 이용법은 지상 일기도와 850 hPa 일기도의 이용법과 동일하다. 이 일기도는 10,000 ft 고도의 비행을 위한 기상 브리핑에 이용할 수 있다.

[정답] 36. ① 37. ① 38. ④ 39. ③ 40. ②

【문제】41. 850 hPa 상층일기도의 고도는?
　　① 810 gpm　　② 1,500 gpm　　③ 3,000 gpm　　④ 5,580 gpm

【문제】42. 18,000 ft로 비행할 때 참조하여야 하는 weather analysis chart는?
　　① 300 hPa analysis chart　　② 500 hPa analysis chart
　　③ 700 hPa analysis chart　　④ 850 hPa analysis chart

【문제】43. 700 hPa 등압면에 해당되는 기준고도(gpm)는?
　　① 810 gpm　　② 1,500 gpm　　③ 3,000 gpm　　④ 5,580 gpm

【문제】44. 700 hPa 등압면 일기도의 고도는?
　　① 5,000 ft　　② 10,000 ft　　③ 18,000 ft　　④ 30,000 ft

【문제】45. 제트기류의 분포를 알아보기 위한 기상도는?
　　① 300 hPa 일기도　　② 500 hPa 일기도
　　③ 700 hPa 일기도　　④ 850 hPa 일기도

【문제】46. 700 hPa 기상도에 표시되지 않는 것은?
　　① 등고선　　② 등온선
　　③ 등풍속선　　④ 기압골과 기압능

【문제】47. 500 mb 상층 차트의 기준고도는?
　　① FL 120　　② FL 180　　③ FL 210　　④ FL 300

【문제】48. 500 hPa 기상도와 관련이 없는 것은?
　　① 비발산고도　　② 등온도선　　③ 등고도선　　④ Jet 기류

【문제】49. 300 mb 기상도에 표시되지 않는 것은?
　　① 등고선　　② 기온　　③ 등풍속선　　④ 권계면

【문제】50. 300 hPa 상층 일기도에서 볼 수 없는 것은?
　　① 등온선　　② 등고선　　③ 등풍속선　　④ 등노점선

【문제】51. 상층 일기도 분석에서 등고선이 9,180 gpm을 기준으로 하여 120 gpm 간격으로 그려진 일기도는?
　　① 700 hPa 일기도　　② 500 hPa 일기도
　　③ 300 hPa 일기도　　④ 200 hPa 일기도

정답　41. ②　42. ②　43. ③　44. ②　45. ①　46. ③　47. ②　48. ④　49. ④　50. ④

【문제】52. 등풍속선이 나타나는 일기도는?
① 300 mb 일기도　　　　　　② 500 mb 일기도
③ 700 mb 일기도　　　　　　④ 850 mb 일기도

【문제】53. 10,000 ft 고도에 관한 등압면 일기도는?
① 850 hPa 일기도　　　　　　② 700 hPa 일기도
③ 500 hPa 일기도　　　　　　④ 300 hPa 일기도

【문제】54. 200 mb, 300 mb 차트에서 볼 수 없는 것은?
① 기온　　② 습도　　③ 풍속　　④ 제트기류

【문제】55. 300 hPa 선도의 이용고도는?
① FL 180　　② FL 210　　③ FL 300　　④ FL 390

【문제】56. 고도 30,000 ft로 비행할 때 참고할 수 있는 일기도는?
① 300 hPa 일기도　　　　　　② 500 hPa 일기도
③ 700 hPa 일기도　　　　　　④ 850 hPa 일기도

【문제】57. 다음 중 상층 일기도와 이용고도에 관한 관계가 잘못된 것은?
① 200 mb - 39,000 ft　　　　② 300 mb - 30,000 ft
③ 500 mb - 18,000 ft　　　　④ 700 mb - 5,000 ft

【문제】58. 상층 일기도에 포함되지 않는 기상요소는?
① 기압　　② 온도　　③ 기압 수정치　　④ 노점 온도

〈해설〉 각 상층 일기도의 기준고도 및 분석요소는 다음과 같다.　〔△ : 분석할 경우도 있음〕

종류 \ 내용	기준고도 MSL	기준고도 gpm	등고선	등온선	등노점선 (등포차선)	전선	기압능 기압골	등풍속선 (Jet 분석)
925 hPa	2,500 ft	810 gpm	○	○	○	○	△	
850 hPa	5,000 ft	1,500 gpm	○	○	△	○	△	
700 hPa	10,000 ft	3,000 gpm	○	○	△	△	○	
500 hPa	18,000 ft	5,400 gpm	○	○			○	
300 hPa	30,000 ft	9,000 gpm (9,180 gpm)	○	○			△	○
200 hPa	39,000 ft	12,000 gpm	○	○				○
100 hPa	-	16,200 gpm	○	○				○

【문제】59. Weather Depiction Chart에 나오지 않는 것은?
① Present weather　　　　　② Cloud height
③ Sky cover　　　　　　　　④ Visibility

[정답]　51. ③　52. ①　53. ②　54. ②　55. ③　56. ①　57. ④　58. ③　59. ②

【문제】60. Weather Depiction Chart를 통해 알 수 없는 것은?
① Visibility   ② Present weather
③ Sky cover   ④ Surface wind

〈해설〉 기상 묘사도(weather depiction chart)에 표시되는 기상요소는 다음과 같다.
1. 시정(visibility)
2. 현재 기상(present weather)
3. 운량(sky cover)
4. 실링(ceiling)

Ⅱ. 항공기상 예보

【문제】1. TAF는 하루에 몇 번 발표하는가?
① 2번   ② 4번   ③ 6번   ④ 8번

【문제】2. TAF의 유효시간은?
① 5시간 이상, 24시간 미만   ② 12시간 이상, 24시간 미만
③ 6시간 이상, 30시간 미만   ④ 24시간 이상, 30시간 미만

【문제】3. ICAO Annex 3에서 권장하는 TAF의 유효시간은?
① 6시간 이상, 30시간 미만   ② 5시간 이상, 24시간 미만
③ 12시간 이상, 24시간 미만   ④ 9시간 이상, 30시간 미만

【문제】4. 유효시간이 12~30시간인 TAF의 발행주기는?
① 3시간   ② 6시간   ③ 9시간   ④ 12시간

〈해설〉 공항예보(TAF)는 다음과 같이 발표한다.
1. 공항예보의 발표시각 : 공항예보는 하루에 4번 발표한다.
2. 공항예보의 유효시간 [ICAO Annex 3]
   가. 정시 공항예보(TAF)의 유효시간은 6시간 이상 30시간 미만이어야 한다.
   나. 12시간 미만의 유효시간을 가지는 공항예보는 3시간 간격으로, 12시간 이상 30시간까지의 유효시간을 가지는 공항예보는 6시간 간격으로 발표한다.

【문제】5. TAF 전문에서 발표시각 앞에 표시된 "LFLL"이 의미하는 것은?
① 보고형태 code   ② 발표관서 code
③ 공항 code   ④ 관측소 code

【문제】6. 아래와 같은 TAF 전문의 유효시간은 얼마인가?
"TAF KPIT 091730Z 0918/1024 15005KT 5SM HZ FEW020 WS010/31022KT"
① 12시간   ② 20시간   ③ 24시간   ④ 30시간

[정답] 60. ④ / 1. ② 2. ③ 3. ① 4. ② 5. ③ 6. ④

【문제】7. 다음과 같은 TAF 전문의 유효시간은?

TAF KOKC 051130Z 051212 14008KT 5SM BR BKN030 TEMPO 1316 1 1/2SM BR

① 2시간 ② 9시간
③ 12시간 30분 ④ 24시간

〈해설〉 공항예보(TAF) 전문에서 식별군의 형식은 다음과 같다.

[전문 형식] TAF CCCC YYGGggZ $Y_1Y_1G_1G_1/Y_2Y_2G_2G_2$
            지명약어 발표시각   유효시간

1. 지명약어(CCCC) : 공항의 ICAO 지명약어
   [예] "LFLL" : 프랑스 리옹(Lyon), Antoine de Saint-Exupery 공항
2. 유효시간
   가. $Y_1Y_1G_1G_1/Y_2Y_2G_2G_2$: 유효시간은 $Y_1Y_1G_1G_1$부터 $Y_2Y_2G_2G_2$까지이다.
      [예] "0918/1024" : 유효시간은 9일 1800(UTC)부터 10일 2400(UTC)까지 30시간이다.
   나. $Y_1Y_1G_1G_1G_2G_2$: 유효시간은 $Y_1Y_1G_1G_1$부터 G_2G_2까지이다.
      [예] "051212" : 유효시간은 5일 1200(UTC)부터 6일 1200(UTC)까지 24시간이다.

【문제】8. 다음과 같은 TAF 전문에서 풍향과 풍속은?

TAF RKSI 130500Z 130606 21015G25KT 8000 SHRA SCT010CB BECMG 1214 NSW SCT025

① 풍향 210°, 최대순간풍속 15 kt, 평균풍속 25 kt
② 풍향 210°, 최대순간풍속 25 kt, 평균풍속 15 kt
③ 풍향 15°, 최대순간풍속 21 kt, 평균풍속 21 kt
④ 풍향 15°, 최대순간풍속 25 kt, 평균풍속 210 kt

【문제】9. Terminal 풍속이 얼마인 경우 calm wind 상태로 간주하는가?

① 무풍 ② 2 kts 미만 ③ 3 kts 미만 ④ 4 kts 미만

〈해설〉 공항예보(TAF) 전문에서 지상풍은 다음과 같이 표시해야 한다.
1. 바람은 5자리 숫자로 표시한다. 첫 3자리 숫자는 진북 기준 10° 단위의 풍향을 나타낸다. 다음의 2자리 숫자는 풍속을 나타내며, 약어 "KT"를 덧붙인다.
2. 최대순간풍속(돌풍, gust)이 평균풍속보다 10 kt 이상 지속될 것으로 예상되면 평균풍속 뒤에 문자 G를 붙이고 최대순간풍속을 표시해야 한다.
   [예] "21015G25KT" : 풍향 210도, 평균풍속 15 kt, 최대순간풍속 25 kt
3. 바람이 1 kt(2 km/h) 미만일 것으로 예상되면 풍향 풍속예보는 00000(calm)으로 표시해야 한다.

〈참고〉 터미널(terminal) 풍속이 3 knots 미만일 때, 무풍 상태(calm wind conditions)로 간주한다.

【문제】10. 아래와 같은 TAF에서 2300Z에 예상되는 시정은?

"TAF OEDR 281000Z 281120 VRB05KT 4000 BR SCT005 OVC013 BECMG 1920 9000 SHRA OVC015 PROB40 BECMG 2022 CAVOK BECMG 2223 23024KT 7000"

① 9,000 m ② 7,000 m ③ 5,000 m ④ 4,000 m

정답 7. ④ 8. ② 9. ③ 10. ②

〈해설〉 문제의 공항예보(TAF) 전문에서 2300Z에 예상되는 기상현상은 다음과 같다.
"BECMG 2223 23024KT 7000" : 2200(UTC)에서 2300(UTC) 사이에 점진적으로 지상풍은 풍향 230도, 평균풍속 24 kt로 변하고, 시정은 7,000 m로 변화할 것으로 예상된다.

【문제】 11. 아래와 같은 TAF에서 2400Z에 예상되는 시정은?
"BECMG 1820 2000 BKN004 PROB30 BECMG 2022 0500 FG VV001"

① 500 m ② 2,000 m
③ 500 m와 2,000 m 사이 ④ 0 m와 1,000 m 사이

〈해설〉 문제의 공항예보(TAF) 전문에서 2400Z에 예상되는 기상현상은 다음과 같다.
 1. "BECMG 2022 0500 FG VV001" : 2000(UTC)에서 2200(UTC) 사이에 점진적으로 시정은 500 m, 안개로 인해 하늘이 차폐되어 수직시정은 100 ft로 변화할 것으로 예상된다.
 2. 2200(UTC) 이후에 변화지시군이 더 이상 사용되지 않는다면, 주어진 기상현상이 2200(UTC) 이후부터 예보기간 종료 시까지 지속되는 것으로 이해해야 한다.

【문제】 12. 아래와 같은 TAF에서 0600 UTC에 예상되는 최저시정은?
TAF OEDR 280000Z 280110 VRB08KT CAVOK BECMG 0103 7000 TEMPO 0410 28014G24KT 4000 SA

① 2,000 m ② 4,000 m ③ 7,000 m ④ 10,000 m 이상

〈해설〉 문제의 공항예보(TAF) 전문에서 0600Z에 예상되는 기상현상은 다음과 같다.
"TEMPO 0410 28014G24KT 4000 SA" : 0400(UTC)에서 1000(UTC) 사이에 일시적으로 지상풍은 풍향 280도, 평균풍속 14 kt, 최대순간풍속 24 kt로 변하고, 시정은 4,000 m로 변화할 것으로 예상된다.

【문제】 13. 다음과 같은 TAF에서 2100 UTC에 예상되는 최저시정은?
TAF EHAM 281500Z 281601 14010KT 6000 -RA SCT025 BECMG 1618 12015G25KT SCT008 BKN013 TEMPO 1823 3000 RA BKN005 OVC010 BECMG 2301 2502KT 8000 NSW BKN020

① 3,000 m ② 5,000 m ③ 6,000 m ④ 8,000 m

〈해설〉 공항예보(TAF) 전문에서 시정과 변화지시군은 다음과 같이 표시해야 한다.
 1. 시정 : 예상되는 우세시정을 4자리 숫자를 사용하여 m 단위로 표시해야 한다.
 2. 변화지시군(change indicator groups)
 〔전문 형식〕 <u>TTTTT</u> <u>GGGeGe</u>
  변화지시자 특정기간
 가. 변화지시자(TTTTT)
 나. 특정기간(GGGeGe) : GG부터 GeGe 시간 사이에 변화가 예상된다.
  〔예〕"TEMPO 1823 3000" : 1800(UTC)에서 2300(UTC) 사이에 일시적으로 시정이 3,000 m로 변화할 것으로 예상된다.

【문제】 14. TAF에 표시되는 구름은?
① AC ② NS ③ SC ④ CB

정답 11. ① 12. ② 13. ① 14. ④

【문제】15. TAF에 포함되는 기상요소가 아닌 것은?
　　① 지상풍　　② 시정　　③ 기온과 이슬점　　④ 구름

〈해설〉 공항예보(TAF)에 포함되는 기상요소는 다음과 같다.
　1. 지상풍
　2. 시정
　3. 일기현상
　4. 구름 : 보고되지 않은 적란운(CB)은 예상될 때마다 운형을 표시하여 예보해야 한다.
　5. 기온

【문제】16. TAF의 변화지시군으로 알맞은 것은?
　　① CAVOK　　② SKC　　③ NIL　　④ BECMG

【문제】17. TAF에서 변화가 지속되거나 또는 변화가 생길 것으로 예상이 될 때 시간 그룹과 함께 사용하는 용어는?
　　① TEMPO　　② BECMG　　③ PROB　　④ FM

【문제】18. TAF에서 기상현상이 기간 내의 불특정 시간에 일정 또는 불규칙적인 변화를 보일 경우 사용하는 용어는?
　　① TEMPO　　② FM　　③ BECMG　　④ NOSIG

【문제】19. 기상현상 변화지시자(change indicator) "TEMPO"에 대한 설명으로 틀린 것은?
　　① 1시간 미만의 일시적인 변화가 예상될 때 사용한다.
　　② 지속시간은 3시간을 넘으면 안 된다.
　　③ 총 변화시간이 전체 예보기간의 1/2을 넘으면 안 된다.
　　④ 일시적인 변화가 1시간 이상 지속될 것으로 예상되면 "BECMG"를 사용해야 한다.

【문제】20. TAF에서 변화지시자 "TEMPO"는 각 변동의 지속시간이 (　　)이며, 변동 지속시간의 합이 해당 시간 동안 (　　)일 것으로 예상될 때 사용해야 한다. (　　) 안에 맞는 것은?
　　① 1시간 이상, 1/2 이상
　　② 1시간 미만, 1/2 미만
　　③ 2시간 이상, 1/2 이상
　　④ 2시간 미만, 1/2 미만

【문제】21. 변화지시자 "TEMPO"는 언제 사용해야 하는가?
　　① 기상상태의 일시적 변동이 예상될 때 사용한다.
　　② 기상현상이 비교적 천천히 변화할 것으로 예상될 때 사용한다.
　　③ 기상상태가 불특정 시간에 불규칙적인 변동이 예상될 때 사용한다.
　　④ 중요한 기상현상이 완전히 다른 상태로 변화할 것으로 예상될 때 사용한다.

〈해설〉 공항예보(TAF)의 변화지시자(change indicator)는 다음과 같다.

[정답]　15. ③　16. ④　17. ②　18. ③　19. ②　20. ②　21. ①

구 분	내 용
BECMG (Becoming)	• 기상상태가 특정 기간 내의 불특정 시간에 규칙적 또는 불규칙적으로 변할 것이 예상될 때 시간 그룹(time group)과 함께 사용한다. • 변화기간은 보편적으로 2시간을 초과할 수 없으며, 어떠한 경우라도 4시간을 초과할 수 없다.
TEMPO (Temporary)	• 기상상태가 특정 기간의 어느 시간에 일시적으로 변할 것이 예상될 때 사용한다. • 이때 각각의 일시적인 변화는 기상상태의 변동 지속시간이 매 경우 1시간 미만이고, 각 변동 지속시간의 합이 전체 예보기간의 1/2 미만일 것으로 예상될 때 사용해야 한다. • 만일 매 경우 일시적인 변화가 1시간 이상 지속되거나, 각 변동 지속시간의 합이 전체 예보기간의 1/2 이상 될 것으로 예상되면 변화지시자 BECMG를 사용해야 한다.
FM (From)	• 일련의 우세한 기상상태가 뚜렷하게 변하여 다른 기상상태로 변화할 것으로 예상될 때 사용해야 한다.

【문제】 22. High-level SIGWX Chart의 적용고도는?
① FL100~FL250 ② FL200~FL550
③ FL250~FL630 ④ FL300~FL650

【문제】 23. 저고도 악기상도에 나타나는 기상현상의 상한고도는?
① 10,000 ft ② 15,000 ft ③ 18,000 ft ④ 20,000 ft

〈해설〉 악기상예보를 적용 고도별로 구분하면 다음과 같다.
1. 저고도(low-level) 악기상예보 : 지상~10,000 ft
2. 중고도(mid-level) 악기상예보 : 10,000 ft~25,000 ft
3. 고고도(high-level) 악기상예보 : 25,000 ft~63,000 ft

【문제】 24. Significant Weather Chart에서 기호 ∧의 의미는?
① Squall line ② Moderate turbulence
③ Moderate icing ④ Widespread haze

【문제】 25. Significant Weather Chart에서 기호 ⋀의 의미는?
① 심한 착빙 ② 뇌전 ③ 스콜라인 ④ 심한 난류

【문제】 26. Significant Weather Chart에서 기호 ⥉의 의미는?
① Severe icing ② Severe turbulence
③ Heavy rain ④ Widespread fog

【문제】 27. Significant Weather Chart에서 기호 △ 가 의미하는 것은?
① Snow ② Drizzle ③ Shower ④ Hail

【문제】 28. Significant Weather Chart에서 기호 -∨-∨- 의 의미는?
① 심한 스콜라인 ② 심한 난류
③ 악기상 구역 ④ 광범위한 안개

정답 22. ③ 23. ① 24. ② 25. ④ 26. ① 27. ④ 28. ①

【문제】29. Significant Weather Chart에서 다음 기호의 의미로 옳은 것은?
① Widespread mist
② Widespread fog
③ Widespread smoke
④ Widespread haze

【문제】30. SIGWX chart에서 기호 ═의 의미는?
① 광범위한 모래
② 광범위한 박무
③ 광범위한 연무
④ 광범위한 안개

【문제】31. 태풍인 열대성저기압을 표시하는 기호는?
① ② ③ 390 ④

〈해설〉 Significant Weather Chart의 일기현상을 나타내는 주요 기호는 다음과 같다.

구 분	기상현상	기 호
태 풍	태풍/열대성저기압(tropical cyclone)	ʂ
난류, 착빙	보통 난류(moderate turbulence)	∧
	심한 난류(severe turbulence)	⩓
	보통 착빙(moderate icing)	⊬
	심한 착빙(severe icing)	⫤
	우박(hail)	△
기타 현상기호	심한 스콜라인(severe squall line)	-V-V-
	광범위한 연기(widespread smoke)	∿
	광범위한 안개(widespread fog)	≡
	광범위한 박무(widespread mist)	═

【문제】32. SIGWX Chart에서 볼 수 없는 것은?
① thunderstorm
② turbulence
③ severe squall line
④ heavy rain

【문제】33. SIGWX Chart에서 ISOL의 coverage는?
① less than 50%
② 50~75%
③ above 75%
④ 100%

【문제】34. SIGWX Chart에서 coverage가 제일 많은 것은?
① ISOL
② OCNL
③ FRQ
④ BKN

정답 29. ③ 30. ② 31. ① 32. ④ 33. ① 34. ③

〈해설〉 악기상예보(SIGWX) 차트의 기상요소 및 운량 표시방법은 다음과 같다.
1. SIGWX 차트의 기상요소는 다음과 같다.
    가. 뇌우, 열대저기압(태풍), 심한 스콜
    나. 보통 또는 심한 난류
    다. 보통 또는 심한 착빙
    라. 넓게 퍼진 모래보라/먼지보라
    마. 뇌우, 태풍, 난류, 착빙 등과 관련된 구름
    바. 경계가 뚜렷한 수렴구역, 전선, 대류권계면 고도, 제트기류, 화산재
2. 운량(sky coverage)

기호 (code)	의 미	운량(sky coverage)	
		우리나라	ICAO
ISOL	Isolated	50% 미만	1/8 미만
OCNL	Occasional	50~75% 이하	1/8~4/8
FRQ	Frequent	75% 이상	4/8 초과

【문제】35. High-Level Prog SIGWX Chart에서 아래 그림과 같은 기호의 "XXX"가 의미하는 것은?

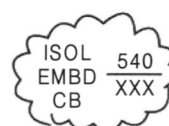

① 구름의 운저(base)를 알 수 없다.
② 구름의 운저(base)가 FL420 미만이다.
③ 구름의 운저(base)가 FL250 미만이다.
④ 구름의 운저(base)가 FL200 미만이다.

【문제】36. High-Level Prog SIGWX Chart에서 그림과 같은 기호가 나타내는 구름의 높이는?

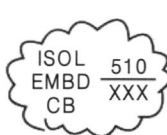

① FL510에서 FL250 까지
② FL510 미만에서 FL250 까지
③ FL510에서 FL250 이하의 어느 지점까지
④ FL510 미만에서 FL250 이하의 어느 지점까지

【문제】37. High-Level SIGWX Chart에서 다음 그림과 같은 예보기호에 대한 설명으로 틀린 것은?

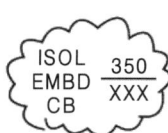

① 구름의 기저(base)는 FL250 이하이다.
② 구름 상부(top)의 높이는 FL350 이다.
③ 예상되는 구름은 적란운이다.
④ 구름의 운량(coverage)은 4/8 이하이다.

【문제】38. High-Level SIGWX Prog Chart에 표시된 다음 기호가 의미하는 기상현상은?

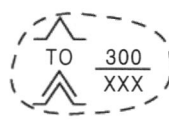

① 30,000 ft부터 25,000ft 미만까지 moderate to severe icing
② 30,000 ft부터 25,000ft 미만까지 moderate to severe turbulence
③ 30,000 ft 부근에 moderate to severe icing
④ 30,000 ft 부근에 moderate to severe turbulence

【정답】 35. ③ 36. ③ 37. ④ 38. ②

【문제】 39. SIGWX Chart에 표시된 다음 기호에 대한 설명으로 올바르지 않은 것은?

① 해당 구역에 중간 정도의 turbulence가 있다.
② 유효 최대고도는 45,000피트이다.
③ 유효 최소고도는 28,000피트이다.
④ 28,000피트부터 45,000피트에 걸쳐 squall line이 형성되어 있다.

【문제】 40. SIGWX Chart에 표시된 다음 기호가 의미하는 것은?

① FL360과 FL280 사이에서 turbulence가 예상된다.
② FL360과 FL280 사이에서 squall line이 예상된다.
③ FL280 부근에서 turbulence가 예상된다.
④ FL280 부근에서 squall line이 예상된다.

〈해설〉 고고도 악기상예보(SIGWX) 차트의 적란운 및 난류 표시방법은 다음과 같다.

구분	기호	의미
적란운	ISOL EMBD CB 520/270	• 운량: ISOL(1/8 미만) • 운형: EMBD CB(은폐 적란운) • 운정고도(top): FL520, 운저고도(base): FL270
	OCNL EMBD CB 420/XXX	• 운량: OCNL(1/8~4/8) • 운형: EMBD CB(은폐 적란운) • 운정고도(top): FL420, 운저고도(base): FL250 미만
난류	∧ 380/270	• 난류 유형: 보통 난류(moderate turbulence) • 최고고도(top): FL380, 최저고도(base): FL270
	TO 400/XXX	• 난류 유형: 보통 난류부터 심한 난류(severe turbulence)까지 • 최고고도(top): FL400, 최저고도(base): FL250 미만

【문제】 41. High-Level SIGWX Prog Chart에 표시된 다음의 그림 기호에 대한 설명으로 틀린 것은?

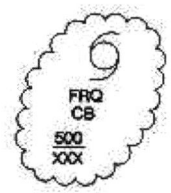

① 악기상 구역을 나타내는 기호이다.
② 태풍의 이름은 태풍 기호 옆에 같이 표기한다.
③ FRQ는 운량이 해당 구역의 75% 이하라는 의미이다.
④ 500은 구름의 상부(top) 고도가 FL500 이라는 것을 나타낸다.

〈해설〉 그림의 기호는 태풍(tropical cyclone)과 관련된 운저 FL250 미만, 운고 FL500인 운량 75% 이상(FRQ)의 적란운이 있는 뇌우 구역을 나타낸다. 태풍의 이름은 태풍 기호 옆에 같이 표기하여야 한다.

【문제】 42. Significant Weather Chart에서 네모 안에 표시된 숫자 "300"이 나타내는 높이는?
① 300 m AGL
② 30,000 feet AGL
③ 3,000 m MSL
④ 30,000 feet MSL

정답 39. ④ 40. ① 41. ③ 42. ④

〈해설〉 Significant weather chart에서 대류권계면 고도는 직사각형 또는 오각형의 내부에 100 ft MSL 단위로 표시한다.

【문제】43. 모든 상공의 항공기에 위험을 초래할 수 있는 기상현상을 경고하는 기상정보는?
① SIGMET   ② AIRMET   ③ ATIS   ④ TAF

【문제】44. SIGMET의 고도 범위는?
① 8,000 ft 이상   ② 10,000 ft 이상   ③ 12,000 ft 이상   ④ 15,000 ft 이상

【문제】45. SIGMET의 최대 유효시간은?
① 3시간   ② 6시간   ③ 9시간   ④ 12시간

【문제】46. 잠재적인 위험을 내포하고 있는 기상현상을 경고하는 SIGMET 정보는 어떤 항공기에 발표 되는가?
① all aircraft   ② light aircraft only
③ VFR operations only   ④ heavy aircraft only

【문제】47. SIGMET의 유효시간은?
① 1시간   ② 2시간   ③ 4시간   ④ 12시간

【문제】48. SIGMET에 관한 설명 중 틀린 것은?
① 유효시간은 24시간 이내이다.
② 항공기 안전운항에 영향을 미칠 수 있는 특정 항공로 상의 기상현상에 대한 정보이다.
③ 해당 관제구역을 표시해야 한다.
④ 승인된 ICAO 평문 약어를 사용하여 작성해야 한다.

〈해설〉 SIGMET
1. SIGMET 정보는 항공기 안전운항에 영향을 미칠 수 있는 특정 항공로상의 기상현상을 시간과 공간적인 변화에 대하여 발생이나 발생이 예상될 때 간략하게 약어로 서술한 전문을 말하는 것이다. FL100 이상을 운항하는 모든 항공기에게 위험을 초래할 수 있는 기상현상이 발생 또는 예상될 때는 해당 악기상에 대한 SIGMET 정보를 발표한다.
2. 유효시간 : 4시간을 초과하지 않아야 하며, 화산재 구름과 태풍과 같은 특별한 경우의 전문은 6시간을 초과하지 않아야 한다.
3. 내용 및 형식
가. 승인된 ICAO의 약어와 명확한 의미를 가진 수치를 사용하여 간략하게 약어로 작성해야 한다.
나. 본문 맨 앞에는 발표하는 SIGMET에 관련된 비행정보구역(FIR) 또는 그 명칭을 표시해야 한다.

【문제】49. 착륙예보의 유효시간은?
① 30분   ② 1시간   ③ 2시간   ④ 3시간

정답   43. ①   44. ②   45. ②   46. ①   47. ③   48. ①   49. ③

【문제】50. 이륙예보는 출발예정시간 얼마 전까지 운항승무원에게 통보하여야 하는가?
　　① 30분　　　② 1시간　　　③ 3시간　　　④ 6시간

〈해설〉 착륙예보 및 이륙예보
　1. 착륙예보의 유효시간은 관측보고의 시간으로부터 2시간이어야 한다.
　2. 이륙예보는 요청에 따라 출발예정시간 전 3시간 이내에 운항자 및 운항승무원에게 제공될 수 있도록 발표해야 한다.

【문제】51. WINTEM Chart에 표시되지 않는 것은?
　　① 기온　　　② 풍향　　　③ 풍속　　　④ 노점온도

〈해설〉 상층풍 및 기온예보(WINTEM) 차트에는 항공로상의 특정고도에 대한 상층 바람(풍향, 풍속)과 기온에 대한 자료가 제공된다.

정답　50. ③　　51. ④

2 항공기상 관측 및 보고

제1절 항공기상 관측

1. 정시관측 및 특별관측보고

가. 정시관측보고(METAR; METeorological Aerodrome Routine report)

　　항공기상 관서는 정시관측을 1시간 간격으로 실시해야 하며, 인천국제공항은 지역항공 항행협정에 의거 매 30분 관측을 추가 실시해야 한다. 정시관측보고(METAR)는 당해 공항 내외로 전파되어야 하며 주로 운항계획, VOLMET 방송 및 D-VOLMET을 위해 사용된다.

나. 특별관측보고(SPECI; meteorological aerodrome SPECIal report)

　　특별관측은 정시관측 사이에 지상풍, 시정, 활주로가시거리, 현재일기 또는 구름에 관한 특정 기준 값 이상의 변화가 있을 때, 해당 기상현상 또는 그 복합현상이 시작, 종료 또는 강도의 변화가 발생할 때 실시한다.

2. 형식(Format)

가. 지상풍(Surface wind)

(1) 지상풍 관측용 측기 설치

　　지상풍 관측은 활주로 위 10±1 m(30±3 ft) 높이의 상태를 대표하는 것이어야 한다.

(2) 풍향·풍속 보고의 평균 기간

(가) 정시 및 특별관측보고(METAR/SPECI)

　　10분간 평균값을 사용하며, 풍향과/또는 풍속이 10분간 현저히 불연속 일 때는 불연속 이후로 발생한 자료만 가지고 평균값으로 사용해야 한다. 따라서 이러한 경우에는 시간 간격이 줄어들 수 있다.

(나) 국지정시 및 국지특별관측보고(MET REPORT/SPECIAL)

　　국지정시 및 국지특별관측보고와 항공교통업무기관에 제공되는 지상풍은 2분간 평균값을 사용해야 한다.

(3) 풍향·풍속 보고

(가) 풍향

　　풍향은 진북 기준 10° 단위로 반올림한 3자리 숫자로 표기해야 하며, 바로 뒤에 풍속을 2자리 숫자로 표기해야 한다. 풍속의 단위는 knot 또는 km/h로 한다.

　　[예문] 24008KT

(나) 풍속

① 풍속이 1 kt(2 km/h) 미만일 때 즉, 정온(calm)인 경우에는 "00000"으로 표기해야 한다.

　　[예문] 00000KT

② 100 kt(200 km/h) 이상인 풍속을 통보할 때는 지시자 "P"를 사용하여 풍속을 "99"로 보고해야 한다.

　　[예문] 140P99KT

(다) 풍향·풍속 변동
① 관측하기 바로 전 10분 동안에 최대 순간풍속이 평균풍속보다 10 kt(20 km/h, 5 mps) 이상 변화하고 있으면, 이 gust는 평균풍속 바로 뒤에 G라는 문자와 gust 풍속을 포함하여 보고해야 한다.
[예문] 31015G27KT
② 관측하기 바로 전 10분 동안에 풍향이 60° 이상 180° 미만 변화하고 평균풍속이 3 kt 이상일 때, 양극단의 풍향을 양 방향 사이에 "V"자를 넣어서 시계 방향 순서로 표기해야 한다.
[예문] 02010KT 350V070
③ 관측하기 바로 전 10분 동안에 풍향의 변동이 60° 이상 180° 미만이고 평균풍속이 3 kt(6 km/h) 미만일 경우 "VRB"를 사용하여 보고해야 한다.
[예문] VRB02KT

나. 시정(Visibility)
 (1) 시정 관측용 측기 설치
   시정은 활주로 위 약 2.5 m 높이에서 측정해야 하며, 국지정시 및 특별보고를 위한 시정 관측용 감지장치는 활주로와 접지대를 따라서 시정을 가장 잘 감지할 수 있는 곳에 설치해야 한다.
 (2) 시정 보고의 평균 기간
  (가) 정시 및 특별관측보고(METAR/SPECI)
    10분간 평균값을 사용해야 한다. 단, 10분 기간 동안에 현저한 불연속이 발생한 경우에는 불연속 후에 발생한 값만을 사용해야 한다.
  (나) 국지정시 및 국지특별관측보고(MET REPORT/SPECIAL)
    국지정시 및 국지특별보고용과 항공교통업무기관의 시정 표출기용은 1분간 평균값을 사용해야 한다.
 (3) 시정 보고
  (가) 시정 보고 단위
    시정이 800 m 미만인 경우 50 m 단위로, 800 m 이상 5 km 미만인 경우 100 m 단위로, 5 km 이상 10 km 미만인 경우 1 km 단위로 표시해야 한다. 시정의 측정값이 보고 단위와 일치하지 않을 경우 낮은 쪽으로 절삭해야 한다.
  (나) 시정 보고 형식
   ① 시정은 우세시정을 4자리의 숫자를 사용하여 m 또는 km 단위로 보고해야 한다.
    [예문] 4000(시정 4,000 m), 0350(시정 350 m)
   ② 시정이 10 km 이상인 경우, CAVOK를 사용할 조건인 때를 제외하고는 "9999"로 보고해야 한다.
   ③ 최단시정이 1,500 m 미만이거나, 우세시정의 50% 미만이고 5,000 m 미만일 때 우세시정과 최단시정을 모두 보고해야 한다. 이때 최단시정 값에는 공항의 위치를 기준으로 한 일반적인 방향을 8방위로 표기해야 한다.
    [예문] 2000 1200NW, 6000 2800E
   ④ 최단시정이 한 방향 이상에서 관측될 때는 운항상 중요한 방향의 최단시정이 보고되어야 한다.
    [예문] 4000 1400N
   ⑤ 시정이 급격히 변동하여 우세시정을 결정할 수 없을 때는 방향 표기 없이 최단시정을 보고해야 한다.

다. 활주로가시거리(RVR; Runway Visual Range)
  (1) 활주로가시거리 측정 방법
    시정 또는 활주로가시거리가 1,500 m 미만일 때 그 기간 내내 m 단위로 측정해야 한다.
  (2) 활주로가시거리 보고 단위
    활주로가시거리는 400 m 미만인 경우 25 m 단위로, 400 m 이상 800 m 미만인 경우 50 m 단위로, 800 m 이상은 100 m 단위로 표시해야 한다. 측정값이 보고 단위와 일치하지 않을 경우 낮은 쪽으로 절삭해야 한다.
  (3) 활주로가시거리 보고
    (가) 활주로가시거리의 약어 RVR을 나타내는 "R"로 시작하고, 다음에 활주로 지시자가 붙고 "/" 다음에 m 단위의 RVR 값을 보고해야 한다.
      [예문] R32/0400 (32 방향, 활주로가시거리 400 m)
           R32L/0400 (32 방향 왼쪽편, 활주로가시거리 400 m)
    (나) 활주로가시거리가 상한치 2,000 m를 초과할 때는 "P"를 사용하여 보고해야 한다.
      [예문] R15/P2000 (15 방향, 활주로가시거리 2,000 m 초과)
    (다) 활주로가시거리가 하한치 50 m 미만일 때는 "M"을 사용하여 보고해야 한다. 단, 각 공항에서는 "M" 뒤에 시스템이 결정할 수 있는 최솟값을 사용하여 보고해야 한다.
      [예문] R15/M0050(15 방향, 활주로가시거리 50 m 미만)
           R24/M0150(24 방향, 활주로가시거리 150 m 미만)
    (라) 착륙접지대의 대푯값만 보고해야 하며, 활주로상의 위치표시는 하지 않아야 한다. 착륙접지대 활주로가시거리 값을 4개까지 보고할 수 있으며, 그 값에 대한 활주로 표시를 해야 한다.
      [예문] R16LL/0650 (16 방향 맨 왼쪽, 활주로가시거리 650 m)
           R16L/0500 (16 방향 왼쪽, 활주로가시거리 500 m)
           R16R/0450 (16 방향 오른쪽, 활주로가시거리 450 m)
           R16RR/0450 (16 방향 맨 오른쪽, 활주로가시거리 450 m)
    (마) 관측시작 직전 10분간의 활주로가시거리의 변동은 다음과 같이 보고해야 한다.
      ① 활주로가시거리가 10분 동안에 뚜렷한 경향, 즉 처음 5분간 평균보다 다음 5분간 평균이 100 m 이상 변화하는 뚜렷한 경향이 나타나면 이러한 경향을 표시해야 한다.
        활주로가시거리 값의 변동이 상승 또는 하강하는 경향을 보였을 때 이러한 사항은 각각 약자 "U" 또는 "D"를 표시해야 한다. 이러한 상황에서 10분간의 실제 변동이 현저한 경향을 나타내지 않았을 때는 약자 "N"을 사용하여 보고해야 한다. 경향 표시가 불가능할 때에는 앞의 약자 중 아무 표시도 하지 않아야 한다.
      [예문] R12/1100U, R26/0550N, R20/0800D
      ② 10분 동안에 1분 활주로가시거리 값이 평균값보다 50 m 또는 평균값의 20%를 초과하여 변화하였을 때, 1분 평균 최솟값과 1분 평균 최댓값을 10분 평균값 대신 보고해야 한다. 만약 관측시간 전 10분간 활주로가시거리 값이 현저한 불연속을 포함하고 있다면, 단지 불연속 이후에 발생한 값들을 변동 폭에 포함해야 한다.
      [예문] R32/0800V1200, R14/0350VP2000

라. 현재 기상
  (1) 기상현상의 종류
    (가) 강수(precipitation)

부 호	강수 종류
DZ	이슬비(Drizzle), 가랑비
RA	비(Rain)
SN	눈(Snow)
SG	쌀알눈(Snow grain)
IC	빙정(빙침)〔Ice Crystals(Diamond Dust)〕
PL	얼음싸라기(Ice Pellets)
GR	우박(Hail)
GS	작은 우박(Small Hail)/또는 눈싸라기(Snow Pellets)

  (나) 기타 기상현상

부 호	기타 기상현상 종류
PO	먼지/모래소용돌이〔회오리바람, 선풍(旋風)〕〔Dust/Sand whirls(Dust Devils)〕
SQ	스콜(Squalls)
FC	깔때기 구름(토네이도 또는 용오름)〔Funnel Clcud(Tornado, or Waterspout)〕
SS	모래보라(Sandstorm)
DS	먼지보라(Duststorm)

  (다) 장애(obscuration)

부 호	장애 종류	내 용
BR	박무(Mist)	지극히 미세한 물방울이나 젖은 흡습성 입자가 공기 중에 부유하는 것으로 수평시정이 1,000~5,000 m로 감소한다.
FG	안개(Fog)	매우 작은 물방울 또는 얼음 입자가 공기 중에 부유하는 것으로 수평시정이 1,000 m 미만으로 감소한다.
FU	연기(Smoke)	연소에 의해 발생되는 조그만 입자가 공기 중에 부유하는 것으로 수평시정이 5,000 m 이하로 감소한다.
VA	화산재(Volcanic Ash)	활화산에서 유래하는 크기가 상당히 다양한 대기 중의 먼지나 입자
DU	널리 퍼진 먼지(Widespread Dust)	지면에서 솟아오르는 조그만 건지 입자의 부유로 인하여 수평시정이 5,000 m 미만으로 감소한다.
SA	모래(Sand)	지면에서 솟아오르는 조그만 모래 입자의 부유로 인하여 수평시정이 5,000 m 이하로 감소한다.
HZ	연무(Haze)	눈에 보이지 않는 지극히 미세하고 건조한 입자가 공기 중에 부유하는 것으로 수평시정이 5 000 m 이하로 감소한다.

  (2) 현재 기상현상 보고
    (가) 강도 수식어(intensity qualifier)
      강도 수식어는 강수현상 SH, TS, BL, BLSN, DS, SS 및 FC 등에 사용한다.

표 2-7. 강도 수식어

부 호	평문 약어	강도 종류
−	FBL	약함(Light)
표시 없음	MOD	보통(Moderate)
+	HVY	강함(Heavy)

(나) 인접 수식어(proximity qualifier)

인접(VC; Vicinity)이란 공항 내는 아니지만 공항 기준위치로부터 약 8~16 km 이내를 뜻하며 METAR 및 SPECI에는 "DS", "SS", "FG", "FC", "SH", "PO", "BLDU", "BLSA", "BLSN", "TS" 및 "VA" 보고에 사용해야 한다.

(다) 상태 수식어(descriptor qualifier)

기상현상을 나타내는 상태 수식어는 다음과 같다.

부호	상태 종류	부호	상태 종류
MI	얕은(Shallow)	BL	높게 날린(Blowing)
BC	흩어진(Patches)	SH	소낙성의(Shower(s))
PR	부분적인(Partial) (공항의 일부를 덮고 있을 때)	TS	뇌전의(Thunderstorms)
DR	낮게 날린(Low Drifting)	FZ	어는(과냉각)(Freezing)

① 눈의 상태

표 2-8. 눈의 상태

부호	상태 종류	내 용
BLSN	높은 눈보라(Blowing Snow)	지표면에 쌓인 눈이 바람에 의해 날려 올라가 눈높이에서의 시정을 감소시키는 현상으로 입자가 높이 올라가면 하늘 전체가 차폐되기도 한다.
DRSN	땅 눈보라(Drifting Snow)	지표면에 쌓인 눈이 바람에 의해 낮은 고도까지 날려 올라가 눈높이 또는 그 이상의 고도에서 시정을 감소시키지 않는 상태를 말한다.

② 안개의 상태

표 2-9. 안개의 상태

부호	상태 종류
MIFG	지상 2 m 높이에서의 시정은 1,000 m 이상이지만, 지면으로부터 2 m까지의 안개층을 통해서 볼 수 있는 시정이 1,000 m 미만일 때
VCFG	관측장소에는 없으나 공항 인근지역의 안개를 관측했을 때
BCFG	산재한 안개 덩어리를 보고할 때
PRFG	안개가 공항의 일부지역에 끼어있음을 보고할 때

마. 구름(Cloud)

(1) 운량 보고

표 2-10. 운량 부호

부호	상태 종류	운 량	
		[ICAO]	[FAA]
FEW	Few	1/8~2/8	1~2 oktas
SCT	Scattered	3/8~4/8	3~4 oktas
BKN	Broken	5/8~7/8	5~7 oktas
OVC	Overcast	8/8	8 oktas

(2) 운저 보고

(가) 운저 보고 단위

운저고도는 10,000 ft(3,000 m)까지는 100 ft(30 m) AGL(above ground level) 단위로 보고해야 한다.

(나) 운저 보고 형식
① 관측지점에서 강수 또는 시정장애 현상으로 하늘이 차폐되어 구름을 관측할 수 없을 때는 수직방향으로 특정 목표물을 확인할 수 있는 거리, 즉 수직시정을 관측하여 100 ft 단위로 보고해야 한다.
② 산악지대에서 구름이 관측지점의 고도보다 낮을 경우 구름은 "$N_SN_SN_S$///"로 보고해야 한다.
[예문] SCT///, FEW///CB
③ 운고계가 없는 공항에 한하여 수직시정 관측이 불가능할 때는 "VV///"로 보고해야 한다.

(3) 실링(Ceiling; CIG)
실링이란 운저의 높이를 나타내는 요소로서, 관측소로부터 "broken", "overcast" 또는 "차폐(obscuration)"로 보고되는 가장 낮은 구름층이나 차폐현상까지의 다음과 같은 운저높이를 말한다.
(가) 구름이 한 층일 때는 구름의 높이
(나) 구름이 두 층 이상일 때는 운층마다의 운량을 낮은 곳에서부터 순차로 합해서 운량이 5/8 이상이 될 때의 구름 높이. 예를 들어 METAR에서 하늘 상태가 "SCT030 BKN060 OVC090"로 보고되었다면 ceiling은 6,000 ft 이다.
(다) 안개나 연무 때문에 상공이 보이지 않을 때, 또는 강수로 인해 운저가 보이지 않을 때는 수직시정을 실링으로 한다.

(4) CAVOK, SKC, NSC 정의
(가) CAVOK(Ceiling And Visibility OK)
다음과 같은 상태가 동시에 관측되었을 경우 모든 기상관측보고에는 시정, 활주로가시거리, 현재일기, 구름정보 대신 "CAVOK" 용어를 사용한다.
① 시정 10 km 이상
② 운항상 중요한 구름이 없을 때
※ 운항상 중요한 구름: 운저고도가 1,500 m(5,000 ft) 미만 또는 최저구역고도(MSA; Minimum Sector Altitude) 중 높은 쪽 아래의 구름, 운저고도에 관계없이 적란운 또는 탑상적운
③ 강수, 대기물·먼지현상, 뇌전 등의 중요한 일기현상이 없을 때
(나) SKC(SKy Clear)
구름이 없고 수직시정에 아무런 제한이 없으나 "CAVOK" 용어의 사용이 부적절 할 경우에 사용해야 한다.
(다) NSC(Nil Significant Cloud)
5,000 ft(1,500 m) 미만 또는 가장 높은 최저구역고도 중 높은 쪽 아래에 구름이 없고, 운저고도에 관계없이 적란운, 탑상적운이 없으며 수직시정에 제한이 없으나, "CAVOK" 및 "SKC" 약어 사용이 적절치 않을 때 사용해야 한다.

(5) 운형 보고
적란운(CB) 또는 탑상적운(TCU)이 관측될 때는 반드시 보고해야 한다.

바. 기온 및 이슬점온도
기온과 이슬점온도 사이에 "/"를 넣어 구분한다. 온도가 영하인 경우에는 "M"을 온도값 앞에 붙여서 보고해야 한다.
[예문] 17/10, 02/M08, M01/M10

사. 기압

METAR/SPECI 보고에서 기압은 QNH 값을 포함하여 보고해야 한다. QNH는 4자리 정수의 hPa로 보고하며, "Q"를 4자리 정수값 앞에 붙여서 보고해야 한다.

[예문] 1012 → Q1012

3. 경향예보(Trend forecast)

가. 경향예보의 정보

정시 또는 특별관측보고(METER, SPECI)의 마지막에 덧붙이는 경향형 예보는 공항의 기상상태에 대해 예상되는 중대한 변화를 간략히 서술하는 것으로, 일어날 것으로 예상되는 실제 기상상태의 변화를 보고한다.

지상바람, 시정, 현재일기 및 구름 중 하나 또는 그 이상의 관측요소에 대한 중대한 변화를 표시한다.
(1) 구름의 중대한 변화의 경우: 변화가 예상되지 않는 운층 또는 운량을 포함하는 모든 구름군을 표시
(2) 시정의 중대한 변화의 경우: 시정감소를 야기하는 일기현상 표시

나. 경향예보의 유효시간

경향예보의 유효시간은 보고 후 2시간이며, 예보는 보고의 일부분이다.

다. 변화지시군(change indicator groups)
(1) BECMG(Becoming)

기간 내 불특정 시간에 규칙적이나 불규칙적인 비율로 점진적인 변동이 예상되는 기상상태의 변화를 기술할 때 사용한다. 변화가 예측되는 기간이나 시간은 약어 FM(from), TL(until), AT(at)을 적절하게 사용하여 표시해야 하며, 시간과 분으로 표시된 시간군(time group)을 함께 사용해야 한다.

(가) 변화가 경향형 예보기간 내에 시작되어 종료될 것을 예상될 때 변화의 시작과 종료는 관련 시간군과 함께 FM과 TL을 각각 사용하여 표시한다.

```
                     변화 예상 시작과 종료
         BECMG      FM              TL
    경향예보 시작시간                     경향예보 종료시간
                      경 향 예 보 기 간
```

(나) 변화가 경향형 예보의 시작시간과 함께 시작되어 유효시간 이전에 종료될 것으로 예상되면 TL과 관련 시간군을 사용하여 표시한다.

```
      변화 예상 시작과 종료
     BECMG        TL
    경향예보 시작시간                     경향예보 종료시간
                경 향 예 보 기 간
```

(다) 변화가 유효시간에 시작되어 종료시간과 함께 종료될 것으로 예상되면 FM과 관련 시간군을 사용하여 표시한다.

```
                              변화 예상 시작과 종료
              BECMG     FM
     경향예보 시작시간                     경향예보 종료시간
                  경 향 예 보 기 간
```

(라) 변화가 경향형 예보의 특정 시간에 발생할 것으로 예상될 때 약어 AT과 관련 시간군을 사용하여 표시한다.

```
                    변화가 예상되는 특정 시각
                    BECMG    AT
  ┌─────────────────────────↑──────────────────────────┐
  │ 경향예보 시작시간                        경향예보 종료시간 │
  └────────────────────────────────────────────────────┘
                    경 향 예 보 기 간
```

(마) 변화의 시작시간과 종료시간을 예측할 수 없을 때는 약어 FM, TL 또는 AT와 관련 시간군을 생략하고 BECMG만 단독으로 사용하여 표시한다.

```
                    변화 예상 시작과 종료
              FM, TL, AT 및 관련 시간군 사용하지 않음
  ┌────────────────────────────────────────────────────┐
  │ 경향예보 시작시간                        경향예보 종료시간 │
  └────────────────────────────────────────────────────┘
                    경 향 예 보 기 간
```

(2) TEMPO(Temporary)

기간 내 불특정 시간에 일시적인 변동이 예상되는 기상상태의 변화를 기술할 때 사용한다. 이때 일시적인 변동은 지속시간이 1시간 미만이며, 일시적인 변동의 총 시간은 예보기간의 1/2 미만이어야 한다.

(가) 변화가 예상되는 일시적 기간을 약어 FM, TL과 관련 시간군을 사용하여 표시한다.
(나) 일시적 변동이 경향형 예보의 시작시간과 함께 시작되어 유효시간 이전에 종료될 것으로 예상되면 TL과 관련 시간군을 사용하여 표시한다.
(다) 일시적 변동이 유효시간에 시작되어 종료시간과 함께 종료될 것으로 예상되면 FM과 관련 시간군을 사용하여 표시한다.
(라) 일시적 변동이 유효시간의 시작시각에 시작되어 종료시각에 완료될 것으로 예상될 때는 TEMPO만 단독으로 사용하여 표시한다.

(3) NOSIG(No significant change)

경향형 예보기간(2시간) 동안에 지상풍, 시정, 일기, 구름 등의 일기요소에 어떤 중대한 변화도 발생하지 않을 것으로 예상될 경우 변화지시자는 생략하고 약어 NOSIG를 사용한다. NOSIG는 착륙 경향예보에 사용된다.

제2절 항공기상 보고(Weather Report)

1. 조종사 기상보고(PIREP; Pilot weather report)

가. 조종사 기상보고(PIREP) 개요

비행중인 항공기 조종사의 기상현상의 보고를 조종사 기상보고(PIREP)라고 한다. 조종사 기상보고(PIREP)는 강한 전선활동, 돌풍, 뇌우, 약에서 강 정도까지의 착빙, 중 또는 강 정도의 윈드시어 및 난기류(청천난류 포함), 화산폭발 및 화산재에 의한 구름 또는 비행안전과 관련된 기상요소 등을 포함한다.

나. 조종사 기상보고(PIREP) 형식

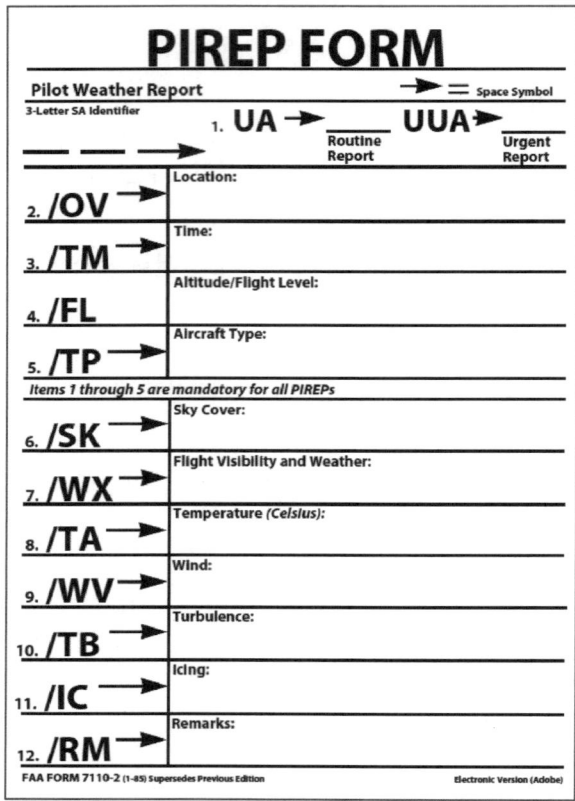

그림 2-6. PIREP Form [FAA]

다. 윈드시어(Wind shear) PIREP

풍향과 풍속의 예기치 못한 변화는 공항에 접근하거나 출발 시 저고도에서 운항하는 항공기에 위험할 수 있기 때문에, 조우한 윈드시어 상태를 자발적으로 즉시 관제사에게 보고할 것을 조종사에게 권고하고 있다. 이러한 정보를 사전에 경고하는 것은 다른 조종사가 접근이나 출발 시에 윈드시어를 회피하거나 대처하는 것을 돕기 위한 것이다.

상태를 나타낼 때 용어 "negative" 또는 "positive wind whear"어의 사용은 피해야 한다. 대기속도와 양력의 감소를 나타내려고 한 "negative wind shear on final"이 윈드시어와 조우하지 않았다는 의미로 해석될 수 있기 때문이다. 추천하는 윈드시어 보고방법은 대기속도의 증가(gain) 또는 감소(loss), 그리고 조우한 고도를 언급하는 것이다.

2. 레이더 기상보고(SD; Radar Weather Report)

가. 기상 레이더(Weather radar)

기상 레이더는 전파를 발사해서 목표물에서 되돌아오는 반사전파를 수신하여 그 목표물의 방향과 거리, 그리고 반사전파의 강도를 측정한다. 기상 레이더는 항공기에 탑재하는 것과 지상에 설치하는 것이 있으며 전자를 탑재 레이더(airborne radar), 후자를 기지 레이더라고 한다. 탑재 레이더의 파장은 3 cm인 것이 많고, 기지 레이더는 5 cm와 10 cm인 것이 많이 사용되고 있다. 기상 레이더는 목표물의 위치를 아는 것만으로는 불충분하고, 높은 정도의 반사강도로 측정할 수 있어야 한다.

기상 레이더에서 발사한 전파는 짙은 구름, 강수 입자 등에 부딪히면 산란되거나 반사되어 그 전파의 일부분이 안테나로 되돌아온다. 이 반사파를 에코(echo)라 하며, 수신된 반사파는 증폭되어 지시기에 영상으로 표시된다. 레이더 반사파의 강도가 증가하면 일반적으로 기상요소의 강도는 증가한다. 기온이나 습도가 불연속이면 그 곳의 전파 굴절률은 커져 산란이 일어나고 강수가 없어도 에코로 나타날 수 있다. 이와 같이 강수가 없어도 나타나는 에코를 엔젤 에코(angel echo)라고 한다.

나. 레이더 기상보고

(1) 레이더 기상보고 개요

기상 레이더가 탐지한 강수 현상의 자동보고를 레이더 기상보고라고 한다. 레이더 기상보고에는 강수 지역, 강수의 형태, 강수의 강도와 추세, 강수 지역의 이동 방향과 속도 및 강수의 최대 높이 등이 포함된다.

(2) 레이더 기상보고 형식

레이더 기상보고 중 운량, 강수 형태 및 강수 강도의 형식은 다음과 같다.

(가) 운량(coverage)

운량은 10분위(tenths)의 한 자리 숫자로 나타낸다. 예를 들어 레이더 기상보고 전문에서 "2TRW"의 운량은 2/10가 된다.

(나) 강수 형태(precipitation type) 및 강수 강도(precipitation intensity) 부호

표 2-11. 강수 형태 및 강수 강도

형태 부호	강수 형태	강도 부호	강수 강도
R	비(Rain)	−	약함(Light)
RW	소나기(Rain Shower)	(부호 없음)	보통(Moderate)
S	눈(Snow)	+	강함(Heavy)
SW	소낙성 눈(Snow Shower)	++	강함(Heavy)
T	뇌우(Thunderstorm)	X	매우 강함(Extreme)
		XX	매우 강함(Extreme)

제3절 항공기상 정보

1. 공항자동정보방송업무(ATIS; Automatic Terminal Information Service)

가. 목적

공항자동정보방송업무는 비행중인 항공기에 녹음된 비관제정보(noncontrol information)를 계속해서 방송하는 것이다. 이의 목적은 필수적이지만 일상적인 정보를 반복적으로 자동 송신함으로써 관제사의 업무효율을 증가시키고, 주파수의 혼잡을 줄이기 위한 것이다.

나. 포함되는 기상정보

ATIS 정보에는 최신 기상전문의 시간, 운고(ceiling), 시정, 시정장애, 기온, 이슬점, 풍향(자방위)과 풍속, 고도계수정치, 그리고 그 밖의 관련사항이 포함된다.
(1) 공항의 정시 및 특별관측보고
(2) 사용 가능한 착륙예보
(3) 접근지역의 주요기상에 대한 모든 사용 가능한 정보. 단, 운고(ceiling)가 5,000 ft를 초과하고, 시정이 5 mile을 초과하면 ATIS 방송에서 운고/하늘상태, 시정 및 시정장애를 생략할 수 있다.
(4) 그 밖의 관련 사항(해당할 경우)
   활주로 상태(사용 활주로, 유도로 폐쇄 등), 공항 시설의 문제 또는 이용 시 유의할 사항(VOR 이나 ILS의 고장, 공항 주변의 조류 등)

다. 방송 방법

ATIS 방송은 가능한 별도의 VHF 주파수를 사용하여 계속적으로 반복하여 방송되어야 한다. ILS 음성채널로 방송되어서는 안되며, ATIS 메시지는 송신속도 또는 ATIS 송신에 사용되는 항행안전시설의 식별신호에 의해 저해되지 않도록 가능한 30초를 초과하지 않아야 한다.

2. 자동기상관측 시스템(AWOS; Automated Weather Observing System)

자동기상관측 시스템은 일반적으로 다음과 같은 9개의 등급(level)으로 분류된다.

가. AWOS-A: 고도계수정치(altimeter setting) 만을 보고한다.
나. AWOS-AV: 고도 및 시정을 보고한다.
다. AWOS-1: 보통 고도계수정치, 바람자료, 기온, 이슬점 및 밀도고도를 제공한다.
라. AWOS-2: AWOS-1에서 제공하는 정보에 추가하여 시정자료를 제공한다.
마. AWOS-3: AWOS-2에서 제공하는 정보에 추가하여 구름/운고(ceiling) 자료를 제공한다.
바. AWOS-3P: AWOS-3 시스템과 동일한 보고에 추가하여 강수식별감지기(precipitation identification sensor)를 제공한다.
사. AWOS-3PT: AWOS-3P 시스템과 동일한 보고에 추가하여 뇌우/번개 보고기능을 제공한다.
아. AWOS-3T: AWOS-3 시스템과 동일한 보고에 추가하여 뇌우/번개 보고기능을 제공한다.
자. AWOS-4: AWOS-3 시스템과 동일한 보고에 추가하여 강수 발생, 형태 및 강수량, 어는 비, 뇌우 그리고 활주로표면감지기(runway surface sensor)를 제공한다.

출제예상문제

Ⅰ. 항공기상 관측

【문제】 1. 용어 METAR의 의미는?
　　　① 공항예보　　　② 항공지역예보　　　③ 항공특별기상보고　　　④ 항공정기기상보고

【문제】 2. 다음 중 특별관측보고를 하여야 할 경우가 아닌 것은?
　　　① 특이기상이 시작될 때　　　② 특이기상이 지속될 때
　　　③ 특이기상이 종료될 때　　　④ 특이기상의 변화가 있을 때

〈해설〉 항공기상 관측의 종류는 다음과 같다.
　　1. 정시관측보고(METAR)
　　2. 특별관측보고(SPECI) : 정시관측 사이에 특정 기준값 이상의 변화가 있을 때, 해당 기상현상 또는 그 복합현상이 시작, 종료 또는 강도의 변화가 발생할 때 실시

【문제】 3. 관제탑에서 제공하는 바람 정보는 활주로 상공 몇 m에서 측정하는가?
　　　① 5 m　　　② 7 m　　　③ 10 m　　　④ 12 m

【문제】 4. 풍향과 풍속은 지상 몇 미터 높이에서 측정한 값을 표준으로 활용하는가?
　　　① 7 m　　　② 10 m　　　③ 12 m　　　④ 15 m

【문제】 5. Tower에서 불러주는 바람의 측정 높이는?
　　　① 3~5 m　　　② 4~6 m　　　③ 5~8 m　　　④ 6~10 m

【문제】 6. 항공기가 활주로에서 이륙 전 tower에서 불러주는 풍향과 풍속은 몇 분 동안의 평균값인가?
　　　① 2분　　　② 5분　　　③ 10분　　　④ 15분

【문제】 7. 활주로에 있는 이착륙을 위한 항공기에게 관제사가 불러주는 바람 상태는?
　　　① 진북 기준, 2분간의 평균값　　　② 자북 기준, 2분간의 평균값
　　　③ 진북 기준, 10분간의 평균값　　　④ 자북 기준, 10분간의 평균값

〈해설〉 지상풍(surface wind)의 측정 및 보고 방법은 다음과 같다.
　　1. 지상풍 관측
　　　　활주로 위 10±1 m(30±3 ft) 높이의 상태를 대표하는 것이어야 한다.
　　2. 풍향·풍속 보고의 평균 기간
　　　가. 정시 및 특별관측보고(METAR/SPECI) : 진북 기준의 10분간 평균값을 사용해야 한다.
　　　나. 국지정시 및 국지특별관측보고(MET REPORT/SPECIAL) : 국지정시 및 국지특별관측보고와 항공교통업무기관에 제공되는 지상풍은 진북 기준의 2분간 평균값을 사용해야 한다.
　　3. 이착륙하는 항공기를 위해 관제탑에 의해 발부되는 풍향은 자북 기준 방위이다.

[정답]　1. ④　2. ②　3. ③　4. ②　5. ④　6. ①　7. ②

【문제】 8. 바람이 277도 방향에서 불어올 때, 풍향의 표기 방법은?
① 270 ② 275 ③ 277 ④ 280

【문제】 9. 기상 보고 시 "calm"의 기준은?
① 0 kt 미만 ② 1 kt 미만 ③ 2 kt 미만 ④ 4 kt 미만

【문제】 10. Wind calm의 정의로 맞는 것은? (ICAO 기준)
① 풍속이 0 km/h 미만일 때   ② 풍속이 2 km/h 미만일 때
③ 풍속이 3 km/h 미만일 때   ④ 풍속이 5 km/h 미만일 때

【문제】 11. 다음 중 풍향과 풍속 보고의 예문으로 틀린 것은?
① 2405G15KT   ② 24005G15KT
③ 240P99KT   ④ VRB02KT

【문제】 12. 10분간 평균풍속보다 바람의 변화가 얼마 이상일 때, 순간 최대풍속을 측정하는가?
① 10 kt ② 20 kt ③ 25 kt ④ 30 kt

【문제】 13. 민간항공에서 평균풍속과 최대풍속이 얼마 이상 차이가 나는 바람을 돌풍(gust)이라 하는가?
① 3 kt ② 6 kt ③ 10 kt ④ 12 kt

【문제】 14. Gust의 표기가 올바른 것은?
① 14005G10KT   ② 14015G20KT
③ 14005G15KT   ④ 14020G25KT

【문제】 15. 기상 보고 시 지상풍의 표시 방법으로 맞는 것은?
① 풍향은 진북 기준 10분 단위로 반올림한 3자리 숫자로 표시한다.
② 100 kt 이상의 풍속은 M으로 표시한다.
③ 10분 이내 최대 순간풍속이 평균풍속보다 10 kt 이상 변화하고 있으면 G로 표시한다.
④ 무풍 시 "00000KT"로 표시한다.

【문제】 16. 기상 보고 시 바람의 표시 방법으로 틀린 것은?
① 10분 동안에 풍향의 변동이 60° 이상 180° 미만이고, 평균풍속이 3 kt 미만일 경우 VRB로 표시한다.
② 10분 동안에 최대 순간풍속이 평균풍속보다 10 kt 이상 차이가 있으면 G를 붙인다.
③ 풍속이 calm인 경우에는 00000에 KT를 붙인다.
④ 풍속이 100 kt를 넘을 경우 M을 붙인다.

정답 8. ④ 9. ② 10. ② 11. ① 12. ① 13. ③ 14. ③ 15. ③ 16. ④

〈해설〉 풍향 및 풍속의 보고방법은 다음과 같다.
1. 풍향·풍속 표기
   가. 풍향은 진북 기준 10° 단위로 반올림한 3자리 숫자로 표기해야 하며, 바로 뒤에 풍속을 2자리 숫자로 표기해야 한다. 풍속의 단위는 knot 또는 시간당 km로 한다.
   나. 풍속이 1 kt(2 km/h) 미만일 때 즉, 정온(calm)인 경우에는 "00000"으로 표기해야 한다.
      〔예〕 00000KT
   다. 100 kt(200 km/h) 이상인 풍속을 통보할 때는 지시자 "P"를 사용하여 풍속을 "99"로 보고
      〔예〕 140P99KT
2. 풍향·풍속 변동
   가. 관측하기 바로 전 10분 동안에 최대 순간풍속이 평균풍속보다 10 kt 이상 변화하고 있으면 이 돌풍(gust)은 평균풍속 바로 뒤에 G라는 문자와 돌풍(gust) 풍속을 포함하여 보고
      〔예〕 31015G27KT
   나. 관측하기 바로 전 10분 동안에 풍향이 60° 이상 180° 미만 변화하고, 평균풍속이 3 kt 이상일 때 양극단의 풍향을 양 방향 사이에 "V"자를 넣어서 시계방향 순서로 표기
      〔예〕 02010KT 350V070
   다. 관측하기 바로 전 10분 동안에 풍향의 변동이 60° 이상 180° 미만이고, 평균풍속이 3 kt 미만일 경우 "VRB"를 사용하여 보고

【문제】 17. METAR에서 시정의 측정과 보고방법으로 틀린 것은?
① 시정은 우세시정을 기준으로 관측해야 하며 m 또는 km 단위로 보고해야 한다.
② 시정은 활주로 위 약 2.5 m 높이에서 측정해야 한다.
③ 시정이 800 m 이상 5,000 m 미만인 경우 100 m 단위로 보고한다.
④ 시정은 2분간 평균값을 사용하여 보고한다.

【문제】 18. METAR에서 시정이 10 km 이상인 경우 어떻게 표시하는가?
① 9000   ② 9900   ③ 9990   ④ 9999

【문제】 19. METAR에서 시정의 보고방법으로 틀린 것은?
① 우세시정을 4자리의 숫자를 사용하여 m 단위로 보고한다.
② 시정이 800 m 미만인 경우 10 m 단위로 보고한다.
③ 시정이 800 m 이상 5,000 m 미만인 경우 100 m 단위로 보고한다.
④ 시정이 10 km 이상인 경우, CAVOK을 사용할 조건일 때를 제외하고는 "9999"로 보고한다.

【문제】 20. 시정의 측정단위로 사용되지 않는 것은?
① Statute mile   ② Nautical mile
③ Feet   ④ Kilometer

〈해설〉 시정(visibility)의 측정 및 보고방법은 다음과 같다.
1. 시정관측용 측기 설치 : 시정은 활주로 위 약 2.5 m 높이에서 측정
2. 시정 보고의 평균 기간
   가. 정시 및 특별관측보고(METAR/SPECI) : 10분간 평균값을 사용
   나. 국지정시 및 국지특별관측보고(MET REPORT/SPECIAL) : 1분간 평균값을 사용

정답   17. ④   18. ④   19. ②   20. ②

3. 시정 보고의 방법
　가. 시정 보고 단위 : 시정이 800 m 미만인 경우 50 m 단위로, 800 m 이상 5 km 미만인 경우 100 m 단위로, 5 km 이상 10 km 미만인 경우 1 km 단위로 표시
　나. 시정 보고 형식
　　(1) 우세시정을 4자리의 숫자를 사용하여 m 또는 km 단위로 보고
　　　〔ICAO〕시정의 거리는 SM 단위로, 그 밖의 모든 거리는 NM 단위로 표시
　　(2) 시정이 10 km 이상인 경우, CAVOK를 사용할 조건인 때를 제외하고는 "9999"로 보고

【문제】21. 약어 "RVR"의 의미는?
　① Runway Visual Reading　　② Runway Visibility Reading
　③ Runway Visual Range　　　④ Runway Visibility Range

【문제】22. METAR에서 활주로가시거리가 "R14/P2000"으로 보고되었다면 이 의미는?
　① 14 방향 활주로가시거리 2,000 m
　② 14 방향 오른쪽 활주로가시거리 2,000 m
　③ 14 방향 활주로가시거리 2,000 m 초과
　④ 14 방향 활주로가시거리 2,000 m 미만

【문제】23. 활주로가시거리(RVR) 보고방법에 대한 설명 중 틀린 것은?
　① 시정 또는 활주로가시거리가 1,500 m 미만일 때 그 기간 내내 m 단위로 보고한다.
　② 활주로가시거리가 400 m 미만인 경우 25 m 단위로, 400 m 이상 800 m 미만인 경우 50 m 단위로, 800 m 이상은 100 m 단위로 보고한다.
　③ 관측 바로 전 10분 동안에 전반 5분간 RVR 평균보다 후반 5분간 RVR 평균이 200 m 이상 차이가 있는 경우에 변화경향을 보고한다.
　④ 관측 바로 전 10분 동안에 1분간 평균최소 RVR과 평균최대 RVR의 차가 평균 RVR보다 50 m 또는 20% 이상 차이가 있을 경우에는 10분간 RVR 평균 대신 1분간 평균최소와 1분간 평균최대 RVR을 보고한다.

【문제】24. 관제사가 Mid RVR과 Roll-out RVR 모두를 발부해야 하는 경우는?
　① Mid 또는 Roll-out RVR 값이 2,000피트 미만이고, Touchdown RVR 값이 Mid 또는 Roll-out RVR 값보다 클 때
　② Mid 또는 Roll-out RVR 값이 2,000피트 미만이고, Touchdown RVR 값이 Mid 또는 Roll-out RVR 값보다 작을 때
　③ Mid 또는 Roll-out RVR 값이 4,000피트 미만이고, Touchdown RVR 값이 Mid 또는 Roll-out RVR 값보다 클 때
　④ Mid 또는 Roll-out RVR 값이 4,000피트 미만이고, Touchdown RVR 값이 Mid 또는 Roll-out RVR 값보다 작을 때

　〈해설〉활주로가시거리(RVR; Runway Visual Range)의 측정 방법 및 보고 단위는 다음과 같다.
　　1. 활주로가시거리 측정 방법 : 시정 또는 활주로가시거리가 1,500 m 미만일 때 그 기간 내내 m 단위로 측정해야 한다.
　　2. 활주로가시거리 보고 단위 : 활주로가시거리는 400 m 미만인 경우 25 m 단위로, 400 m 이상 800 m 미만인 경우 50 m 단위로, 800 m 이상은 100 m 단위로 표시해야 한다.

정답　21. ③　22. ③　23. ③　24. ①

3. 활주로가시거리 보고
 가. 활주로가시거리의 약어 RVR을 나타내는 "R"로 시작하고 다음에 활주로 지시자가 붙고, "/" 다음에 m 단위의 RVR 값을 보고해야 한다.
 나. 활주로가시거리가 상한치 2,000 m를 초과할 때는 "P"를 사용하여 보고해야 한다.
 다. 관측시작 직전 10분간의 활주로가시거리의 변동은 다음과 같이 보고해야 한다.
  (1) 활주로가시거리가 10분 동안에 뚜렷한 경향, 즉 처음 5분간 평균보다 다음 5분간 평균이 100 m 이상 변화하는 뚜렷한 경향이 나타나면 이러한 경향을 표시하여야 한다.
  (2) 10분 동안에 1분 활주로가시거리 값이 평균값보다 50 m 또는 평균값의 20%를 초과하여 변화하였을 때, 1분 평균 최솟값과 1분 평균 최댓값을 10분 평균값 대신 보고해야 한다.
4. 활주로가시거리 발부
 관제사는 활주로의 mid-point 또는 roll-out RVR 값이 2,000 ft 미만이고, touchdown RVR 값이 mid-point 또는 roll-out RVR 값보다 클 때 mid 및 roll-out RVR 모두를 발부하여야 한다.

【문제】25. 약어 "PO"로 나타내는 기상현상은?
 ① Fog
 ② Funnel cloud
 ③ Small hail or Snow pellets
 ④ Dust/Sand whirls

【문제】26. 부호 "PL"이 의미하는 기상현상은?
 ① 쌀알눈   ② 얼음싸라기   ③ 눈싸라기   ④ 빙정

【문제】27. METAR에서 부호 "GR"이 의미하는 기상현상은?
 ① 빙정   ② 가랑비   ③ 우박   ④ 쌀알눈

【문제】28. TAF에서 부호 "PO"가 의미하는 기상현상은?
 ① Fog
 ② Dust Devils
 ③ Funnel Cloud, Tornado, or Waterspout
 ④ Small Hail and/or Snow Pallets

【문제】29. 먼지/모래선풍의 기상현상을 나타내는 부호는?
 ① FC   ② VA   ③ PO   ④ PE

〈해설〉 강수 및 기타 기상현상을 나타내는 부호는 다음과 같다.

구분	부호	기상현상	구분	부호	기상현상
강수	DZ	이슬비(Drizzle), 가랑비	기타	SQ	스콜(Squalls)
	RA	비(Rain)		FC	깔때기구름(Funnel Cloud)
	SN	눈(Snow)		SS	모래보라(Sandstorm)
	SG	쌀알눈(Snow grain)		DS	먼지보라(Duststorm)
	IC	빙정(빙침) (Ice Crystals)		PO	먼지/모래선풍〔Dust/Sand whirls(Dust Devils)〕
	PL	얼음싸라기(Ice Pellets)			
	GR	우박(Hail)			
	GS	작은 우박(Small Hail)			

[정답] 25. ④   26. ②   27. ③   28. ②   29. ③

【문제】 30. 눈에 보이지 않는 지극히 미세하고 건조한 입자가 공기 중에 부유하는 것으로, 수평시정을 5,000 m 이하로 감소시키는 기상현상은?
　① Haze　　② Dust　　③ Smoke　　④ Sand

【문제】 31. 연기(smoke)를 나타내는 약자는?
　① SM　　② SA　　③ SG　　④ FU

【문제】 32. 다음 중 시정이 가장 좋지 않을 때 사용하는 것은?
　① Fog　　② Haze　　③ Mist　　④ Microburst

【문제】 33. 시정 장애현상의 구분으로 틀린 것은?
　① FG - 시정 1 km 미만
　② BR - 시정 1 km 이상, 5 km 이하
　③ HZ - 시정 5 km 이상
　④ FU - 시정 5 km 이하

【문제】 34. 수평시정이 얼마 미만일 때 기상부호 FG로 나타내는가?
　① 1,000 m　　② 750 m　　③ 500 m　　④ 100 m

【문제】 35. 활주로의 비행시정이 1 km 미만일 때 기상상태는?
　① Haze　　② Fog　　③ Mist　　④ Smoke

【문제】 36. 아주 작은 물방울이나 습한 흡습성 입자가 대기 중에 부유하여 수평시정을 1 km 이상 5 km 이하로 감소시키는 현상은?
　① FG　　② FU　　③ HZ　　④ BR

【문제】 37. METAR 전문에서 부호 "BR"이 의미하는 기상현상은?
　① Fog　　② Haze　　③ Mist　　④ Smoke

【문제】 38. 다음 중 기상현상을 나타내는 부호가 틀린 것은?
　① FG: 안개
　② SM: 연기
　③ HZ: 연무
　④ DZ: 가랑비

【문제】 39. 다음 중 기상부호가 틀리게 연결된 것은?
　① RA: Rain
　② SN: Snow
　③ PY: Pay
　④ FU: Smoke

【문제】 40. 강수를 제외한 수평적 차폐현상을 나타내는 부호로 맞는 것은?
　① BR, FG, HZ, FU
　② BR, FG, DZ, FU
　③ BR, FG, HZ, DZ
　④ BR, DZ, PO, FU

정답　30. ①　31. ④　32. ①　33. ③　34. ①　35. ②　36. ④　37. ③　38. ②　39. ③

⟨해설⟩ 장애에 대한 기상현상을 나타내는 부호는 다음과 같다.

부호	장애 종류	내 용	수평시정
BR	박무(Mist)	지극히 미세한 물방울이나 젖은 흡습성 입자가 공기 중에 부유하는 것	1,000~5,000 m
FG	안개(Fog)	매우 작은 물방울 또는 얼음 입자가 공기 중에 부유하는 것	1,000 m 미만
FU	연기(Smoke)	연소에 의해 발생되는 조그만 입자가 공기 중에 부유하는 것	5,000 m 이하
DU	널리 퍼진 먼지 (Widespread Dust)	지면에서 솟아오르는 조그만 먼지 입자의 부유하는 것	5,000 m 미만
SA	모래(Sand)	지면에서 솟아오르는 조그만 모래 입자의 부유하는 것	5,000 m 이하
HZ	연무(Haze)	눈에 보이지 않는 지극히 미세하고 건조한 입자가 공기 중에 부유하는 것	5,000 m 이하
PY	물보라(Spray)	물결이 바위 등에 부딪혀 흩어지는 매우 작은 물방울이 공기 중에 부유하는 것	-

【문제】41. 보통 강도의 비가 오는 상태를 나타내는 부호는?
　① +RA　　② 0RA　　③ RA　　④ -RA

【문제】42. 부호 "-RASH"가 의미하는 기상현상은?
　① Light shower rain　　② Moderate shower rain
　③ Severe shower rain　　④ Heavy shower rain

【문제】43. 기상현상을 나타내는 수식어 VC의 공항 기준위치로부터의 반경은?
　① 5 km 미만　② 5 km~10 km　③ 8 km~16 km　④ 16 km 이상

【문제】44. 인접 수식어 VC와 같이 사용할 수 있는 기상 코드(code)는?
　① SN　　② TS　　③ GR　　④ HZ

⟨해설⟩ 현재 기상현상을 보고할 때 사용하는 강도 수식어와 인접 수식어는 다음과 같다.
　1. 강도 수식어

부 호	강도 종류	예
-	약함(Light)	-RA (약한 강도의 비)
표시 없음	보통(Moderate)	RA (보통 강도의 비)
+	강함(Heavy)	+RA (강한 강도의 비)

　2. 인접 수식어
　　인접(VC; Vicinity)이란 공항 내는 아니지만 공항 기준위치로부터 약 8~16 km 이내를 뜻하며 METAR 및 SPECI에는 "DS", "SS", "FG", "FC", "SH", "PO", "BLDU", "BLSA", "BLSN", "TS" 및 "VA" 보고에 사용해야 한다.

【문제】45. Drifting snow와 blowing snow 기상현상에 대한 설명 중 맞는 것은?
　① Blowing snow는 지표면에 쌓인 눈이 바람에 의해 날려 2 m 미만의 고도에서 시정을 감소시키는 현상이다.
　② Drifting snow는 지표면에 쌓인 눈이 바람에 의해 날려 모든 방향에 일정하게 시정을 5/8 mile 미만으로 감소시키는 현상이다.

[정답]　40. ①　41. ③　42. ①　43. ③　44. ②

③ Drifting snow는 blowing snow보다 시정을 더 떨어뜨린다.
④ Blowing snow는 지표면에 쌓인 눈이 바람에 의해 날려 눈높이에서의 시정을 감소시키는 현상으로, 하늘을 덮고 태양을 가려서 시정이 "0"이 되기도 한다.

【문제】46. 기상부호 MIFG를 사용하여 안개를 보고할 수 있는 경우는?
① 안개가 공항의 일부지역에 끼어있을 때
② 산재한 안개 덩어리를 보고할 때
③ 지상 2 m 이상 높이에서의 시정은 1,000 m 이상이지만 안개층을 통해서 볼 수 있는 시정이 1,000 m 미만일 때
④ 관측장소에는 없으나 공항 인근지역의 안개를 관측했을 때

【문제】47. 지상 2 m 이상에서의 시정은 1,000 m 이상이지만 안개층에서의 시정은 1,000 m 미만인 안개를 나타내는 부호는?
① PRFG   ② VCFG   ③ BCFG   ④ MIFG

〈해설〉 현재 기상현상 중 눈과 안개의 상태를 나타내는 부호는 다음과 같다.
   1. 눈의 상태

부 호	의 미	상태 종류
BLSN	높은 눈보라 (Blowing Snow)	지표면에 쌓인 눈이 바람에 의해 날려 올라가 눈높이에서의 시정을 감소시키는 현상으로 입자가 높이 올라가면 하늘 전체가 차폐되기도 한다.
DRSN	땅 눈보라 (Drifting Snow)	지표면에 쌓인 눈이 바람에 의해 낮은 고도까지 날려 올라가 눈높이 또는 그 이상의 고도에서 시정을 감소시키지 않는 상태를 말한다.

   2. 안개의 상태

부 호	상태 종류
MIFG	지상 2 m 높이에서의 시정은 1,000 m 이상이지만, 지면으로부터 2 m까지의 안개층을 통해서 볼 수 있는 시정이 1,000 m 미만일 때
VCFG	관측장소에는 없으나 공항 인근지역의 안개를 관측했을 때
BCFG	산재한 안개 덩어리를 보고할 때
PRFG	안개가 공항의 일부지역에 끼어있음을 보고할 때

【문제】48. 약어 "SCT"의 운량은?
① 2/8~3/8   ② 3/8~4/8   ③ 4/8~5/8   ④ 5/8~6/8

【문제】49. METAR에서 약어 "FEW"가 의미하는 운량 비율은?
① 1/8~2/8   ② 3/8~4/8   ③ 5/8~6/8   ④ 6/8~7/8

【문제】50. 운량 "BKN"에 해당하는 것은?
① 1/8~2/8   ② 3/8~4/8   ③ 5/8~7/8   ④ 8/8

【문제】51. 수직시정의 단위는?
① 10 ft   ② 100 ft   ③ 500 ft   ④ 1,000 ft

정답   45. ④   46. ③   47. ④   48. ②   49. ①   50. ③   51. ②

【문제】52. 구름의 base가 불분명하고 안개 때문에 완전 차폐되었을 때 측정하는 시정은?
① Tower visibility ② Slant visibility
③ Prevailing visibility ④ Vertical visibility

【문제】53. 산악지대에서 구름이 관측지점의 고도보다 낮을 경우 운저 고도의 표시로 맞는 것은?
① SCT000 ② SCT/// ③ VV000 ④ VV///

【문제】54. 수직시정을 관측할 수 없을 때 쓰이는 기호로 알맞은 것은?
① VV/// ② VV// ③ VV/ ④ VV

〈해설〉 현재 기상현상 중 구름의 보고방법은 다음과 같다.
1. 운량 보고

부 호	상태 종류	운량(ICAO)	운량(FAA)
FEW	Few	1/8~2/8	1~2 oktas
SCT	Scattered	3/8~4/8	3~4 oktas
BKN	Broken	5/8~7/8	5~7 oktas
OVC	Overcast	8/8	8 oktas

2. 운저보고
 가. 운저보고 단위 : 10,000 ft까지는 100 ft AGL 단위로 보고
 나. 운저보고 형식
  (1) 관측지점에서 강수 또는 시정장애 현상으로 하늘이 차폐되어 구름을 관측할 수 없을 때는 수직방향으로 특정 목표물을 확인할 수 있는 거리, 즉 수직시정을 관측하여 100 ft 단위로 보고
  (2) 산악지대에서 구름이 관측지점의 고도보다 낮을 경우, 구름은 "$N_SN_SN_S$///"로 보고
   [예] SCT///, FEW///CB
  (3) 운고계가 없는 공항에 한하여 수직시정 관측이 불가능할 때는 VV///로 보고

【문제】55. 운저고도(ceiling)는 보통 어디로부터의 높이를 보고해야 하는가?
① 평균 해수면으로부터의 높이 ② 지상 관측소로부터의 높이
③ 활주로부터의 높이 ④ 공항 표고로부터의 높이

【문제】56. 지면으로부터 구름 운저까지 높이의 단위는?
① SM ② Yard ③ Feet ④ NM

【문제】57. Ceiling의 정의로 올바른 것은?
① 가장 낮은 구름층의 높이
② Broken 또는 overcast로 보고되는 가장 낮은 구름층의 높이
③ Scatter로 보고되는 가장 낮은 구름층의 높이
④ 하늘의 6/10 이상을 덮는 가장 낮은 구름층의 높이

【문제】58. METAR에서 구름이 "SCT010 OVC020"으로 보고되었다면 ceiling은?
① 100 ft ② 200 ft ③ 1,000 ft ④ 2,000 ft

[정답] 52. ④ 53. ② 54. ① 55. ④ 56. ③ 57. ② 58. ④

【문제】59. Ceiling과 관계없는 것은?
① 5/8
② 운량
③ 운종
④ 지면에서부터 위로 올라가면서 운량을 계산한다.

【문제】60. 아래와 같이 METAR가 보고되었다면 ceiling은 얼마인가?
"METAR RKSS 211025Z 31015KT 6000 1400SW R14L/P1500 +SHRA BR BKN008 OVC020 18/15"
① 600 ft   ② 800 ft   ③ 1,400 ft   ④ 2,000 ft

【문제】61. TAF에서 "BECMG 1012 3000 SCT003 BKN030"으로 보고되었다면 ceiling은?
① 300 ft MSL   ② 300 ft AGL   ③ 3,000 ft MSL   ④ 3,000 ft AGL

〈해설〉 실링(ceiling)의 보고방법은 다음과 같다.
1. 실링(ceiling) 보고: 보통 공항 표고로부터의 높이를 보고해야 한다.
   "Broken", "overcast" 또는 "차폐(obscuration)"로 보고되는 가장 낮은 구름층이나 차폐현상까지의 다음과 같은 운저높이를 100 ft AGL 단위로 보고
   가. 구름이 한 층일 때는 구름의 높이
   나. 구름이 두 층 이상일 때는 운층마다의 운량을 낮은 곳에서부터 순차로 합해서 운량이 5/8 이상이 될 때의 구름 높이
2. 실링(ceiling) 해설
   위의 문제와 같이 "SCT003 BKN030"으로 보고되었다면, scattered로 보고된 구름층의 높이는 003(300 ft)이고 broken으로 보고된 구름층의 높이는 030(3,000 ft)이다. 여기서 "broken" 또는 "overcast"로 보고되는 가장 낮은 구름층은 BKN030이므로, 실링은 3,000 ft AGL이다.

【문제】62. CAVOK의 의미로 틀린 것은?
① 특이기상이 없는 경우
② 고도 5,000 ft 미만에 구름이 없는 경우
③ Cb가 없는 경우
④ 시정 10 mile 이상인 경우

【문제】63. CAVOK과 관계가 없는 것은?
① Wind
② Ceiling
③ Highest MSA
④ Visibility

【문제】64. 다음 중 CAVOK의 조건에 해당하지 않는 것은?
① Wind 10 kts 이하
② 시정 10 km 이상
③ NSC
④ NSW

〈해설〉 CAVOK(Ceiling And Visibility OK)의 정의는 다음과 같다.
다음과 같은 상태가 동시에 관측되었을 경우 모든 기상관측보고에는 시정, 활주로가시거리, 현재일기, 구름정보 대신 "CAVOK" 용어를 사용한다.

[정답] 59. ③   60. ②   61. ④   62. ④   63. ①   64. ①

1. 시정 10 km 이상
2. 운항상 중요한 구름이 없을 때
   - 운항상 중요한 구름 : 운저고도가 1,500 m(5,000 ft) 미만 또는 가장 높은 최저구역고도(MSA; Minimum Sector Altitude)의 두 값 중 높은 쪽 아래에 운저고도가 있는 구름, 운저고도에 관계없이 적란운 또는 탑상적운
3. 강수, 대기물·먼지현상, 뇌전 등의 중요한 일기현상이 없을 때

【문제】65. 다음 중 METAR에 반드시 표시하여야 할 구름은?
① Cumulonimbus, Cumulus
② Altocumulus, Cumulonimbus Mammatus
③ Cirrocumulus, Cumulonimbus Mammatus
④ Cumulonimbus, Towering Cumulus

【문제】66. METAR에 반드시 표시해야 하는 구름은?
① CB, TCU   ② CS, TCU   ③ CI, TCU   ④ CU, TCU

【문제】67. 아래와 같은 METAR 전문에서 노점온도는 얼마인가?
"00000KT 0200 R14/0800U R16/P1500U FZFG VV001 M01/M03 Q1022 BECMG 0800 ="
① -1℃   ② -2℃   ③ -3℃   ④ -4℃

【문제】68. METAR 전문에서 "A3006"의 의미는?
① Altimeter setting 30.06 mmHg
② Altimeter setting 30.06 mb
③ Altimeter setting 30.06 inHg
④ Altimeter setting 30.06 hPa

〈해설〉METAR에서 그 밖의 기상요소에 대한 보고 방법은 다음과 같다.
1. 운형 보고 : 적란운(CB) 또는 탑상적운(TCU)이 관측될 때는 반드시 보고
2. 기온 및 이슬점온도 : 기온과 이슬점온도 사이에 "/"를 넣어 구분한다. 온도가 영하인 경우에는 "M"을 온도값 앞에 붙여서 보고
3. 기압
   가. 〔우리나라〕"Q"를 4자리 hPa의 정수값 앞에 붙여서 보고
      〔예〕QNH 1012 hPa → Q1012
   나. 〔FAA〕"A"를 4자리 inHg의 정수값 앞에 붙여서 보고
      〔예〕Altimeter setting 30.06 inHg → A3006

【문제】69. 다음 METAR에 대한 해석 중 맞는 것은?
METAR RKSI 280200Z 14015KT 4000 -DZ BR SCT002 BKN025 OVC060 20/18 Q1003
① 시정 4,000 ft
② QNH 1003 hPa
③ 온도 18℃
④ Scattered 운고 200 m

〈해설〉문제에 제시된 METAR 전문을 해석하면 다음과 같다.

[정답] 65. ④   66. ①   67. ③   68. ③   69. ②

부호(code)	의 미
RKSI 280200Z	인천 국제공항, 28일 0200(UTC) 발표
14015KT	풍향 140°, 풍속 15 kt의 지상풍
4000	시정 4,000 m
-DZ BR	약한 강도의 이슬비, 박무(mist)
SCT002 BKN025 OVC060	고도 200 ft에 운량 3~4 oktas의 구름, 2500 ft에 5~7 oktas의 구름 및 6000 ft에 8 oktas의 구름
20/18	기온 20℃, 이슬점온도 18℃
Q1003	기압(QNH) 1003 hPa

【문제】70. 다음 METAR에 대한 해석으로 맞는 것은?

"25020G38KT 1200 +TSGR BKN006 BKN015CB 23/18 Q1016 BECMG NSW ="

① Broken 운고 600 ft와 1500 ft, 기온 18℃
② 풍향 250°, 우박을 동반한 보통 강도의 뇌우, 기압 QNH 1016 hPa
③ 38 kts의 돌풍, 우박을 동반한 강한 강도의 뇌우, 이슬점온도 18℃
④ 평균 풍속 20~38 kts, 시정 1200 m, 기온 23℃

〈해설〉 문제에 제시된 METAR 전문을 해석하면 다음과 같다.

부호(code)	의 미
25020G38KT	풍향 250°, 풍속 20 kt의 지상풍, 최대순간풍속 38 kt의 돌풍(gust)
1200	시정 1,200 m
+TSGR	우박을 동반한 강한 강도의 뇌전
BKN006 BKN015CB	고도 600 ft에 운량 5~7 oktas의 구름, 1500 ft에 운량 5~7 oktas의 적란운
23/18	기온 23℃, 이슬점온도 18℃
Q1016	기압(QNH) 1016 hPa
ECMG NSW	뇌전은 점진적으로 소멸될 것으로 예상됨

【문제】71. 경향예보(trend forecast)에 대한 설명으로 틀린 것은?

① 착륙예보는 경향예보 형식으로 작성되어야 한다.
② 정시 또는 특별 관측보고의 기사란에 삽입하는 예보이다.
③ 유효시간은 2시간 이내이다.
④ 유효시간은 6시간 이내이다.

■ 잠깐! 알고 가세요.
[기상예보의 발표주기 및 유효시간]

구 분	발표주기	유효시간(valid period)
TAF	• 유효시간 12시간 미만: 3시간 • 유효시간 12시간 이상 30시간: 6시간	6시간 이상 30시간 미만 [ICAO]
SIGMET	필요시	4시간 (화산재 구름과 태풍과 같은 특별한 경우 6시간)
AIRMET	6시간	4시간
착륙예보 (경향예보)	METAR, SPECI에 포함	2시간

정답 70. ③ 71. ④

【문제】 72. 아래와 같은 METAR에서 1400Z에 예상되는 시정은?

"EDDF 272200Z 280624 VRB05KT 4000 BR SCT005 OVC013 BECMG 1314 9000 SHRA OVC015 PROB40 TEMPO 1416 VRB15G25KT 1600 TSRA OVC010CB BECMG 1618 26010KT BKN030"

① 9,000 m ② 4,000 m ③ 1,600 m ④ 1,000 m

〈해설〉 문제에 제시된 METAR 전문의 앞부분을 해석하면 다음과 같다.

부호(code)	의 미
EDDF 272200Z	프랑크푸르트 국제공항, 27일 2200(UTC) 발표
280624	유효시간 28일 0600(UTC)~2400(UTC)
VRB05KT	풍향 변동(variable), 풍속 5 kt의 지상풍
4000 BR	시정 4000 m, 박무(mist)
SCT005 OVC013	고도 500 ft에 운량 3~4 oktas의 구름, 1300 ft에 8 oktas의 구름
BECMG 1314 9000	1300(UTC)에서 1400(UTC) 사이에 시정이 9,000 m로 변할 것으로 예상됨

【문제】 73. 변화지시군에 대한 다음 예문의 설명 중 틀린 것은?
① BECMG는 기간 내 불특정 시간에 규칙적이나 불규칙적으로 변동이 예상될 때 사용한다.
② FM은 2시간 이상의 점진적인 변화가 예상될 때 사용한다.
③ TEMPO는 특정 기간의 어느 시간에 일시적으로 변동이 예상될 때 사용한다.
④ NOSIG는 어떤 중대한 변화도 발생하지 않을 것으로 예상될 때 사용한다.

【문제】 74. 변화지시자 "BECMG"에 대한 다음 설명 중 틀린 것은?
① BECMG FM1100: 변화가 1100Z에 급격히 나타난다.
② BECMG FM1100 TL1400: 변화가 1100Z에 나타나서 1400Z에 끝난다.
③ BECMG TL1300: 변화가 예보기간의 시작시간에 같이 시작되어 1300Z에 끝난다.
④ BECMG AT1200: 변화가 1200Z에 나타난다.

【문제】 75. METAR에서 "BECMG FM1100"은 무엇을 의미하는가?
① 1100Z에 변화가 시작된다.
② 1100Z에 변화가 끝난다.
③ 예보기간의 시작시간에 변화가 시작되어 1100Z에 끝난다.
④ 1100Z에 변화가 시작되어 예보기간의 종료시간에 끝난다.

【문제】 76. METAR에서 변화지시자 "BECMG"에 대한 다음 설명 중 맞는 것은?
① BECMG 0203 2000: 02시에 시정은 2,000 m 이다.
② BECMG FM0600 3000: 06시에 시정은 3,000 m 이다.
③ BECMG TL1030 2000: 10시 30분에 시정은 2,000 m 이다.
④ BECMG FM1030 TL1130 3000: 10시 30분에 시정은 3,000 m 이다.

〈해설〉 변화지시자 "BECMG"에 대한 설명은 다음과 같다.

정답 72. ① 73. ② 74. ① 75. ④ 76. ③

1. BECMG 0203 2000 : 02시에 변화가 시작되어 03시에 시정은 2,000 m 이다.
2. BECMG FM0600 3000 : 06시에 변화가 시작되며, 예보기간의 종료시간에 시정은 3,000 m 이다.
3. BECMG TL1030 2000 : 10시 30분에 시정은 2,000 m 이다.
4. BECMG FM1030 TL1130 3000 : 10시 30분에 변화가 시작되어 11시 30분에 시정은 3,000 m 이다.

【문제】77. 다음 중 변화지시군을 표시하는 것은?
① SKC ② RVR ③ TL, AT ④ NIL

【문제】78. 바람, 시정, 구름 및 일기 등의 변화를 예보할 정도의 중대한 변화가 없을 때 사용하는 단어 형식의 약어는?
① NSW ② NIL ③ NOSIG ④ SKC

【문제】79. 현재 일기에서 더 이상의 기상변동은 없다는 의미로 사용하는 약어는?
① NOSIG ② BECMG ③ NIL ④ SKC

〈해설〉 각 변화시시군을 구별하면 다음과 같다.
1. BECMG : 기간 내 불특정 시간에 규칙적/불규칙적인 비율로 점진적인 변동이 예상될 때 사용

변화지시자	시간지시자	의 미
BECMG	$FMn_1n_1n_1n_1\ TLn_2n_2n_2n_2$	$FMn_1n_1n_1n_1$에 변화가 시작되어 $TLn_2n_2n_2n_2$에 종료
	TLnnnn	예보기간의 처음에 같이 변화가 시작되어 nnnn에 종료
	FMnnnn	nnnn에 변화가 시작되어 예보기간의 마지막에 종료
	ATnnnn	nnnn에 변화가 발생
	-	• 예보기간의 처음에 시작되어 마지막에 종료, 또는 • 시간이 불분명

2. TEMPO : 기간 내 불특정 시간에 일시적인 변동이 예상될 때 사용
3. NOSIG : 경향형 예보기간 동안에 일기요소(지상풍, 시정, 일기, 구름 등)에 어떤 중대한 변화도 발생하지 않을 것으로 예상될 경우 사용

■ 잠깐! 알고 가세요.
[양호한 기상을 나타내는 용어]

용어	원어	의미/용도
NOSIG	No Significant Change	현재 일기에서 2시간 이내에 지상풍, 시정, 일기, 구름 등 기상당국과 관련 운항자 간에 합의된 일기요소에 특별한 의미가 없을 것임을 의미
NSC	No Significant Cloud	운항 상 중요한 구름이 없고 수직시정에 제한이 없으나 "CAVOK" 약어 사용이 부적절한 경우에 사용 [예] METAR: 29007KT 8000 NSC 04/01 Q1020 NOSIG
NSW	Nil Significant Weather	비, 눈, 뇌우 등 특별한 일기현상이 종료될 것으로 예상될 때 사용되며 운항에 영향을 줄 만한 특별한 일기현상이 없음을 의미. TAF에서만 사용 [예] TAF: BECMG 2623/2624 6000 NSW
SKC	Sky Clear	구름이 없는 맑은 상태이지만 시정이 10 km 이하로 CAVOK 미도달 시 사용
CAVOK	Ceiling and Visibility OK	시정 10 km 이상, 5000 ft(1500 m) 이내 구름이 없으며 중요 일기현상이 없을 때 사용 [예] METAR: 03001KT CAVOK 02/M03 Q1020 NOSIG

[정답] 77. ③ 78. ③ 79. ①

Ⅱ. 항공기상 보고/항공기상 정보

【문제】1. 다음 중 PIREP 전문의 두문(heading)은?
　① UA　　　　② UI　　　　③ UV　　　　④ UW

【문제】2. PIREP 보고 시 포함사항이 아닌 것은?
　① 기상현상의 위치, 관측시간　　② 기상현상
　③ 비행고도, 항공기 기종　　　　④ 비행속도

【문제】3. Windshear PIREP에 관련된 내용 중 틀린 것은?
　① 이착륙 중 windshear를 경험하면 즉시 관제사에게 보고하여야 한다.
　② 고도, 속도의 증감을 포함하여 보고한다.
　③ LGT, MOD, SEV로 구분하여 보고한다.
　④ "Negative" 또는 "positive" windshear 용어의 사용은 피한다.

〈해설〉 조종사 기상보고(PIREP)
　1. PIREP 전문의 두문(heading)은 메시지 유형(message type)을 나타낸다.
　　가. UA : 정기 보고(routine report)
　　　　[예문] UA /OV ENA14520/TM 2200/FL310/TP B737/TB MOD CAT 350-390.
　　나. UUA : 긴급 보고(urgent report)
　2. 보고 내용
　　가. 위치(또는 위도와 경도)
　　나. 관측시간
　　다. 비행고도(altitude/flight level)
　　라. 항공기 기종(aircraft type)
　　마. 기상현상
　　바. 비고(remark)
　3. Windshear PIREP의 보고방법은 다음과 같다.
　　가. 상태를 나타낼 때 용어 "negative" 또는 "positive"의 사용은 피해야 한다.
　　나. 추천하는 윈드시어 보고방법은 대기속도의 증가(gain) 또는 감소(loss), 그리고 조우한 고도를 언급하는 것이다.

【문제】4. 기상 레이더에 대한 설명으로 맞는 것은?
　① 기상 레이더는 강수를 아주 정확하게 표시한다.
　② 에코(echo)의 강도가 강하면 강수의 강도는 강하다.
　③ 기상 레이더가 있으면 어느 지역이든 갈 수 있다.
　④ 에코(echo)로부터 5~6 km 밖은 안전하다.

【문제】5. 수적(water droplet)은 없으나 대기의 활동으로 반사파가 많아져 생기는 레이더 에코는?
　① 지형 에코　　② 엔젤 에코　　③ 대류성 에코　　④ 층상 에코

정답　1. ①　2. ④　3. ③　4. ②　5. ②

【문제】6. 기상 레이더에 대한 설명으로 맞지 않는 것은?
① 전파를 발사하여 목표물에서 되돌아오는 반사전파를 수신하여 그 목표물의 방향과 거리, 그리고 반사전파의 강도를 측정한다.
② 목표물에 반사되어 되돌아오는 반사파를 에코(echo)라고 한다.
③ 항공기 탑재용은 5 cm와 10 cm, 그리고 지상용은 3 cm 파장의 레이더를 사용한다.
④ 목표물의 위치를 아는 것만으로는 불충분하고, 높은 정도의 반사강도로 측정할 수 있어야 한다.

【문제】7. 레이더 기상보고 전문에서 "4TRW+"가 의미하는 것은?
① 4/10 덮임, 뇌우와 강한 소나기
② 4/8 덮임, 뇌우와 강한 비
③ 4/8 덮임, 뇌우와 강한 소나기
④ 4/10 덮임, 뇌우와 강한 비

〈해설〉 레이더 기상보고에 대한 설명은 다음과 같다.
1. 기상 레이더(weather radar)
 가. 전파를 발사해서 목표물에서 되돌아오는 반사전파를 수신하여 그 목표물의 방향과 거리, 그리고 반사전파의 강도를 측정한다.
 나. 탑재 레이더의 파장은 3 cm인 것이 많고, 기지 레이더는 5 cm와 10 cm인 것이 많이 사용되고 있다.
 다. 기상 레이더는 목표물의 위치를 아는 것만으로는 불충분하고, 높은 정도의 반사강도로 측정할 수 있어야 한다.
 라. 기상 레이더에서 발사한 전파의 반사파를 에코(echo)라 하며, 반사파의 강도가 증가하면 일반적으로 기상요소의 강도는 증가한다.
 마. 기온이나 습도가 불연속이면 그 곳의 전파 굴절률은 커져 산란이 일어나고 강수가 없어도 에코로 나타날 수 있다. 이와 같이 강수가 없어도 나타나는 에코를 엔젤 에코(angel echo)라고 한다.
2. 레이더 기상보고 형식
 레이더 기상보고에서 각 부호가 의미하는 것은 다음과 같다.

〔예〕 4TRW+	
4	운량(coverage) : 4/10
T	강수 형태 : 뇌우(thunderstorm)
RW	강수 형태 : 소나기(rain shower)
+	강수 강도 : 강함(heavy)

【문제】8. 약어 "ATIS"의 의미는?
① Automatic Terminal Information System
② Air Traffic Information Service
③ Automatic Terminal Information Service
④ Airport Terminal Information Service

【문제】9. ATIS에서 시정과 운고를 생략할 수 있는 기상조건은?
① 시정 3 SM, 운고 3,000 ft 이상인 경우
② 시정 5 SM, 운고 5,000 ft 이상인 경우
③ 시정 10 SM, 운고 10,000 ft 이상인 경우
④ 시정 20 SM, 운고 20,000 ft 이상인 경우

정답 6. ③ 7. ① 8. ③ 9. ②

【문제】 10. ATIS 전문 중 활주로 방위와 풍향의 기준은?
① 활주로 방위 : 진북, 풍향 : 자북
② 활주로 방위 : 자북, 풍향 : 자북
③ 활주로 방위 : 진북, 풍향 : 진북
④ 활주로 방위 : 자북, 풍향 : 진북

【문제】 11. ATIS에 포함되는 정보가 아닌 것은?
① METAR ② 시정 ③ TAF ④ 바람

【문제】 12. ATIS의 권장 방송시간은?
① 20초 ② 30초 ③ 60초 ④ 90초

〈해설〉 공항자동정보방송업무(ATIS; Automatic Terminal Information Service)에 포함되는 기상정보 및 권장 방송시간은 다음과 같다.
1. ATIS에 포함되는 기상정보는 다음과 같다.
  ATIS 정보에는 최신 기상전문의 시간, 운고(ceiling), 시정, 시정장애, 기온, 이슬점, 풍향(자방위)과 풍속, 고도계수정치, 그리고 그 밖의 관련사항이 포함된다.
  가. 공항의 정시관측보고(METAR) 및 특별관측보고(SPECI)
  나. 사용 가능한 착륙예보
  다. 접근지역의 주요기상에 대한 모든 사용 가능한 정보. 단, 운고(ceiling)가 5,000 ft를 초과하고, 시정이 5 mile을 초과하면 ATIS 방송에서 운고/하늘상태, 시정 및 시정장애를 생략할 수 있다.
  라. 그 밖의 관련 사항(해당할 경우)
  활주로 상태(사용 활주로, 유도로 폐쇄 등), 공항 시설의 문제 또는 이용 시 유의할 사항(VOR 이나 ILS의 고장, 공항 주변의 조류 등)
2. ATIS 메시지는 송신속도 또는 ATIS 송신에 사용되는 항행안전시설의 식별신호에 의해 저해되지 않도록 가능한 30초를 초과하지 않아야 한다.

【문제】 13. 고도계 수정치, 풍향과 풍속, 기온, 노점 및 밀도고도를 알 수 있는 자동관측 시스템(AWOS)의 등급은?
① AWOS-A ② AWOS-1 ③ AWOS-2 ④ AWOS-3

【문제】 14. 자동기상관측 시스템 AWOS-1에서 제공하는 정보는?
① 고도계 수정치, 바람 자료, 기온, 이슬점, 밀도고도
② 고도계 수정치, 바람 자료, 기온, 이슬점, 기압고도
③ 고도계 수정치, 바람 자료, 기온, 시정, 밀도고도
④ 고도계 수정치, 바람 자료, 기온, 시정, 기압고도

〈해설〉 자동기상관측 시스템(AWOS)은 일반적으로 9개의 등급(level)으로 분류되며, AWOS-1은 보통 고도계 수정치, 바람 자료, 기온, 이슬점 및 밀도고도를 제공한다.

정답 10. ② 11. ③ 12. ② 13. ② 14. ①

항공기상 (Aviation Weather)

PART 3

모의고사

- 항공기상 제1회 모의고사
- 항공기상 제2회 모의고사
- 항공기상 제3회 모의고사
- 항공기상 제4회 모의고사
- 항공기상 제5회 모의고사
- 항공기상 제6회 모의고사
- 항공기상 제7회 모의고사
- 항공기상 제8회 모의고사
- 항공기상 제9회 모의고사
- 항공기상 제10회 모의고사
- 항공기상 제11회 모의고사
- 항공기상 제12회 모의고사
- 항공기상 제13회 모의고사

모의고사는 실제시험같이, **실제시험은 모의고사같이!**

NOTICE	점수별 추천 방안

합격 점수는 70점입니다. 따라서 18문제 이상을 맞추어야 합격입니다.
모든 분들의 합격을 진심으로 기원 드리며, 모의고사 점수별 추천 방안은 다음과 같습니다.

나의 점수	점수별 추천 방안
100점	축하합니~다. 축하합니~다. 당신의 합격을 축하합니다.♪ 이제 누가 나를 막을 수 있겠는가! 두 손을 높이 들고 만세를 3번 외친 다음, 자기 자신에게 수고했다고 큰 소리로 박수를 쳐준다. 모든 책을 덮고 3박 4일 동안 푹 쉰다. (잊을 뻔 했다!) 혹시 숨겨놓은 비상금이 있다면 복권을 산다.
80/90점 대	합격은 하긴 했는데 왠지 허전한 것은 무엇 때문일까? 만족하지 말고 100점을 목표로 삼고 다시 시작한다. 이왕 공부하는 것 100점도 한번 맞아 보자. ■ 틀린 문제 위주로 다시 한 번 살펴본다.
70점 대	애초 목표는 합격(70점 이상)이었다. "70점이나 100점이나 어차피 똑 같이 합격이다. 100점 맞는다고 자격증 2개 주는 것 아니다~"라고 위안을 하고, 80/90점 대를 목표로 다시 시작한다. ■ 기출문제 위주로 공부한다. 틀린 문제는 해설을 참고하여 관련 내용을 숙지한다.
60점 대	집중만이 살 길이다. 대부분 한 두 문제 차이로 불합격한다는 것을 잊지 말자. 불합격과 합격의 차이는 조금 더 집중하느냐! 아니면 집중하지 않고, 이것인가 보다 하고 대충 지나가느냐에 따라 달라진다. 정말 종이 한 장 차이다. 한 두 문제 때문에 떨어져서 다시 시험을 봐야 하다니 수수료가 아깝지 않은가! 잊지 말자, 아까운 내 돈~~ ■ 출제예상문제부터 다시 시작한다. 특히 해설을 정독하여 관련 내용을 숙지한다.
50점 이하	포기할 것인가? 계속할 것인가? 심사숙고하여 결정한다. 선택은 당신의 몫이다. 포기하기에는 그 동안의 노력이 너무 아깝다. 나의 피가 끓는다. 계속 도전하기로 작정을 하였다면 각서를 쓰고 도장을 찍어서 책상 앞에 붙여 둔다. 다시 1일차이다. 마음을 다잡고 날밤을 새운다. 느슨해질 때 마다 각서를 처다보고 큰 소리로 외친다. 나도 할 수 있다. **나도 날 수 있다!** ■ 출제예상문제부터 다시 시작한다. 이해되지 않는 부분은 본문의 내용을 살펴보고, 관련 내용을 숙지한다.

자격분류명	자격명	과목명	시험시간	문제수	성 명	점 수
항공종사자 자격증명	조종사	항공기상	30분	25문항		

항공종사자 자격증명시험 제1회 모의고사

1. 지구의 기상에서 모든 변화의 가장 근본적인 원인은?
   ① 기압차로 인한 지역적 차이
   ② 지표면 위의 공기 압력의 변화
   ③ 공기군의 이동
   ④ 지구 표면에 받아들이는 태양 에너지의 변화

2. 표준대기에서 20,000피트 상공의 기온은?
   ① -25℃   ② -20℃
   ③ -15℃   ④ -10℃

3. 공기가 냉각되어 안개가 생성되는 온도는?
   ① 가온도   ② 대류온도
   ③ 노점온도   ④ 상당온도

4. 북반구에서 고기압의 바람 방향은?
   ① 반시계 방향으로 돌아 나간다.
   ② 시계 방향으로 돌아 나간다.
   ③ 반시계 방향으로 돌아 들어온다.
   ④ 시계 방향으로 돌아 들어온다.

5. 수막현상(hydroplaning)에 대한 설명 중 맞지 않는 것은?
   ① 항공기의 무게가 증가하면 적은 속도에서 수막현상이 발생한다.
   ② Viscous 수막현상은 dynamic 수막현상보다 낮은 속도에서 일어난다.
   ③ 수막현상의 발생속도는 tire의 압력에 비례한다.
   ④ 항공기의 속도가 빠를수록 잘 발생한다.

6. 안개가 소산되는 조건이 아닌 것은?
   ① 침강기류가 강할 때
   ② 역전층이 생성될 때
   ③ 고기압이 강할 때
   ④ 바람이 강할 때

7. 다음 중 중층운은?
   ① Sc   ② Ac
   ③ Cu   ④ Cs

8. 마찰력이 무시된 고도 이상의 상공에서 등압선이 직선일 때 부는 바람은?
   ① 지균풍   ② 경도풍
   ③ 선형풍   ④ 지상풍

9. 한랭한 공기가 온난하고 습한 지표면으로 불어 올 때 습한 지표면으로부터 상승중인 수증기가 공기 속으로 들어오게 된다. 이때 수증기의 공급에 의해 공기가 포화되고 응결이 되면 발생하는 안개는?
   ① 증기안개   ② 이류안개
   ③ 활승안개   ④ 복사안개

10. 우리나라에 장마를 불러오는 기단은?
    ① 북태평양 기단   ② 양쯔강 기단
    ③ 오호츠크해 기단   ④ 시베리아 기단

11. 한랭전선 통과 시 나타나는 기상현상으로 틀린 것은?
    ① 기온 변화율이 급변한다.
    ② 지속적인 강수가 있다.
    ③ 풍향이 급격히 변화한다.
    ④ 기압이 급격히 상승한다.

12. 뇌우에 관한 설명 중 맞는 것은?
    ① 발달기에는 상승기류, 성숙기에는 상승 및 하강기류, 소멸기에는 하강기류가 존재하므로 비행 시 모든 단계에서 주의해야 한다.
    ② 발달기에는 약한 상승기류만이 존재하며, 강수가 시작되지 않기 때문에 비행에 위험하지 않다.
    ③ 성숙기에는 상승 및 하강기류가 공존하고, 강수가 시작되므로 성숙기에만 비행에 주의하면 된다.

④ 소멸기에는 하강기류만 있으며 강수가 끝나기 때문에 비행에 위험하지 않다.

13. 다음 착빙 중 가장 위험한 것은?
① 서리(frost)
② 우빙(clear ice)
③ 표면이 거친 착빙(mixed ice)
④ 수빙(rime ice)

14. 착빙이 가장 잘 발생하지 않는 구름층은?
① 저층운 ② 적운
③ 적란운 ④ 고층운

15. 태풍에 대한 설명 중 틀린 것은?
① 일종의 열대성저기압이다.
② 북반구에서만 발생한다.
③ 진행방향의 우측반원이 가장 위험하다.
④ 태풍의 눈 주변에는 적란운과 난류가 존재한다.

16. 산악파에 의해 형성되는 구름 중 난기류가 가장 심한 것은?
① Cap cloud
② Lenticular cloud
③ Rotor cloud
④ Leewave cloud

17. 일반적인 CAT(clear air turbulence)의 위치는?
① 제트기류의 극지방 상의 상부 골(trough)
② 고기압 흐름의 적도 지역의 상부 마루(ridge) 근처
③ CAT의 소멸 단계에서 고기압 마루(ridge)를 지향한 동서의 남쪽
④ 저기압 골의 상부 마루(ridge) 근처

18. 등압선에서 알 수 있는 것은?
① 전선, 풍향 ② 강수, 시정
③ 강수, 풍속 ④ 풍향, 풍속

19. 어느 비의 기상기호는?
① ∽ ② ▞
③ ≡ ④ ∞

20. 상층 일기도에 포함되지 않는 기상요소는?
① 기압 ② 기온
③ 기압 수정치 ④ 노점 온도

21. Moderate turbulence를 표시하는 기호는?
① ∧ ② ⋀
③ ⋎ ④ ⋎

22. 민간항공에서 평균풍속과 최대풍속이 얼마 이상 차이가 나는 바람을 돌풍(gust)이라 하는가?
① 3 kt ② 6 kt
③ 10 kt ④ 12 kt

23. 연기(smoke)를 나타내는 약자는?
① SM ② SA
③ SG ④ FU

24. 약어 "SCT"가 의미하는 운량은?
① 1~2 oktas ② 3~4 oktas
③ 5~7 oktas ④ 8 oktas

25. 변화지시자 "BECMG"에 대한 다음 설명 중 틀린 것은?
① BECMG FM1100: 변화가 1100Z에 급격히 나타난다.
② BECMG FM1100 TL1400: 변화가 1100Z에 나타나서 1400Z에 끝난다.
③ BECMG TL1300: 변화가 예보기간의 시작 시간에 같이 시작되어 1300Z에 끝난다.
④ BECMG AT1200: 변화가 1200Z에 나타난다.

문제	1	2	3	4	5
정답	❹	❶	❸	❷	❶
문제	6	7	8	9	10
정답	❷	❷	❶	❶	❸
문제	11	12	13	14	15
정답	❷	❶	❷	❹	❷
문제	16	17	18	19	20
정답	❸	❶	❹	❶	❸
문제	21	22	23	24	25
정답	❶	❸	❹	❷	❶

1. ④

태양 에너지는 지구에서 물질 순환과 기상 변화를 일으키는 근본 원인이 된다. 지구는 태양 에너지를 받아 다시 방출함으로써 전체적으로 에너지의 균형을 이루고 있으나 지역적으로는 불균형 상태에 놓여 있다. 이 불균형을 해소하기 위해 에너지가 큰 적도지역에서 작은 극지역으로 에너지의 이동이 일어나고 있으며, 이는 대기 중에서 발생되는 모든 기상현상으로 나타난다.

2. ①

표준대기에서 표준 해면고도의 온도는 15℃이고, 고도 11 km까지 1,000 ft 당 약 2℃의 비율로 감소한다. 따라서 고도 20,000 ft의 온도는 $15 - (20 \times 2) = -25℃$ 이다.

3. ③

노점온도(dew point temperature) 또는 이슬점온도란 공기가 포화되어 수증기가 응결할 때의 온도를 말하거나, 불포화 상태의 공기가 냉각될 때 포화되어 응결이 시작되는 온도를 말한다.

공기가 포화되어 수증기가 응결되면 구름, 안개 또는 이슬이 형성된다.

4. ②

고기압권 내의 바람은 북반구에서는 고기압 중심 주위를 시계 방향으로 회전하면서 불어나가고, 남반구에서는 반시계 방향으로 회전하면서 불어나간다.

5. ①

수막현상(hydroplaning)이 발생하는 속도는 항공기 무게와 타이어(tire) 공기압력에 비례한다. 따라서 항공기의 무게가 증가하면 더 높은 속도에서 수막현상이 발생한다.

6. ②

안개의 소산조건은 다음과 같다.
1. 지면의 가열: 지표면이 따뜻해져서 지표 부근의 역전이 해소되면 안개는 소산된다.
2. 난기류 작용: 지표 부근의 바람이 강하게 불면 난기류에 의한 연직방향의 혼합이 증가되어 역전이 해소되므로 안개는 위로 올라가거나 소산된다.
3. 난기(열기구) 유입: 침강기류가 사면을 따라서 하강하면 온도는 단열적으로 상승하므로 안개 입자들은 증발하여 소산된다.
4. 고기압 창출: 차갑고 밀도가 큰 공기가 안개가 낀 구역으로 들어오면 안개는 상공으로 올라가거나, 차가운 공기는 건조하므로 안개 입자들은 증발하여 소산된다.

7. ②

구름을 높이에 따라 분류하면 다음과 같다.

구 분	구름의 종류
상층운	권운(Ci), 권적운(Cc) 및 권층운(Cs)
중층운	고적운(Ac), 고층운(As)
하층운	난층운(Ns), 층적운(Sc), 층운(St)
수직운	적운(Cu), 적란운(Cb)

8. ①

바람의 종류는 다음과 같다.

종 류	내 용
지균풍	마찰력이 무시된 상공에서 등압선이 직선일 때, 기압경도력과 전향력이 평형을 이루어 등압선에 평행하게 부는 바람
경도풍	등압선이 곡선일 때 기압경도력, 전향력, 원심력이 평형을 이루며 부는 바람(마찰이 없는 상공에서 곡선 등고선을 따라 부는 바람)
지상풍	기압경도력이 전향력과 마찰력을 합한 힘과 평형을 이루며 부는 바람

종류	내용
선형풍	기압경도력과 원심력이 평형을 이루어 등압선에 평행하게 부는 바람

9. ①

증기안개(steam fog, 김안개)는 찬 공기가 상대적으로 높은 온도의 수면 또는 온난하고 습한 지표면 위를 지날 때 증발된 수증기가 포화되고 응결되어 발생하는 안개이다.

✓ **증기따지한공**으로 기억하세요.
증기안개는 따뜻한 지면 위를 한랭한 공기가 지날 때 발생

10. ③

오호츠크해 기단의 공기는 비교적 한랭하고 수증기를 많이 포함한다. 이는 장마기에 남쪽으로 확장되어 해양성 열대기단인 북태평양 기단과 만나 장마전선을 형성한다.

11. ②

한랭전선에서는 일반적으로 적운 또는 적란운이 만들어지며, 소나기성 강수를 동반한다.

12. ①

뇌우지역을 비행할 때에는 뇌우의 단계에 관계없이 비행에 주의를 기울여야 한다.

13. ②

맑은 착빙(우빙, clear icing)은 투명하여 눈으로 확인하기가 어렵고, 무겁고 단단하며 항공기 표면에 단단하게 붙어있어 제빙장치로 제거하기가 어려울 수 있다. 항공기 날개의 형태를 크게 변형시키므로 구조 착빙 중에서 가장 위험한 형태의 착빙이다.

14. ④

착빙은 기본적으로 중층운과 하층운에서 나타나고, 권운형의 고층운(상층운)에서는 거의 나타나지 않는다.

15. ②

태풍은 북반구와 남반구에서 모두 발생하지만, 남반구보다 북반구에서 더 많이 발생한다.

16. ③

말린구름(rotor cloud) 내부 및 그 하층이나 말린구름 풍하측의 하강기류 지역은 산악파에서 가장 위험한 지역이다.

17. ①

제트기류에서 청천난류가 주로 발생하는 곳은 제트기류 북쪽의 차가운 쪽(cold side)인 극측(polar side)의 상층 기압골(upper trough)이다.

18. ④

바람은 등압선을 따라 고기압에서 저기압으로 불기 때문에 풍향에 대한 표시가 없어도 등압선을 보면 대략적인 풍향을 알 수 있고, 등압선의 간격을 보면 풍속을 알 수 있다.

19. ①

각 기상기호의 의미는 다음과 같다.
① ∽ : 어는 비(freezing rain)
② ⌐ : 뇌우(thunderstorm)
③ ≡ : 안개(fog)
④ ∞ : 연무(haze)

20. ③

각 상층 일기도의 분석요소는 등고선, 등온선, 등노점선, 전선, 기압능/기압골, 등풍속선(Jet 분석) 이다.

21. ①

난류(난기류, turbulence)를 표시하는 기호는 다음과 같다.

구 분	기 호
보통 난류(moderate turbulence)	∧
심한 난류(severe turbulence)	⋀

22. ③

관측하기 바로 전 10분 동안에 최대 순간풍속이 평균풍속보다 10 kt 이상 변화하고 있으면 돌풍(gust)으로 보고한다.

23. ④

연기(smoke)를 나타내는 부호는 "FU"이다.

24. ②

운량(coverage)의 각 부호가 의미하는 운량의 크기는 다음과 같다.

부 호	운 량	
	[ICAO]	[FAA]
FEW	1/8~2/8	1~2 oktas
SCT	3/8~4/8	3~4 oktas
BKN	5/8~7/8	5~7 oktas
OVC	8/8	8 oktas

25. ①

변화지시자 "BECMG"는 점진적인 변화가 예상될 때 사용한다.

항공종사자 자격증명시험 제2회 모의고사

자격분류명	자격명	과목명	시험시간	문제수	성 명	점 수
항공종사자 자격증명	조종사	항공기상	30분	25문항		

1. 대류권계면에 대한 설명 중 틀린 것은?
   ① 대류권계면의 평균 높이는 11 km 이다.
   ② 대류권계면의 온도는 저위도보다 고위도가 높다.
   ③ 적도지역의 대류권계면의 높이가 극지방보다 낮다.
   ④ 여름에는 대류권계면의 높이가 높아지고 겨울에는 낮아진다.

2. 대류운이 생성되기 시작할 때의 지표온도를 무엇이라 하는가?
   ① 가온도   ② 잠재온도
   ③ 온위   ④ 대류온도

3. 단열압축과 단열팽창에 대한 설명 중 틀린 것은?
   ① 상승하는 공기는 팽창하고 내부에너지를 잃어 냉각된다.
   ② 하강하는 공기는 압축되고 내부에너지가 증가한다.
   ③ 단열팽창 시 외부에서 에너지를 받아 온도가 올라간다.
   ④ 단열압축 시 외부 공기가 일을 해준 결과이므로 온도가 올라간다.

4. 가장 규모가 큰 공기의 이동은?
   ① 난류   ② 계절풍
   ③ 고기압   ④ 태풍

5. 코리올리 힘이 바람의 방향에 영향을 미치지 않는 곳은?
   ① 남극   ② 북극
   ③ 적도   ④ 북위 45도

6. 하강풍으로 건조하고 더운 바람이 부는 것은?
   ① 산곡풍   ② 푄 바람
   ③ 해륙풍   ④ 스콜

7. 다음 중 하층운은?
   ① Sc   ② Ac
   ③ Cc   ④ Cs

8. 복사안개가 생성될 조건 중 틀린 것은?
   ① Clear sky   ② Unstable air
   ③ Moist air   ④ Light wind

9. 연무(haze)로 인한 조종사의 착시는?
   ① 활주로가 좁게 보인다.
   ② 활주로가 넓게 보인다.
   ③ 활주로가 가깝게 보인다.
   ④ 활주로가 멀게 보인다.

10. 우리나라에 태풍으로 작용하는 기단은?
    ① 적도 기단   ② 오호츠크 기단
    ③ 양쯔강 기단   ④ 북태평양 기단

11. 소낙성 강수나 뇌우가 발생하고, 강수구역이 좁은 전선은?
    ① 한랭전선   ② 온난전선
    ③ 폐색전선   ④ 정체전선

12. 착빙이 항공기에 미치는 영향으로 틀린 것은?
    ① 양력 감소   ② 항력 증가
    ③ 무게 증가   ④ 실속속도 감소

13. Clear icing이 잘 생기는 구름은?
    ① 고적운   ② 층운
    ③ 적란운   ④ 층층구름

14. 다음 중 wind shear와 관련이 없는 것은?
    ① Low-level temperature inversion
    ② Clear air turbulence
    ③ Frontal zones
    ④ Inertial wind

15. In-flight turbulence의 intensity level로 맞는 것은?
① Light, Moderate, Heavy
② Trace, Severe, Heavy
③ Light, Severe, Moderate, Heavy
④ Light, Moderate, Severe, Extreme

16. 다음 중 가장 큰 강도의 wake turbulence가 발생하는 항공기는?
① light, dirty, and fast 항공기
② heavy, dirty, and fast 항공기
③ heavy, clean, and slow 항공기
④ light, clean, and slow 항공기

17. 제트기류가 발생하는 일반적인 지역은?
① 대류권계면 ② 성층권계면
③ 중간권계면 ④ 열권계면

18. 열대성저기압의 발생 지역과 명칭이 잘못 짝지어진 것은?
① 북서태평양: Typhoon
② 인도양: Hurricane
③ 북대서양: Hurricane
④ 남태평양: Cyclone

19. 일기도에서 다음 기호가 나타내는 지역의 풍속은 얼마인가?

① 80 kts
② 120 kts
③ 180 kts
④ 220 kts

20. 700 mb pressure chart의 대략적인 고도는?
① 30,000 ft   ② 18,000 ft
③ 10,000 ft   ④ 5,000 ft

21. TAF의 유효시간은?
① 5시간 이상 24시간 미만
② 12시간 이상 24시간 미만
③ 6시간 이상 30시간 미만
④ 24시간 이상 30시간 미만

22. SIGWX Chart에서 볼 수 없는 것은?
① heavy rain
② turbulence
③ 전선(fronts)
④ 뇌우와 관련된 구름

23. 관제사가 불러주는 바람의 측정높이는?
① 3 m   ② 5 m
③ 7 m   ④ 10 m

24. 기상현상을 나타내는 부호가 틀리게 연결된 것은?
① SM: 연기   ② RA: 비
③ HZ: 연무   ④ FG: 안개

25. Ceiling의 정의로 올바른 것은?
① 가장 낮은 구름층의 높이
② Broken 또는 overcast로 보고되는 가장 낮은 구름층의 높이
③ Scatter로 보고되는 가장 낮은 구름층의 높이
④ 하늘의 6/10 이상을 덮는 가장 낮은 구름층의 높이

문제	1	2	3	4	5
정답	❸	❹	❸	❷	❸
문제	6	7	8	9	10
정답	❷	❶	❷	❹	❶
문제	11	12	13	14	15
정답	❶	❹	❸	❹	❹
문제	16	17	18	19	20
정답	❸	❶	❷	❷	❸
문제	21	22	23	24	25
정답	❸	❶	❹	❶	❷

1. ③

대류권계면의 높이는 적도지방에서 가장 높고 극지방으로 갈수록 낮아진다. 같은 위도일 때에는 여름철에 높고 겨울철에 낮다.

2. ④

대류온도(convective temperature)란 대류운을 형성시키기 시작하는 지상온도로 하루 중 최고기온이 대류온도 이상으로 상승하면 대류운이 발생한다.

3. ③

공기가 상승하면 대기압이 낮아지므로 공기는 점점 팽창되고, 단열 팽창되는 공기는 주위의 공기를 밀어내는 일을 하므로 내부에너지를 잃어서 냉각된다.

4. ②

각 순환에 따른 기상현상은 다음과 같다.

순환 구분	기상현상
미규모	난류(난기류), 토네이도, 작은 소용돌이 등
중간규모	뇌우, 해륙풍, 산곡풍 등
종관규모	고기압, 저기압, 태풍 등
지구규모	계절풍, 대기 대순환 등

5. ③

바람은 지구 자전의 영향을 받으며, 지구 자전에 의해 생기는 가상의 힘을 전향력 또는 코리올리 힘(Coriolis force)이라고 한다. 전향력의 크기는 상대속도에 비례하며, 일정한 두 지점간의 상대속도는 위도가 높은 지방일수록 크다. 따라서 전향력은 극지방에 가까울수록 커지고, 적도지방에서는 거의 영향을 미치지 않는다.

6. ②

푄풍은 산의 경사면을 따라 하강하는 사면 하강풍(katabatic wind)이다. 고도가 높은 산맥에 직각으로 강한 바람이 부는 경우, 산맥의 풍상측에서는 단열팽창에 의해 냉각되고 풍하측에서는 단열압축에 의해 강하고 고온 건조한 바람이 불어내리게 된다.

7. ①

구름을 높이에 따라 분류하면 다음과 같다.

구 분	구름의 종류
상층운	권운(Ci), 권적운(Cc) 및 권층운(Cs)
중층운	고적운(Ac), 고층운(As)
하층운	난층운(Ns), 층적운(Sc), 층운(St)
수직운	적운(Cu), 적란운(Cb)

8. ②

복사안개(radiation fog)의 특징은 다음과 같다.
1. 대기가 안정된 상태에서 맑은 날 밤이나 새벽녘에 지표면의 복사냉각으로 인하여 발생하는 안개를 복사안개라고 한다.
2. 복사안개를 형성하는데 가장 유리한 대기의 조건은 맑은 날씨에 약한 바람과 높은 상대습도이다.

9. ④

대기의 연무(haze)는 조종사에게 활주로로부터 더 먼 거리에 있는 것 같은 착각을 유발시킨다.

10. ①

적도 기단(mE)은 적도 무풍대에서 발생되는 고온 다습한 기단으로 여름철에 우리나라에 영향을 준다. 우리나라가 이 기단의 영향을 받게 되면 더위가 더욱 심해지고, 태풍과 함께 이동하며 영향지역에 호우를 뿌리기도 한다.

11. ①

한랭전선에서는 좁은 지역에 강수가 나타나며 강수 강도가 세다. 이때 전선 부근에서는 소나기나 뇌우, 우박 등 궂은 날씨를 동반하는 경우가 많다.

12. ④

항공기에 착빙이 발생하면 양력이 감소하고, 항력 및 중량은 증가한다. 그 결과 실속속도는 증가하고 항공기 성능은 저하된다.

13. ③

구름의 유형에 따른 착빙의 종류는 다음과 같다.

구름 유형	구 름	착빙 종류
층운형 구름	층운(St) 고층운(As)	거친 착빙과 혼합 착빙
적운형 구름	적란운(Cb) 적운(Cs)	대부분 맑은 착빙(clear icing)
권운형 구름	권운(Ci)	거의 발생하지 않음

14. ④

윈드시어(wind shear)와 관련된 기상현상에는 청천난류(clear air turbulence), 전선대(frontal zone) 및 저고도 기온역전(low level temperature inversion) 등이 있다.

15. ④

난류(turbulence)의 강도는 약함(light), 보통(moderate), 심함(severe) 및 극심함(extreme)의 4단계로 분류한다.

16. ③

항적 난류(wake turbulence)의 강도는 와류를 발생시키는 항공기의 중량, 속도 및 날개의 형상에 좌우된다. 항공기가 무겁고(heavy), 외부장착물이 없으며(clean), 그리고 저속(slow)일 때 가장 큰 강도의 항적 난류가 발생한다.

17. ①

제트기류는 대류권 상부 또는 성층권(일반적으로 고도 10~12 km의 대류권계면)에서 거의 수평축으로 집중되는 강하고 좁은 바람의 흐름이다.

18. ②

열대성저기압의 발생 해역에 따른 명칭은 다음과 같다.

명 칭	발생해역
태풍(typhoon)	북서태평양
허리케인(hurricane)	북대서양, 카리브해, 멕시코만, 동부태평양
사이클론(cyclone)	인도양과 호주부근 남태평양
윌리윌리(willy-willy)	호주 부근 남태평양

19. ②

풍속을 나타내는 짧은 직선은 5 kts, 긴 직선은 10 kts, 그리고 깃발 모양은 50 kts를 나타낸다. 따라서 문제의 그림과 같이 2개의 깃발 모양과 2개의 긴 직선 기호가 나타내는 풍속은 120 kts (50 kts×2, 10 kts×2) 이다.

20. ③

각 상층 일기도의 기준고도는 다음과 같다.

종 류 \ 내 용	기준고도	
	MSL	gpm
925 hPa	2,500 ft	810 gpm
850 hPa	5,000 ft	1,500 gpm
700 hPa	10,000 ft	3,000 gpm
500 hPa	18,000 ft	5,400 gpm
300 hPa	30,000 ft	9,000 gpm
200 hPa	39,000 ft	12,000 gpm
100 hPa	-	16,200 gpm

21. ③

정시 공항예보(TAF)의 유효시간은 6시간 이상 30시간 미단이어야 한다. 〔ICAO Annex 3〕

22. ①

악기상예보(SIGWX) 차트의 기상요소는 다음과 같다.
1. 뇌우, 열대저기압(태풍), 심한 스콜
2. 보통 또는 심한 난류
3. 보통 또는 심한 착빙
4. 넓게 퍼진 모래보라/먼지보라
5. 뇌우, 태풍 난류, 착빙 등과 관련된 구름
6. 경계가 뚜렷한 수렴구역, 전선, 대류권계면 고도, 제트기류, 화산재

23. ④

지상풍의 관측은 활주로 위 10±1 m(30±3 ft) 높이의 상태를 대표하는 것이어야 한다.

24. ①

연기(smoke)를 나타내는 부호는 "FU"이다.

25. ②

실링(ceiling)이란 관측소로부터 "broken", "overcast" 또는 "차폐(obscuration)"로 보고되는 가장 낮은 구름층이나 차폐현상까지의 운저높이를 말한다.

항공종사자 자격증명시험 제3회 모의고사

자격분류명	자격명	과목명	시험시간	문제수	성 명	점 수
항공종사자 자격증명	조종사	항공기상	30분	25문항		

1. 다음 중 기온이 가장 낮은 곳은?
   ① 대류권계면   ② 성층권계면
   ③ 중간권계면   ④ 열권계면

2. 일정한 power setting으로 따뜻한 곳에서 한랭한 지역으로 비행 시 진고도와 진대기속도(TAS)는?
   ① 진고도는 증가하고 진대기속도는 감소한다.
   ② 진고도와 진대기속도 모두 감소한다.
   ③ 진고도와 진대기속도 모두 증가한다.
   ④ 진고도는 감소하고 진대기속도는 증가한다.

3. 건조단열 기온감률은?
   ① 1,000 ft 당 1℃   ② 1,000 ft 당 2℃
   ③ 1,000 ft 당 3℃   ④ 1,000 ft 당 4℃

4. 기온역전에서 일어날 수 있는 기상현상은?
   ① 안정된 공기층   ② 맑은 날씨
   ③ 불안정한 공기층   ④ 양호한 시정

5. 바람의 발생 원인은?
   ① 코리올리스 효과
   ② 기압차
   ③ 지구의 자전
   ④ 대기와 지표면과의 마찰

6. 따뜻하고 습기가 많은 공기가 찬 지면으로 지날 때 생기는 안개는?
   ① 이류안개   ② 복사안개
   ③ 전선안개   ④ 활승안개

7. 시정 1 km 이상으로 많은 수증기 입자가 대기 중에 존재하는 상태는?
   ① Fog   ② Mist
   ③ Haze   ④ Dust

8. 다음 중 구름, 안개 또는 이슬이 형성될 수 있는 상태는?
   ① 수증기가 응축될 때
   ② 수증기가 존재할 때
   ③ 기온과 노점이 같을 때
   ④ 기온과 노점의 차이가 클 때

9. 기단(air mass)의 특징으로 틀린 것은?
   ① 중위도 지역이 기단 생성의 최적지이다.
   ② 물리적인 성질(온도, 습도 등)이 같은 공기이다.
   ③ 같은 특성(복사 에너지, 안정성 등)을 가진 공기 덩어리를 말한다.
   ④ 수평방향으로 최대 4,000 km까지 이어지기도 한다.

10. 전선의 통과와 항상 관련이 있는 기상현상은?
    ① 온도의 변화
    ② 기압의 급격한 감소
    ③ 전선의 전방이나 후방의 구름
    ④ 바람 변화

11. 뇌우의 발생 요건으로 맞는 것은?
    ① 불안정한 대기, 적운형 구름, 높은 습도
    ② 안정한 대기, 적운형 구름, 높은 습도
    ③ 불안정한 대기, 상승기류, 높은 습도
    ④ 안정한 대기, 상승기류, 높은 습도

12. 항공기 표면에 icing이 가장 잘 생기는 온도는?
    ① 0℃~-10℃   ② 10℃~0℃
    ③ -15℃~-20℃   ④ -20℃~-35℃

13. 다음 중 착빙이 잘 일어나지 않는 구름은?
    ① 층적운   ② 적운
    ③ 난층운   ④ 권운

14. 태풍의 이름은 어느 단계에서 지어지는가?
① 강한 열대폭풍(STS)
② 열대폭풍(TS)
③ 열대저기압(TD)
④ 태풍(TY)

15. 기내의 통로에서 중심을 잡기가 어렵고, cart가 미끄러져 서비스하기가 어려운 turbulence의 강도는?
① Light
② Severe
③ Moderate
④ Extreme

16. Jet stream의 특성이 아닌 것은?
① 겨울에는 위도상으로 남하하고 고도가 높아지며, 여름에는 북상하고 고도가 낮아진다.
② 수직 수평의 wind shear는 jet 중심의 북쪽면이 남쪽면보다 크다.
③ 강한 청천난류(CAT)가 jet core 하방의 찬 기류 쪽에 존재한다.
④ 우리나라에 주로 영향을 주는 것은 polar jet stream 이다.

17. CAT(clear air turbulence)가 주로 발생하는 지역은?
① 산의 정상 부근
② 산악풍이 있을 때 풍상 쪽
③ Wind shear 부근
④ Jet stream 부근

18. 850 hPa 상층일기도의 고도는?
① 810 gpm
② 1,500 gpm
③ 3,000 gpm
④ 5,580 gpm

19. 기상 보고 시 calm wind의 풍속은?
① 0 kts
② 2 kts
③ 3 kts
④ 5 kts

20. TAF에서 운종을 언급해야 하는 구름은?
① CI
② CU
③ CB
④ TCU

21. SIGMET의 유효시간은?
① 3시간
② 6시간
③ 9시간
④ 12시간

22. 다음 중 풍향과 풍속 보고의 예문으로 틀린 것은?
① 2405G15KT
② 24005G15KT
③ 240P99KT
④ VRB02KT

23. 기상현상을 나타내는 수식어 VC의 공항 기준 위치로부터의 반경은?
① 5 km 미만
② 5 km~8 km
③ 8 km~16 km
④ 16 km~20 km

24. 수직시정을 관측할 수 없을 때의 부호는?
① VV0
② VV/
③ VV//
④ VV///

25. ATIS 전문 중 활주로 방위와 풍향의 기준은?
① 활주로 방위: 진북, 풍향: 자북
② 활주로 방위: 자북, 풍향: 자북
③ 활주로 방위: 진북, 풍향: 진북
④ 활주로 방위: 자북, 풍향: 진북

제3회 정답 및 해설

문제	1	2	3	4	5
정답	❸	❷	❸	❶	❷
문제	6	7	8	9	10
정답	❶	❷	❶	❶	❹
문제	11	12	13	14	15
정답	❸	❶	❹	❷	❸
문제	16	17	18	19	20
정답	❶	❹	❷	❸	❸
문제	21	22	23	24	25
정답	❷	❶	❸	❹	❷

1. ③

   중간권(mesosphere)은 성층권계면 상층에서부터 높이 약 80 km 정도까지의 층으로 고도의 증가에 따라 기온이 감소하는 경향을 보인다. 중간권계면은 대기권 내에서 가장 낮은 기온을 나타낸다.

2. ②

   일정한 power setting으로 비행 시 기온의 변화에 따른 진고도와 진대기속도의 변화는 다음과 같다.
   1. 기온이 표준기온보다 높은 지역에서는 진고도가 지시고도(또는 계기고도)보다 높고, 추운 지역에서는 진고도가 지시고도보다 낮아진다.
   2. 온도가 감소함에 따라 공기밀도는 증가하기 때문에 항공기는 더 느리게 비행하게 된다. 따라서 일정한 수정대기속도 또는 지시대기속도에서 온도가 감소함에 따라 진대기속도는 감소한다.

3. ③

   건조단열감률(dry adiabatic lapse rate)은 $1°C/100$ m($3°C/1,000$ ft)이다.

4. ①

   기온 역전층에서는 대기가 정역학적으로 안정 상태에 있고, 상하의 난류 현상이 적다. 역전층 상부에는 층상운이 나타나며, 하부에서는 연무 또는 안개로 인해 악시정을 동반하기도 한다.

5. ②

   국지적 또는 전 지구적인 태양가열의 차이로 기압의 차이가 생기고, 이 기압의 차이에 의해서 바람이 발생한다.

6. ①

   이류안개(advection fog)는 온난 습윤한 공기가 한랭한 지표면 또는 수면 위로 이동함에 따라서 지표면 또는 수면과 접촉되는 공기가 냉각되어 형성된다.

7. ②

   무수히 많은 미세한 물방울들이나 습한 흡습성 입자들이 대기 중에 떠있는 현상으로 수평시정이 1 km 미만일 때를 안개(fog), 수평시정이 1 km 이상일 때는 박무(mist)라고 한다.

8. ①

   구름, 안개 또는 이슬은 공기가 상승하여 단열 냉각에 의해 포화에 이르러 수증기가 응결(응축) 또는 빙결됨에 따라 형성된다.

9. ①

   기단은 일반적으로 바람이 약한 저위도 지방과 고위도 지방에서 형성되며, 중위도대는 편서풍이 강하고 저기압이나 전선 등이 자주 발생하기 때문에 기단이 형성되기 어렵다.

10. ④

    항공기가 전선을 지나고 있다는 것을 인지할 수 있는 가장 확실한 기상요소는 풍향의 변화이다.

11. ③

    뇌우의 생성조건은 불안정 대기, 상승 운동, 그리고 높은 습도이다.

12. ①

    과냉각물방울은 $0 \sim -20°C$에서 가장 자주 관측되므로 이 온도 범위 내에 있는 구름은 착빙의 가능성이 있다고 보아야 하며, 착빙은 보통 $0 \sim -10°C$에서 가장 잘 발생한다.

13. ④

    착빙은 기본적으로 중층운과 하층운에서 나타나고, 권운형의 고층운(상층운)에서는 거의 나타나지 않는다.

14. ②

    태평양 지역에서 각 태풍의 이름은 정해둔 순서대로 년도와 호수를 합쳐 열대폭풍(TS) 단계에서 명명된다.

15. ③

난류를 강도에 따라 분류하면 다음과 같다.

강 도	체감정도
약함(Light)	음식 서비스와 걷기가 불편하며, 안전벨트 착용이 요구된다.
보통(Moderate)	음식 서비스와 걷기가 힘들어 진다.
심함(Severe)	심한 충격이 있으며, 음식 서비스와 걷기가 불가능해 진다.
극심함(Extreme)	

16. ①

겨울에는 제트기류의 평균 위치가 훨씬 남쪽으로 남하하며 고도는 낮아지고, 여름에는 고위도인 북위 약 70°까지 북상하며 고도는 높아진다.

17. ④

청천난류(CAT)는 주로 제트기류(jet stream) 부근에서 발생하는데, 그 이유는 제트기류 부근에는 강한 윈드시어로 인해 난류가 생기기 때문이다.

18. ②

각 상층 일기도의 기준고도는 다음과 같다.

종류\내용	기준고도 MSL	gpm
925 hPa	2,500 ft	810 gpm
850 hPa	5,000 ft	1,500 gpm
700 hPa	10,000 ft	3,000 gpm
500 hPa	18,000 ft	5,400 gpm
300 hPa	30,000 ft	9,000 gpm
200 hPa	39,000 ft	12,000 gpm
100 hPa	-	16,200 gpm

19. ③

터미널(terminal) 풍속이 3 knots 미만일 때 무풍 상태(calm wind condition)로 간주한다.

20. ③

공항예보(TAF)에서 보고되지 않은 적란운(CB)은 예상될 때마다 운형을 표시하여 예보해야 한다.

21. ②

SIGMET의 유효시간은 4시간을 초과하지 않아야 하며, 화산재 구름과 태풍과 같은 특별한 경우의 전문은 6시간을 초과하지 않아야 한다.

22. ①

풍향은 진북 기준 10° 단위로 반올림한 3자리 숫자로 표기해야 하며, 바로 뒤에 풍속을 2자리 숫자로 표기해야 한다.
[예] 24015G15KT

23. ③

인접(VC; Vicinity)이란 수식어는 공항 내는 아니지만 공항 기준위치로부터 약 8~16 km 이내를 뜻한다.

24. ④

운고계가 없는 공항에 한하여 수직시정 관측이 불가능할 때는 "VV///"로 보고한다.

25. ②

ATIS에서 제공하는 활주로 방향과 풍향 모두 자북 방위 기준이다.

항공종사자 자격증명시험 제4회 모의고사

자격분류명	자격명	과목명	시험시간	문제수	성 명	점 수
항공종사자 자격증명	조종사	항공기상	30분	25문항		

1. 대기의 구성 비율로 맞는 것은?
   ① 질소 68% ② 산소 21%
   ③ 헬륨 5%   ④ 아르곤 3%

2. 기압의 변화에 대한 설명 중 옳지 않은 것은?
   ① 표준 해면기압은 1013.2 mb, 29.92 inHg 또는 760 mmHg 이다.
   ② 고도 18,000 ft에서의 대기압은 해면 대기압의 1/2로 감소한다.
   ③ 대류권에서 고도가 1,000 ft 증가하면 기압은 약 1 inHg 감소한다.
   ④ 고도가 높아질수록 기압감소율은 커진다.

3. 다음 중 안정된 공기의 특성은?
   ① 안개와 층운형 구름
   ② 양호한 기상과 적운(cumulus) 구름
   ③ 무제한(unlimited) 시정
   ④ 적운형 구름

4. 다음 중 지표면 기온역전이 가장 잘 일어날 수 있는 조건은?
   ① 바람이 없고 기온차가 매우 큰 낮
   ② 미풍이 존재하는 구름이 많은 밤
   ③ 미풍이 존재하는 맑고 서늘한 밤
   ④ 강한 바람이 부는 맑고 서늘한 밤

5. 다음 중 항공기 성능에 영향을 주지 않는 것은?
   ① 바람   ② 기압
   ③ 시정   ④ 기온

6. 5,000 ft AGL의 특정 비행에서 바람이 남서풍인 반면 지상풍의 대부분은 남풍이다. 두 바람의 방향이 다른 주요 이유는?
   ① 높은 고도의 강한 기압경도
   ② 바람과 지표면 사이의 마찰
   ③ 지표면의 강한 전향력
   ④ 고도에 따른 기온의 차이

7. 강수현상에 대한 설명 중 틀린 것은?
   ① 수적은 운립의 수만 배 크기이다.
   ② 운립의 크기는 운형과 무관하다.
   ③ 낙하 속도는 수적의 크기에 따라 달라진다.
   ④ 강수량의 단위를 inch로 표시하는 나라도 있다.

8. 이류무에 대한 설명 중 틀린 것은?
   ① 풍속 7 m/sec까지의 바람은 안개를 더 두껍게 한다.
   ② 해안에 발생할 때는 해무의 형태가 된다.
   ③ 여름에 고위도 해상에서 해무가 자주 발생한다.
   ④ 해무의 두께는 보통 1 km에 이른다.

9. 우리나라에 장마전선을 형성하는 기단은?
   ① cT+mP   ② cP+cT
   ③ mP+mT   ④ cT+mT

10. 한랭전선의 통과 전 바람의 방향은?
    ① 남서풍   ② 남동풍
    ③ 북서풍   ④ 북동풍

11. 뇌우의 성숙기에서의 특성으로 옳은 것은?
    ① 상승기류만 존재한다.
    ② 하강기류만 존재한다.
    ③ 강우가 시작된다.
    ④ 거스트 전선(gust front)이 형성된다.

12. 뇌우 등의 악기상을 회피하기 위한 최소거리는?
    ① 10 NM   ② 20 NM
    ③ 30 NM   ④ 40 NM

13. Icing 강도에 대한 설명으로 맞는 것은?
   ① Trace: 착빙의 식별은 되나, 누적되는 양보다 녹는 양이 약간 더 많다.
   ② Severe: 제빙장치를 사용해도 잘 제거되지 않는다.
   ③ Moderate: 비행 전에 제거하면 문제가 되지는 않는다.
   ④ Light: 제빙장치를 사용하지 않아도 위험하지 않다.

14. Moderate turbulence의 증상으로 맞는 것은?
   ① 걷기가 힘들어지고 물건들이 움직이지만 항공기의 통제력을 상실하지는 않는다.
   ② 항공기가 순간적으로 통제력을 상실하고 물건들이 심하게 흔들리며, 걷기가 불가능해 진다.
   ③ 항공기의 동요가 크고 고도 변화가 있으며, 걷기가 힘들어 진다.
   ④ 걷기가 불편하며 안전벨트의 착용이 요구되지만 물건의 움직임은 없다.

15. Microburst에 대한 다음 설명 중 틀린 것은?
   ① 좁은 지역에 집중되는 하강기류이다.
   ② 약 15분 가량 유지된다.
   ③ Cloud base의 5 mile 이내, 지표 부근의 10 mile 이내의 작은 범위에서 발생하는 강한 하강기류이다.
   ④ 지표면에 도달하면 하강기류 중심을 기준으로 전방위로 흩어지면서 영향을 미친다.

16. 지상 일기도에서 등압선의 기준 기압은?
   ① 1,024 mb   ② 1,004 mb
   ③ 1,000 mb   ④ 900 mb

17. SIGWX Chart에서 coverage가 제일 많은 것은?
   ① FRQ   ② OCNL
   ③ ISOL ④ BKN

18. 전선의 불연속 기상요소가 아닌 것은?
   ① 온도   ② 기압
   ③ 풍향   ④ 이슬점

19. 기상기호 ▽의 뜻은?
   ① 소나기   ② 빙정
   ③ 쌀알눈   ④ 안개

20. TAF의 변화군 지시부호는?
   ① CAVOK   ② NIL
   ③ SKC   ④ BECMG

21. 청천난기류(CAT)에 대한 설명 중 틀린 것은?
   ① 항상 제트기류에서만 나타난다.
   ② 대류권계면의 불연속면에서 발생한다.
   ③ 공기의 대류현상과는 관련이 없다.
   ④ 15,000 ft 이상 비행하는 제트 항공기의 비행 장애요소가 된다.

22. 활주로가시거리(RVR) 보고방법에 대한 설명 중 틀린 것은?
   ① 시정 또는 활주로가시거리가 1,500 m 미만일 때 그 기간 내내 m 단위로 보고한다.
   ② 활주로가시거리가 400 m 미만인 경우 25 m 단위로, 400 m 이상 800 m 미만인 경우 50 m 단위로, 800 m 이상은 100 m 단위로 보고한다.
   ③ 관측 바로 전 10분 동안에 전반 5분간 RVR 평균보다 후반 5분간 RVR 평균이 200 m 이상 차이가 있는 경우에 변화경향을 보고한다.
   ④ 관측 바로 전 10분 동안에 1분간 평균최소 RVR과 평균최대 RVR의 차가 평균 RVR보다 50 m 또는 20% 이상 차이가 있을 경우에는 10분간 RVR 평균 대신 1분간 평균최소와 1분간 평균최대 RVR을 보고한다.

23. 인접 수식어 VC와 같이 사용할 수 있는 기상 코드(code)는?
   ① SN   ② TS
   ③ DR   ④ GR

24. CAVOK의 의미로 틀린 것은?
① 시정이 10 km 이상인 경우
② 운고가 5,000 ft 이상인 경우
③ 중요한 기상이 없는 경우
④ 풍속이 1 kt 미만인 경우

25. 다음 중 변화지시군을 표시하는 것은?
① SKC   ② RVR
③ TL, AT   ④ NIL

제4회 정답 및 해설

문제	1	2	3	4	5
정답	②	④	①	③	③
문제	6	7	8	9	10
정답	②	②	④	③	①
문제	11	12	13	14	15
정답	③	②	②	①	③
문제	16	17	18	19	20
정답	③	①	②	①	④
문제	21	22	23	24	25
정답	①	③	②	④	③

1. ②

해발고도에서 건조공기의 주성분은 질소(N_2) 78.09%, 산소(O_2) 20.95%, 아르곤(Ar) 0.93%, 이산화탄소(CO_2) 0.03%, 그리고 기타 0.01%이다.

2. ④

1. 기압의 평균 일교차는 적도부근에서 3~4 hPa, 중위도에서 2 hPa, 그리고 고위도에서는 0.3~0.4 hPa 정도로 고위도로 갈수록 작게 나타난다.
2. 대기압은 고도 10,000 ft 까지 1,000 ft 당 약 1 inHg의 비율로 감소하며, 18,000 ft에서의 대기압은 해면 대기압의 약 1/2 이다.
3. 고도가 높아질수록 초기에는 기압이 급격히 감소하다가 어느 정도의 고도에 도달하면 기압의 감소율은 비교적 완만해진다.

3. ①

안정도에 따른 대기의 특성은 다음과 같다.

구분 \ 안정도	안정	불안정
구름	층운형(stratiform)	적운형(cumuliform)
대기	안정 대기	난류(turbulence)
시정	불량, 안개(fog)	양호
강수	지속성	소낙성(간헐성)

4. ③

맑고 바람이 약한 서늘한 밤에 지표면이 지구복사를 잘 방출하기 때문에 지표면이 쉽게 냉각되어 지표면 기온역전이 형성되며, 일출 후 지면이 가열되면 점차 사라진다.

5. ③

항공기의 성능에 영향을 주는 기상요소로는 기온, 기압, 밀도, 습도, 그리고 바람 성분 등을 들 수 있다.

6. ②

지표면 위를 이동하는 대기는 지표면과 마찰이 생겨서 물체의 운동을 방해받는데 이러한 힘을 마찰력이라 한다. 대기가 지표면의 마찰력을 받는 범위에서는 이 마찰력 때문에 바람은 등압선에 평행하게 불지 않고 어떤 각도를 가지고 등압선을 횡단하여 불게 된다.

7. ②

운립의 크기는 운형에 따라 다르나, 직경이 거의 0.01 mm인데 비하여 수적(물방울)의 직경은 보통 0.01~0.1 mm 정도이다. 이것을 부피비로 비교하면 우적은 운립의 100만 배 정도의 크기이다.

8. ④

해상이나 해안에서 발생하는 안개의 대부분은 이류안개이며, 이를 해무(sea fog)라고 한다. 해무의 두께는 보통 200~400 m 정도로 복사안개보다 두껍다.

9. ③

북태평양 기단(mT)은 저위도 해양인 북태평양 상에서 형성되는 고온 다습한 해양성 열대기단이다. 이 기단은 우리나라의 무더운 여름철 기후에 영향을 주고, 한랭 습윤한 기단인 오호츠크해 기단(mP)과 만나 장마전선을 형성한다.

10. ①

한랭전선 전방은 남풍 또는 남서풍, 통과 후에는 서풍 또는 북서풍으로 변한다.

11. ③

뇌우의 단계 및 특징은 다음과 같다.

단 계	특 징
발달기(적운기) (Cumulus stage)	• 강한 상승기류 발생 • 적운 성장
성숙기 (Mature stage)	• 상승기류와 하강기류 공존 • 강수 시작
소멸기 (Dissipating stage)	• 하강기류 우세 • 강수 약해짐

12. ②

기상 레이더에 강한 뇌우로 식별되거나, 또는 강한 레이더 반사파(radar echo)가 나타나는 뇌우는 최소한 20 NM 이상 회피하여야 한다.

13. ②

착빙 강도의 분류는 다음과 같다.

강도의 분류	축적상태	조 치
미약함 (Trace)	축적률(누적율)이 승화율(녹는율) 보다 약간 크다.	1시간 이상 계속해서 지속되지 않는 한 제빙/방빙장치를 사용할 필요는 없다.
약함 (Light)	축적률이 승화율보다 크다.	제빙/방빙장치를 사용하면 문제가 되지는 않는다.
보통 (Moderate)	축적률이 단시간 조우에도 잠재적 위험을 내포한다.	제빙/방빙장치의 사용과 이탈비행이 필요하다.
심함 (Severe)	축적률이 매우 크다.	제빙/방빙장치가 효과가 없으며, 즉각적인 이탈비행이 필요하다.

14. ①

난류를 강도에 따라 분류하면 다음과 같다.

강 도	체감정도
약함(Light)	음식 서비스와 걷기가 불편하며, 안전벨트 착용이 요구된다.
보통(Moderate)	음식 서비스와 걷기가 힘들어 진다. 항공기는 상당한 동요를 느끼나 통제력을 상실하지는 않는다.
심함(Severe)	심한 충격이 있으며, 음식 서비스와 걷기가 불가능해 진다.
극심함(Extreme)	

15. ③

마이크로버스트(microburst) 하강기류가 운저(cloud base)로부터 지면 상공 약 1,000~3,000 ft 까지 강하할 때 직경은 통상적으로 1 mile 미만이다. 지면 근처에서 하강기류는 바깥쪽으로 퍼져 나가며 수평으로 직경 약 2.5 mile까지 확장될 수 있다.

16. ③

일기도 상에서 등압선은 1,000 hPa을 기준으로 하여, 보통 4 hPa 간격의 흑색(또는 청색) 실선으로 그린다.

17. ①

악기상예보(SIGWX) 차트의 운량(coverage) 표시방법은 다음과 같다.

기 호 (code)	운량(coverage)	
	우리나라	ICAO
ISOL	50% 미만	1/8 미만
OCNL	50~75% 이하	1/8~4/8
FRQ	75% 이상	4/8 초과

18. ②

전선은 기온, 노점온도, 풍향, 그리고 기압경도가 불연속(기압 자체는 연속)을 이루어 이들 값이 급변하는 지역에 위치할 가능성이 크다.

19. ①

기상기호 ▽는 소낙성(shower)을 의미한다.

20. ④

공항예보(TAF)의 변화지시자에는 BECMG, TEMPO 및 FM이 있다.

21. ①

　청천난류는 주로 제트기류(jet stream) 부근에서 발생하는데, 그 이유는 제트기류 부근에는 강한 윈드시어로 인해 난류가 생기기 때문이다. 그러나 모든 청천난류가 제트기류와 연관되어 있는 것은 아니다.

22. ③

　관측시작 직전 10분간의 활주로가시거리의 변동은 다음과 같이 보고해야 한다.
1. 활주로가시거리가 10분 동안에 뚜렷한 경향, 즉 처음 5분간 평균보다 다음 5분간 평균이 100 m 이상 변화하는 뚜렷한 경향이 나타나면 이러한 경향을 표시해야 한다.
2. 10분 동안에 1분 활주로가시거리 값이 평균값보다 50 m 또는 평균값의 20%를 초과하여 변화하였을 때, 1분 평균 최솟값과 1분 평균 최댓값을 10분 평균값 대신 보고해야 한다.

23. ②

　인접(VC; Vicinity)이란 공항 내는 아니지만 공항 기준위치로부터 약 8~16 km 이내를 뜻하며 METAR 및 SPECI에는 "DS", "SS", "FG", "FC", "SH", "PO", "BLDU", "BLSA", "BLSN", "TS" 및 "VA" 보고에 사용해야 한다.

24. ④

　다음과 같은 상태가 동시에 관측되었을 경우 모든 기상관측보고에 "CAVOK" 용어를 사용한다.
1. 시정 10 km 이상
2. 운항상 중요한 구름이 없을 때.
　• 운항상 중요한 구름: 운저고도가 1,500 m (5,000 ft) 미만 또는 최저구역 고도 중 높은 쪽 아래의 구름, 운저고도에 관계없이 적란운 또는 탑상적운
3. 강수, 대기물·먼지현상, 뇌전 등의 중요한 일기현상이 없을 때

25. ③

　경향형 예보의 변화지시군에는 BECMG와 TEMPO, 그리고 변화지시자 FM, TL, AT가 있다.

자격분류명	자격명	과목명	시험시간	문제수	성 명	점 수
항공종사자 자격증명	조종사	항공기상	30분	25문항		

항공종사자 자격증명시험 제5회 모의고사

1. 대류권계면이 높은 곳부터 순서대로 나열한 것은?
   ① 중위도＞적도＞극
   ② 적도＞극＞중위도
   ③ 적도＞중위도＞극
   ④ 중위도＞극＞적도

2. FL280에서 비행 중 외기온도가 -31℃ 이었다. 이 고도에서 ISA와의 온도편차는?
   ① ISA보다 10℃ 높다.
   ② ISA보다 10℃ 낮다.
   ③ ISA보다 5℃ 높다.
   ④ ISA보다 5℃ 낮다.

3. 대기의 안정도를 판단하기 위해 사용하는 것은?
   ① 지상 일기도
   ② 단열선도
   ③ 850 hPa 일기도
   ④ 300 hPa 일기도

4. 편서풍에 대한 설명으로 맞는 것은?
   ① 아열대 고기압에서 적도지방 저기압으로 부는 바람
   ② 아열대 고기압에서 극지방 저기압으로 부는 바람
   ③ 극지방 고기압에서 고위도 저기압으로 부는 바람
   ④ 극지방 고기압에서 아열대 저기압으로 부는 바람

5. 지표면 바람이 등압선에 평행하게 불지 않고 어떤 각도를 가지고 등압선을 횡단하여 부는 원인은?
   ① 지면의 높은 공기 밀도
   ② 지면의 높은 대기압
   ③ 코리올리스 힘
   ④ 지면의 마찰력

6. 장마철에 지속적인 소나기를 내리게 하는 구름은?
   ① Sc
   ② Cb
   ③ Cu
   ④ Ns

7. 하층운의 높이는 지표면으로부터 얼마인가?
   ① 4,500 ft
   ② 5,500 ft
   ③ 6,500 ft
   ④ 7,500 ft

8. 습도가 높고 대기가 안정된 상태에서 야간에 지면이 냉각되어 발생하는 안개는?
   ① 복사무
   ② 이류무
   ③ 증기무
   ④ 활승무

9. 기단의 특성이 제대로 짝지어진 것은?
   ① 대륙성 한랭기단 - 저온, 건조
   ② 대륙성 온난기단 - 고온, 다습
   ③ 해양성 한랭기단 - 저온, 건조
   ④ 해양성 온난기단 - 저온, 다습

10. 지상에서 전선의 이동속도를 빠르게 하는 원인은?
    ① 전선 상부의 저기압
    ② 전선과 평행한 상층풍
    ③ 전선을 가로지르는 상층풍
    ④ 온난전선을 쫓아가는 한랭전선

11. 한랭전선에 대한 설명으로 틀린 것은?
    ① 전선 통과 전에 기압이 하강한다.
    ② 전선 통과 후에 기온이 하강한다.
    ③ 전선 통과 전에 남서풍이 분다.
    ④ 지속적이고 넓은 지역에 비가 온다.

12. -15℃~-20℃에서 주로 발생되는 착빙은?
    ① Rime icing
    ② Mixed icing
    ③ Clear icing
    ④ Dry icing

13. 투명하고 단단한 얼음으로 처음의 물방울이 얼어버리기 전에 다음 물방울이 붙으면서 생기는 착빙은?
① Rime ice ② Cloudy ice
③ Clear ice ④ Mixed ice

14. Tropical Storm 중심부근의 풍속은?
① 17~24 KTS ② 25~32 KTS
③ 34~47 KTS ④ 48~63 KTS

15. 소형 항공기가 대형 항공기 뒤를 따라 이착륙 할 때 wake turbulence 회피 절차로 적합한 것은?
① 대형 항공기의 최종접근경로 위로 접근하여 대형 항공기의 접지지점을 지나서 착륙한다.
② 대형 항공기의 최종접근경로 아래로 접근하여 대형 항공기의 접지지점 이전에 착륙한다.
③ 대형 항공기의 최종접근경로 위로 접근하여 대형 항공기의 접지지점 이전에 착륙한다.
④ 대형 항공기의 rotation point를 알아 두었다가 rotation point를 지나서 이륙한다.

16. 산악파에 의해 산지의 정상에 발생할 수 있는 구름은?
① Rotor cloud ② Lenticular cloud
③ Cap cloud ④ Leewave cloud

17. 일기도의 등압선에서 저기압 부분을 연결한 선을 무엇이라 하는가?
① Ridge ② Trough
③ Col ④ Depression

18. 기상기호 중 "●" 기호가 의미하는 기상현상은?
① Snow ② Hail
③ Drizzle ④ Rain

19. 700 hPa 기상도에 표시되지 않는 것은?
① 등고선 ② 등온선
③ 기압골과 기압능 ④ 제트기류

20. High-level SIGWX Chart의 적용 높이는?
① FL100~FL250 ② FL200~FL550
③ FL250~FL630 ④ FL300~FL650

21. High-Level SIGWX Chart에서 다음 그림과 같은 예보기호에 대한 설명으로 틀린 것은?

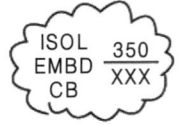

① 구름의 기저(base)는 FL250 이하이다.
② 구름 상부(top)의 높이는 FL350 이다.
③ 예상되는 구름은 적란운이다.
④ 구름의 운량(coverage)은 4/8 이하이다.

22. 부호 "GR"이 의미하는 기상현상은?
① 우박 ② 가랑비
③ 빙정 ④ 쌀알눈

23. 가장 시정이 좋지 않을 때 사용하는 기상현상은?
① 연기 ② 안개
③ 연무 ④ 해무

24. METAR에서 약어 "BKN"의 운량은?
① 1/8~2/8 ② 3/8~4/8
③ 5/8~7/8 ④ 8/8

25. ATIS에서 방송하지 않는 것은?
① METAR
② TAF
③ Runway condition
④ NAVAID

제5회 정답 및 해설

문제	1	2	3	4	5
정답	❸	❶	❷	❷	❹
문제	6	7	8	9	10
정답	❹	❸	❶	❶	❸
문제	11	12	13	14	15
정답	❹	❶	❸	❸	❶
문제	16	17	18	19	20
정답	❸	❷	❸	❹	❸
문제	21	22	23	24	25
정답	❹	❶	❷	❸	❷

1. ③

대류권계면의 높이는 적도지방에서 가장 높고, 고위도 지역인 극지방으로 갈수록 낮아진다. 같은 위도일 때에는 여름철에 높고 겨울철에 낮다.

2. ①

국제표준대기(ISA)에서 표준 해면고도의 온도는 15℃이고 1,000 ft 당 약 2℃의 비율로 감소하므로, FL280의 온도는 $15 - (28 \times 2) = -41℃$ 이다.

따라서 현재 FL280의 외기온도(OAT) -31℃는 국제표준대기의 온도(-41℃) 보다 10℃ 높다.

3. ②

단열선도는 대기의 단면을 입체적으로 확인하여 대기상태를 분석하는 목적으로 사용되며, 이를 통해 대기의 안정도를 판단할 수 있다.

4. ②

대기 대순환에 의한 바람 분포는 다음과 같다.

바람 분포	내 용
극동풍	극 고압대에서 고위도 저압대로 부는 바람
편서풍	중위도(위도 30° 아열대) 고압대에서 고위도 저압대로 부는 바람
무역풍	중위도(위도 30° 아열대) 고압대에서 적도 저압대로 부는 바람

5. ④

지표면 위를 이동하는 대기는 지표면과 마찰이 생겨서 물체의 운동을 방해받는데 이러한 힘을 마찰력이라 한다. 대기가 지표면의 마찰력을 받는 범위에서는 이 마찰력 때문에 바람은 등압선에 평행하게 불지 않고 어떤 각도를 가지고 등압선을 횡단하여 불게 된다.

6. ④

난층운(Ns)은 검은 회색의 두꺼운 구름으로서 지속적인 비, 눈 또는 기타 강수를 동반하는 구름이다. 장마철에 많이 나타나며, 비가 지속적으로 내리기 때문에 비구름이라고도 한다.

7. ③

구름을 높이에 따라 분류하면 다음과 같다.

구 분	구름의 높이
상층운	20,000 ft 이상
중층운	6,500~20,000 ft
하층운	지표면 부근~6,500 ft

8. ①

복사안개(radiation fog)는 맑은 날 밤이나 새벽녘에 습도가 높고 대기가 안정된 상태에서 지표면의 복사냉각으로 인하여 발생한다.

9. ①

기단의 분류 및 특징은 다음과 같다.

명 칭	기 호	특 징
대륙성 한대기단	cP	한랭, 저온 건조
해양성 한대기단	mP	한랭, 저온 다습
대륙성 열대기단	cT	온난, 고온 건조
해양성 열대기단	mT	온난, 고온 다습

10. ③

전선은 횡단하는 바람방향으로 이동한다. 상층풍이 전선에 평행하게 불면 전선은 매우 완만하게 움직이고, 전선을 가로지르면 매우 빠르게 움직인다.

11. ④

한랭전선에서는 온난전선보다 좁은 지역에서 강수가 나타나며 강수 강도가 세다. 이때 전선 부근에서는 소나기나 뇌우, 우박 등 궂은 날씨를 동반하는 경우가 많다.

12. ①

기온에 따른 착빙의 종류는 다음과 같다.

기온 범위	착빙의 종류
0~-10℃	맑은착빙(clear icing)
-10~-15℃	혼합착빙(mixed icing) 또는 거친착빙
-15~-20℃	거친착빙(rime icing)

13. ③

물방울의 충돌 간격이 결빙보다 빠를 때 처음의 물방울이 얼어버리기 전에 다음 물방울이 붙으면서 투명하고 단단한 맑은착빙(clear icing)이 형성된다.

14. ③

최대풍속에 따른 태풍의 분류는 다음과 같다.

34 KTS 미만	34~47 KTS	48~63 KTS	64 KTS 이상
열대저기압 (Tropical Depression)	열대폭풍 (Tropical Storm)	강한 열대폭풍 (Severe Tropical Storm)	태풍 (Typhoon)

15. ①

항적 난류 회피절차는 다음과 같다.
1. 대형 항공기의 뒤를 따라 착륙할 때: 대형 항공기의 최종접근 비행경로나 최종접근 비행경로(또는 on-glide slope나 glide slope) 위로 비행하며, 접지지점을 알아 두었다가 그 지점을 지나서 착륙
2. 이륙하는 대형 항공기의 뒤를 따라 착륙할 때: 대형 항공기의 부양지점(rotation point)을 알아 두었다가 부양지점 훨씬 이전에서 착륙
3. 대형 항공기의 뒤를 따라 이륙할 때: 대형 항공기의 부양지점을 알아 두었다가 부양지점 이전에서 이륙

16. ③

산악파에서 출현하는 모자 구름(cap cloud)은 산맥 바로 정상에서 형성되는 구름으로 대부분 풍상측에 몰려있다.

17. ②

등압선의 각 부분을 나타내는 용어는 다음과 같다.
1. 기압골(trough): 저기압부가 좁고 길게 뻗혀서 저기압성 곡률이 최대인 곳을 연결한 선
2. 기압능(기압마루, ridge): 고기압 구역이 길게 뻗혀 고기압성 곡률이 최대인 곳을 연결한 선
3. 기압의 안장부(Col; Cut-off lows): 2개의 고기압 구역과 2개의 저기압 구역에 포위된 중립구역. 즉 기압골과 기압능이 교차하는 장소

18. ③

기상기호 중 " 9 " 기호가 의미하는 기상현상은 이슬비(drizzle) 이다.

19. ④

700 hPa 상층 기상도에 표시되는 분석요소는 등고선, 등온선, 등노점선, 전선, 기압능/기압골이다.

제트기류 분석은 300 hPa, 200 hPa 및 100 hPa 상층 기상도에서 이루어진다.

20. ③

악기상예보(SIGWX Chart)를 적용 고도별로 구분하면 다음과 같다.
1. 저고도(low-level) 악기상예보: 지상~10,000ft
2. 중고도(mid-level) 악기상예보: 10,000ft~25,000ft
3. 고고도(high-level) 악기상예보: 25,000ft~63,000ft

21. ④

SIGWX Chart에서 운량을 나타내는 기호의 의미는 다음과 같다.

기호(code)	의 미	운량 [ICAO]
ISOL	Isolated	1/8 미만
OCNL	Occasional	1/8~4/8
FRQ	Frequent	4/8 초과

22. ①

부호 "GR"은 우박(hail)을 나타낸다.

23. ②

장애에 따른 수평시정은 다음과 같다.

장애 종류	수평시정
박무(Mist)	1,000~5,000 m
안개(Fog)	1,000 m 미만
연기(Smoke), 모래(Sand), 연무(Haze)	5,000 m 이하
널리 퍼진 먼지(Widespread Dust)	5,000 m 미만

24. ③

운량(coverage) 부호가 의미하는 운량은 다음과 같다.

부호	운량 [ICAO]	운량 [FAA]
FEW	1/8~2/8	1~2 oktas
SCT	3/8~4/8	3~4 oktas
BKN	5/8~7/8	5~7 oktas
OVC	8/8	8 oktas

25. ②

ATIS 정보에는 최신 기상전문의 시간, 운고, 시정, 시정장애, 기온, 이슬점, 풍향(자방위)과 풍속, 고도계수정치, 그리고 그 밖의 관련사항이 포함된다.
1. 공항의 정시관측보고(METAR) 및 특별관측보고(SPECI)
2. 사용 가능한 착륙예보
3. 접근지역의 주요기상에 대한 모든 사용 가능한 정보
4. 그 밖의 관련 사항(해당할 경우) : 활주로 상태(사용 활주로, 유도로 폐쇄 등), 공항 시설의 문제 또는 이용 시 유의할 사항(VOR 이나 ILS의 고장, 공항 주변의 조류 등)

항공종사자 자격증명시험 제6회 모의고사

자격분류명	자격명	과목명	시험시간	문제수	성 명	점 수
항공종사자 자격증명	조종사	항공기상	30분	25문항		

1. 다음 중 표준대기조건이 아닌 것은?
   ① 기온 15℃
   ② 기압 29.92 inHg
   ③ 기압 1,249 mb
   ④ 기압 760 mmHg

2. 해수면으로부터 공항의 고도를 측정하는 altimeter setting은?
   ① QNE
   ② QNH
   ③ QFE
   ④ QFF

3. 다음 용어 설명 중 틀린 것은?
   ① 비습: 1 kg의 습윤공기 속에 포함된 수증기의 양
   ② 포화 수증기압: 공기 중에 포함된 수증기량의 최대치를 압력 단위로 나타낸 것
   ③ 포화 혼합비: 건조공기 1 kg과 공존하는 최대 수증기의 양
   ④ 습윤단열감률: 포화되지 않은 공기가 상승하면서 온도가 감소하는 비율

4. 북반구에서 고기압의 바람 방향은?
   ① 아래, 바깥쪽 시계 방향
   ② 아래, 바깥쪽 반시계 방향
   ③ 위, 안쪽 시계 방향
   ④ 위, 안쪽 반시계 방향

5. 지면 마찰이 거의 없는 상공에서 등압선이 직선일 때, 등압선에 평행하게 부는 바람은?
   ① 관성풍
   ② 경도풍
   ③ 지균풍
   ④ 선형풍

6. 고도 2,000' MSL의 온도가 11℃, 이슬점온도가 1℃이면 적운의 대략적 높이는 얼마인가?
   ① 3,000 ft
   ② 4,000 ft
   ③ 6,000 ft
   ④ 8,000 ft

7. 안개의 발생에 영향을 미치는 요건이 아닌 것은?
   ① 온도
   ② 습도
   ③ 기압
   ④ 바람

8. 따뜻한 지표면 또는 물가 위로 찬 공기가 지날 때 생기는 안개는?
   ① 복사안개
   ② 이류안개
   ③ 활승안개
   ④ 증기안개

9. 여름철 우리나라에 영향을 미치는 기단은?
   ① 양쯔강 기단
   ② 북태평양 기단
   ③ 오호츠크해 기단
   ④ 적도 기단

10. 한랭전선이 다가올 때 부는 바람은?
    ① 남서풍
    ② 남동풍
    ③ 북동풍
    ④ 북서풍

11. Squall line에 대한 설명으로 틀린 것은?
    ① Cold line 앞에 평행하게 발생한다.
    ② 수백 마일의 길이를 가진다.
    ③ 뇌우, 강수와 기상이변 등이 발생한다.
    ④ 전선이 있어야 발생할 수 있다.

12. 뇌우 통과 시의 절차로 맞는 것은?
    ① Radar 안테나를 상하로 움직여 에코(echo) 변화를 감시한다.
    ② Cockpit 내부 light는 최소로 한다.
    ③ Autopilot 사용 시 고도유지 mode와 속도유지 mode를 작동시킨다.
    ④ 필요에 따라 power setting을 변경하며 비행한다.

13. Clear icing이 예상되는 구름은?
    ① 고적운
    ② 층운
    ③ 적란운
    ④ 권상운

14. 착빙에 대한 설명 중 맞는 것은?
   ① 맑은 착빙은 발견하기가 어려우며 반드시 제거해야 한다.
   ② 거친 착빙은 발견하기 어렵고 제거하기도 어렵다
   ③ 맑은 착빙은 비행에 상관없기 때문에 제거하지 않아도 된다.
   ④ 거친 착빙은 비행에 상관없기 때문에 제거하지 않아도 된다.

15. 태풍에 대한 설명 중 틀린 것은?
   ① 중심으로 갈수록 등압선의 간격은 조밀해진다.
   ② 진행방향의 우측반원이 가장 위험하다.
   ③ 태풍의 눈에는 하강기류가 존재한다.
   ④ 저고도 비행 시 태풍의 눈을 피해 왼쪽으로 비행하면 배풍을 받고 비행하여 시간을 줄일 수 있다.

16. Jet기류에 대한 설명으로 틀린 것은?
   ① Jet기류는 중위도가 강하며 적도부근은 약하다.
   ② Jet기류의 풍속은 통상 45 kts를 기준으로 한다.
   ③ 겨울에 강하고 여름에 약한 경향이 있다.
   ④ Jet core는 하나 이상일 수 있다.

17. 저고도 기온역전에 의한 wind shear가 발생하기 위한 조건은?
   ① 따뜻한 층과 차가운 층 간에 최소한 10℃ 이상의 온도 차이
   ② 지표면 근처의 바람과 역전층 바로 상부의 바람 간에 최소한 30°의 풍향 차이
   ③ 지표면 근처의 바람과 역전층 바로 상부의 바람 간에 최소한 60°의 풍향 차이
   ④ 지표면 근처의 무풍이나 미풍 및 역전층 바로 상부의 상대적으로 강한 바람

18. 기상기호 ▽ 의 의미는?
   ① 지속성 강수   ② Shower
   ③ 우박   ④ 어는 비

19. 300 mb 차트에 표시되지 않는 것은?
   ① 노점   ② 기압
   ③ 풍속   ④ 제트기류

20. ICAO Annex에서 규정하고 있는 TAF의 권장 유효기간은?
   ① 3~9시간   ② 6~24시간
   ③ 12~24시간   ④ 6~30시간

21. Significant weather chart에서 severe turbulence를 나타내는 기호는?
   ① ⋎   ② ═
   ③ ⌓   ④ ⋀

22. 풍향과 풍속은 지상 몇 미터 높이에서 측정한 값을 표준으로 활용하는가?
   ① 7 m   ② 10 m
   ③ 12 m   ④ 15 m

23. 기상부호 MIFG를 사용하여 안개를 보고할 수 있는 경우는?
   ① 안개가 공항의 일부지역에 끼어있을 때
   ② 산재한 안개 덩어리를 보고할 때
   ③ 지상 2 m 이상 높이에서의 시정은 1,000 m 이상이지만 안개층을 통해서 볼 수 있는 시정이 1,000 m 미만일 때
   ④ 관측장소에는 없으나 공항 인근지역의 안개를 관측했을 때

24. TAF에서 "BECMG 1012 3000 SCT003 BKN030"으로 보고되었다면 ceiling은?
   ① 3,000 ft AGL   ② 300 ft AGL
   ③ 3,000 ft MSL   ④ 300 ft MSL

25. 기상 레이더에 대한 설명으로 맞지 않는 것은?
   ① 전파를 발사하여 목표물에서 되돌아오는 반사전파를 수신하여 그 목표물의 방향과 거리, 그리고 반사전파의 강도를 측정한다.

② 목표물에 반사되어 되돌아오는 반사파를 에코(echo)라고 한다.
③ 항공기 탑재용은 5 cm와 10 cm, 그리고 지상용은 3 cm 파장의 레이더를 사용한다.
④ 목표물의 위치를 아는 것만으로는 불충분하고, 높은 정도의 반사강도로 측정할 수 있어야 한다.

제6회 정답 및 해설

문제	1	2	3	4	5
정답	❸	❷	❹	❶	❸
문제	6	7	8	9	10
정답	❷	❸	❹	❷	❶
문제	11	12	13	14	15
정답	❹	❶	❸	❶	❹
문제	16	17	18	19	20
정답	❷	❹	❷	❶	❹
문제	21	22	23	24	25
정답	❹	❷	❸	❶	❸

1. ③

국제표준대기(ISA)의 조건은 다음과 같다.
- 기압 $P_0 = 760$ mmHg $= 29.92$ inHg $= 1013.25$ hPa(mb) $= 14.7$ psi
- 온도 $t_0 = 15℃ = 59°F$
- 중력가속도 $g_0 = 9.8066$ m/s^2
- 음속 $a_0 = 340.429$ m/s

2. ②

고도계 설정(altimeter setting)의 종류는 다음과 같다.

구분	QNH	QNE	QFE
설정	해면기압	표준대기압 (29.92 inHg)	활주로면의 기압
고도계 지시	진고도(해면상, 즉 해수면으로부터의 고도)	기압고도(표준대기압으로부터의 고도)	절대고도(항공기로부터 그 당시 지형까지의 거리)

3. ④

습윤단열감률(moist adiabatic lapse rate)이란 수증기로 포화된 공기가 상승 또는 하강하면서 주위의 기압변화에 따라 온도가 단열적으로 감소하는 비율을 말한다.

4. ①

고기압권 내의 상공에서 수렴된 공기는 하강기류가 되어 북반구에서는 고기압 중심 주위를 시계방향으로 회전하면서 불어나가고, 남반구에서는 반시계 방향으로 회전하면서 불어나간다.

5. ③

바람의 종류는 다음과 같다.

종류	내용
지균풍	마찰력이 무시된 상공에서 등압선이 직선일 때, 기압경도력과 전향력이 평형을 이루어 등압선에 평행하게 부는 바람
경도풍	등압선이 곡선일 때 기압경도력, 전향력, 원심력이 평형을 이루며 부는 바람(마찰이 없는 상공에서 곡선 등고선을 따라 부는 바람)
지상풍	기압경도력이 전향력과 마찰력을 합한 힘과 평형을 이루며 부는 바람
선형풍	기압경도력과 원심력이 평형을 이루어 등압선에 평행하게 부는 바람

6. ②

지표면의 기온을 $T(℃)$, 이슬점을 $T_d(℃)$라고 하면,

$$\therefore 구름의 높이(ft) = \frac{T - T_d}{2.5} \times 1000$$
$$= \frac{11 - 1}{2.5} \times 1000 = 4,000 \text{ ft}$$

7. ③

안개의 발생에 영향을 미치는 요소는 다음과 같다.
1. 습도: 대기 중에 수증기가 다량으로 함유되어 있거나, 외부에서 대기 중으로 많은 수증기가 공급될 것
2. 온도: 공기가 이슬점온도 이하로 냉각될 것
3. 응결핵: 대기 중에 응결을 촉진시키는 흡습성의 미립자, 즉 응결핵이 많이 떠 있을 것
4. 바람: 바람이 약할 것

8. ④

증기안개(steam fog, 김안개)는 찬 공기가 상대적으로 높은 온도의 수면 또는 온난하고 습한 지표면 위를 지날 때 증발된 수증기가 포화되고 응결되어 발생하는 안개이다.

9. ②

북태평양 기단(mT)은 저위도 해양인 북태평양 상에서 형성되는 고온 다습한 해양성 열대기단이다. 이 기단은 우리나라의 무더운 여름철 기후에 영향을 주고, 한랭 습윤한 기단인 오호츠크해 기단(mP)과 만나 장마전선을 형성한다.

10. ①

한랭전선 전방은 남풍 또는 남서풍, 통과 후에는 서풍 또는 북서풍으로 변한다.

11. ④

스콜라인(squall line)이란 전선이 아닌 좁은 띠 모양으로 나타나는 활동적인 불안정 선을 뜻하며, 여기서 발생하는 뇌우를 스콜라인 뇌우라고 한다. 스콜라인은 비전선성(non-frontal)으로 전선이 없어도 형성된다.

12. ①

뇌우지역 비행절차는 다음과 같다.
1. 자동조종장치를 사용하고 있다면 고도와 속도 유지 mode를 해제한다. 일정한 자세를 유지하고, 고도 및 속도가 변동될 수 있도록 놓아두라.
2. 번개로 인한 일시적인 시력상실을 줄이기 위하여 조종실 조명을 최대한 밝게 조절한다.
3. 권장하는 난기류 통과속도로 동력설정(power setting)을 유지하고 변경하지 마라. 권장속도가 달리 지정되어 있지 않다면 비행속도를 설계기동속도(V_A) 이하로 유지하여야 한다.
4. 기상 레이더를 사용하고 있다면 때때로 안테나의 각도를 상하로 기울인다.
5. 일단 뇌우 속에 들어갔다면 되돌아가지 마라.

13. ③

구름의 유형에 따른 착빙의 종류는 다음과 같다.

구름 유형	구 름	착빙 종류
층운형 구름	층운(St) 고층운(As)	거친 착빙과 혼합 착빙
적운형 구름	적란운(Cb) 적운(Cs)	대부분 맑은 착빙(clear icing)
권운형 구름	권운(Ci)	거의 발생하지 않음

14. ①

맑은 착빙 및 거친 착빙의 특성은 다음과 같으며, 모든 착빙은 비행전에 제거하여야 한다.
1. 맑은 착빙(clear icing)은 투명하여 눈으로 확인하기가 어렵고, 무겁고 단단하며 항공기 표면에 단단하게 붙는다. 항공기 날개의 형태를 크게 변형시키므로 구조 착빙 중에서 가장 위험한 형태의 착빙이다.
2. 거친 착빙(rime icing)은 항공기 날개의 공기역학적 성능에 심각한 영향을 줄 수 있으나, 맑은 착빙보다는 덜 위험하고 제빙장치로 쉽게 제거할 수 있다.

15. ④

저고도 비행 시 태풍의 눈을 왼쪽에 두고 비행하면 배풍을 받고 비행하여 비행시간을 줄일 수 있다.

16. ②

제트기류(jet stream)의 최저풍속은 50 kt로 정하고 있으며, 최대풍속이 50 kt 이상 되는 강한 등풍속선은 모두 제트기류에 속하게 된다.

17. ④

맑고 바람이 약한 야간에 지표 부근에 기온 역전층이 생겼을 때, 상층은 역전층 하층의 안정층에 비해 비교적 풍속이 크기 때문에 풍속차로 윈드시어(windshear)가 발생할 수 있다.

18. ②

기상기호 ▽는 소낙성(shower)을 의미한다.

19. ①

300 hPa 상층 일기도에 표시되는 분석요소는

등고선, 등온선, 기압능/기압골 및 등풍속선(Jet 분석) 이다.

20. ④

정시 공항예보(TAF)의 유효시간은 6시간 이상 30시간 미만이어야 한다. [ICAO Annex 3]

21. ④

난류(난기류, turbulence)를 표시하는 기호는 다음과 같다.

구 분	기 호
보통 난류(moderate turbulence)	∧
심한 난류(severe turbulence)	⩘

22. ②

지상풍의 관측은 활주로 위 10±1 m(30±3 ft) 높이의 상태를 대표하는 것이어야 한다.

23. ③

안개의 상태를 나타내는 부호는 다음과 같다.

부 호	상태 종류
MIFG	지상 2 m 높이에서의 시정은 1,000 m 이상이지만, 지면으로부터 2 m까지의 안개층을 통해서 볼 수 있는 시정이 1,000 m 미만일 때
VCFG	관측장소에는 없으나 공항 인근지역의 안개를 관측했을 때
BCFG	산재한 안개 덩어리를 보고할 때
PRFG	안개가 공항의 일부지역에 끼어있음을 보고할 때

24. ①

실링(ceiling)은 운량이 5/8 이상인 "BKN", "OVC" 또는 "차폐(obscuration)"로 보고되는 가장 낮은 구름층까지의 운저높이를 100 ft AGL 단위로 보고한다. 문제의 TAF에서 운량이 5/8 이상으로 보고된 전문은 "BKN030"이므로 실링(ceiling)은 3,000 ft AGL이다.

25. ③

항공기 탑재 레이더의 파장은 3 cm인 것이 많고, 지상용 기지 레이더는 5 cm와 10 cm인 것이 많이 사용되고 있다.

항공종사자 자격증명시험 제7회 모의고사

자격분류명	자격명	과목명	시험시간	문제수	성 명	점 수
항공종사자 자격증명	조종사	항공기상	30분	25문항		

1. 모든 물리적인 기상현상의 근본적인 원인은?
   ① 공기의 이동　② 기압의 차이
   ③ 지구 내 열 교환　④ 습도의 차이

2. 표준대기(ISA)에서 고도 증가에 따른 평균 기온 체감률은?
   ① 1℃/1,000 ft　② 1.5℃/1,000 ft
   ③ 2℃/1,000 ft　④ 2.5℃/1,000 ft

3. 단열감률(LR; lapse rate)과 건조단열감률(DALR; dry adiabatic lapse rate)과의 관계로 맞는 것은?
   ① LR=DALR 시 안정하다.
   ② LR>DALR 시 안정하다.
   ③ LR<DALR 시 안정하다.
   ④ LR과 DALR은 관련이 없다.

4. 저기압과 고기압에 대한 다음 설명 중 맞는 것은?
   ① 고기압은 수렴한다.
   ② 고기압은 상승한다.
   ③ 저기압은 북반구에서 시계 방향으로 분다.
   ④ 저기압에서 불량한 시정과 지속적 강수가 나타난다.

5. 전향력에 관한 설명 중 틀린 것은?
   ① 지구의 자전에 의해 생기는 가상의 힘이다.
   ② 북반구에서는 바람 방향의 왼쪽으로 휘게 한다.
   ③ 극지방으로 갈수록 강해진다.
   ④ 기압경도력과 균형을 이루면 지균풍이 된다.

6. 다음 중 상층운에 포함되는 것은?
   ① 권층운　② 층적운
   ③ 고층운　④ 난층운

7. 강수 예보 시 구름 두께는 최소 몇 ft 이상인가?
   ① 3,000 ft　② 4,000 ft
   ③ 5,000 ft　④ 6,000 ft

8. 일반적으로 이류안개가 형성될 수 있는 조건은?
   ① 미풍이 존재하는 더운 지역으로 이동하는 공기
   ② 바람이 없는 상황 하에서 서늘한 지면 위로 가라앉는 덥고 습한 공기
   ③ 더운 수면의 기류 위로 찬 공기군이 불어오는 육지 산들바람
   ④ 찬 지면 또는 수면 위로 이동하는 덥고 습한 공기

9. 기단의 특성에 따른 분류 기호가 틀린 것은?
   ① 대륙성 열대기단 - cE
   ② 대륙성 한랭기단 - cP
   ③ 해양성 열대기단 - mT
   ④ 해양성 한랭기단 - mP

10. 온난전선에 대한 설명으로 틀린 것은?
    ① 온난전선을 통과하면 기온이 상승한다.
    ② 넓은 지역에 안개를 형성한다.
    ③ 온난전선의 기울기는 1/100~1/200 이다.
    ④ 전선이 지나가기 전에는 압력이 하강하다가 지나고 난 후에는 압력이 급상승한다.

11. 뇌우의 생성조건이 아닌 것은?
    ① 높은 습도　② 상승 운동
    ③ 불안정한 대기　④ 과냉각수적

12. Icing 시에 항공기에 미치는 영향으로 맞는 것은?
    ① 항공기 무지가 증가한다.
    ② 양력이 증가한다.
    ③ 항력이 감소한다.
    ④ 추력이 증가한다.

13. 다음 중 착빙이 잘 발생하는 구름은?
  ① Ar   ② Cu
  ③ As   ④ Sc

14. 태풍의 특성 중 틀린 것은?
  ① 태풍의 바람은 오른쪽 전방이 강하다.
  ② 보통 여름보다 겨울에 더 강하게 나타난다.
  ③ 크기는 반경 200 km인 것도 있다.
  ④ 태풍의 눈 부분이 바람이 가장 강하다.

15. 난기류의 강도 분류로 맞지 않는 것은?
  ① Slight   ② Moderate
  ③ Extreme   ④ Severe

16. 제트기류 중 중위도에 영향을 주는 제트기류는?
  ① 극 제트기류   ② 아열대 제트기류
  ③ 적도 제트기류   ④ 한대 제트기류

17. CAT(clear air turbulence)가 주로 발생하는 지역은?
  ① 산의 정상 부근
  ② 산악풍이 있을 때 풍상 쪽
  ③ Wind shear 부근
  ④ Jet stream 부근

18. 기상기호 중 "△"의 의미는 무엇인가?
  ① 소나기   ② 우박
  ③ 빙정   ④ 쌀알눈

19. 850 hPa 기상차트의 용도로 맞는 것은?
  ① 중층운 강수 예보와 층후도 작성에 이용
  ② 기압계의 이동과 상층운 예보
  ③ 하층 기상 확인 및 강수 예보
  ④ 제트기류 분석과 청천난류 예보

20. SIGMET의 유효시간은?
  ① 3시간   ② 6시간
  ③ 9시간   ④ 12시간

21. 아래와 같은 TAF에서 2400Z에 예상되는 시정은?
  "BECMG 1820 2000 BKN004 PROB30
  BECMG 2022 0500 FG VV001"
  ① 500 m
  ② 2,000 m
  ③ 500 m와 2,000 m 사이
  ④ 0 m와 1,000 m 사이

22. 지상풍의 측정 및 보고에 대한 다음 설명 중 틀린 것은?
  ① 바람은 활주로 위 10 m 상공에서 측정한다.
  ② Gust는 10분 동안에 최대 순간풍속이 평균풍속보다 10 kt 이상 차이가 있는 경우를 말한다.
  ③ 100 kt(200 km/h) 이상인 풍속을 보고할 때는 "G"를 사용하여 풍속을 보고한다.
  ④ 풍속이 정온(calm)인 경우에는 "00000"에 KT를 붙여 표시한다.

23. 보통 강도의 비가 오는 상태를 나타내는 부호는?
  ① +RA   ② 0RA
  ③ RA   ④ −RA

24. METAR에서 반드시 표시해야 하는 구름은?
  ① Ci   ② Cb
  ③ St   ④ Cu

25. 현재 일기에서 더 이상의 기상변동은 없다는 의미로 사용하는 약어는?
  ① NOSIG   ② BECMG
  ③ NIL   ④ SKC

제7회 정답 및 해설

문제	1	2	3	4	5
정답	❸	❸	❸	❹	❷
문제	6	7	8	9	10
정답	❶	❷	❹	❶	❹
문제	11	12	13	14	15
정답	❹	❶	❷	❹	❶
문제	16	17	18	19	20
정답	❹	❹	❷	❸	❷
문제	21	22	23	24	25
정답	❶	❸	❸	❷	❶

1. ③

태양 에너지는 지구에서 물질 순환과 기상 변화를 일으키는 근본 원인이 된다. 지구는 태양 에너지를 받아 다시 방출함으로써 전체적으로 에너지의 균형을 이루고 있으나 지역적으로는 불균형 상태에 놓여 있다. 이 불균형을 해소하기 위해 에너지가 큰 적도지역에서 작은 극지역으로 에너지의 이동이 일어나고 있으며, 이러한 지구 내의 열 교환은 대기 중에서 발생되는 모든 물리적인 기상 현상으로 나타난다.

2. ③

표준대기(ISA)에서 평균기온감률은 0.6℃/100 m (2℃/1,000 ft) 이다.

3. ③

단열감률과 건조단열감률에 따른 대기안정도는 다음과 같다. (여기에서, LR: 단열감률, DALR: 건조단열감률)

구분	체감률 비교	비 고
안정	DALR>LR	불포화 안정, 포화 불안정
불안정	LR>DALR	포화여부 관계없음
중립	LR=DALR	(건조 중립)

4. ④

저기압의 일반적 특성은 다음과 같다.
1. 북반구에서는 주위에서 저기압 중심을 향해 기류가 반시계 방향으로 돌면서 수렴한다.
2. 수렴한 기류는 중심부근에서 축적되어 상승기류로 변한다.
3. 구름 및 강수가 발생하며, 상승기류가 강하고 수증기가 많을수록 악기상을 초래한다.

5. ②

바람은 지구 자전의 영향을 받으며, 지구 자전에 의해 생기는 가상의 힘을 전향력 또는 코리올리 힘(Coriolis force)이라고 한다. 북반구에서는 전향력이 운동 방향의 오른쪽 직각 방향으로 작용하여 바람을 오른쪽으로 휘어지게 한다.

6. ①

구름을 높이에 따라 분류하면 다음과 같다.

구 분	구름의 종류
상층운	권운(Ci), 권적운(Cc) 및 권층운(Cs)
중층운	고적운(Ac), 고층운(As)
하층운	난층운(Ns), 층적운(Sc), 층운(St)
수직운	적운(Cu), 적란운(Cb)

7. ②

확실한 강수가 생성되기 위해서는 구름의 두께가 적어도 4,000 ft 이상은 되어야 한다. 공항의 이착륙에서 강수 보고를 받았다면 구름의 두께가 4,000 ft 이상은 될 것으로 예상해야 한다.

8. ④

이류안개(advection fog)는 온난 습윤한 공기가 한랭한 지표면 또는 수면 위로 이동함에 따라서 지표면 또는 수면과 접촉되는 공기가 냉각되어 형성된다.

9. ①

기단의 특성에 따른 분류 기호는 다음과 같다.

명 칭	기 호
대륙성 한대기단 (Continental Polar Air Mass)	cP
해양성 한대기단 (Maritime Polar Air Mass)	mP
대륙성 열대기단 (Continental Tropical Air Mass)	cT
해양성 열대기단 (Maritime Tropical Air Mass)	mT

10. ④

　온난전선 통과 시 기온은 상승하고, 기압은 하강한다.

11. ④

　뇌우의 생성조건은 불안정 대기, 상승 운동, 그리고 높은 습도이다.

12. ①

　항공기에 착빙(icing)이 발생하면 양력이 감소하고, 항력 및 중량은 증가한다. 그 결과 실속속도는 증가하고 항공기 추력은 저하된다.

13. ②

　구름의 유형에 따른 착빙의 발생 확률은 다음과 같다.

운 형	발생 확률
Cu, Cb, Ns	높음
Sc, Ac, As 동반한 Ac	약 50%
As	낮음
St	낮음

14. ④

　태풍의 중심부에는 하강기류가 있어 바람이 약하고, 부분적으로 맑은 날씨가 나타나는데 이것이 태풍의 눈(eye)이다.

15. ①

　난기류(turbulence)의 강도는 약함(light), 보통(moderate), 심함(severe) 및 극심함(extreme)의 4단계로 분류한다.

16. ④

　제트기류의 종류는 다음과 같다.
1. 한대전선 제트기류(polar front jet stream) : 우리나라와 같은 중위도의 한대전선 상공에서 발달
2. 아열대 제트기류(subtropical jet stream) : 위도 30°부근의 아열대 고압대 상공에서 발달

17. ④

　청천난류(CAT)는 주로 제트기류(jet stream) 부근에서 발생하는데, 그 이유는 제트기류 부근에는 강한 윈드시어로 인해 난기류가 생기기 때문이다.

18. ②

　기상기호 "△"는 우박(hail)을 의미한다.

19. ③

　850 hPa 기상차트의 용도는 다음과 같다.
1. 대류권 하층에서의 기압계 분포와 강도를 한 눈에 파악할 수 있다.
2. 하층운 강수예보에 이용한다.
3. 기압계의 이동을 예보하는데 이용한다.
4. 대류권 하층에서의 습기 유입상태를 조사하는데 이용한다.

20. ②

　SIGMET의 유효시간은 4시간을 초과하지 않아야 하며, 화산재 구름과 태풍과 같은 특별한 경우의 전문은 6시간을 초과하지 않아야 한다.

21. ①

　변화지시군 "BECMG 2022 0500"에 따라 2000(UTC)에서 2200(UTC) 사이에 점진적으로 시정이 500 m로 변화할 것으로 예상된다. 이 시간 이후에 더 이상 변화지시군이 사용되지 않는다면 이 기상현상이 예보기간 종료 시까지 지속되는 것으로 이해해야 한다.

22. ③

　100 kt(200 km/h) 이상인 풍속을 보고할 때는 지시자 "P"를 사용하여 풍속을 "99"로 보고해야 한다.
〔예〕140P99KT

23. ③

　강도를 나타내는 수식어는 다음과 같다.

부 호	강도 종류	예
−	약함(Light)	−RA (약한 강도의 비)
표시 없음	보통(Moderate)	RA (보통 강도의 비)
+	강함(Heavy)	+RA (강한 강도의 비)

24. ②

　METAR에서 적란운(CB) 또는 탑상적운(TCU)이 관측될 때는 반드시 보고해야 한다.

25. ①

　경향형 예보기간(2시간) 동안에 지상풍, 시정, 일기, 구름 등의 일기요소에 어떤 중대한 변화도 발생하지 않을 것으로 예상될 경우 약어 NOSIG를 사용한다.

항공종사자 자격증명시험 제8회 모의고사

자격분류명	자격명	과목명	시험시간	문제수	성 명	점 수
항공종사자 자격증명	조종사	항공기상	30분	25문항		

1. 성층권의 대표적인 기상현상은?
   ① 대류현상　　　② 제트기류
   ③ 불안정한 대기　④ 기온역전

2. FL310에서 기온이 표준온도 이하일 때, true altitude(TA)와 pressure altitude(PA)의 관계로 옳은 것은?
   ① TA와 PA는 같다.
   ② TA는 FL310보다 높다.
   ③ TA는 FL310보다 낮다.
   ④ PA는 TA보다 낮다.

3. 불안정한 공기의 특징으로 맞는 것은?
   ① 난층운 구름과 양호한 지상시정
   ② 난류와 불량한 지상시정
   ③ 난류와 양호한 지상시정
   ④ 층운형 구름과 불량한 지상시정

4. 저위도에서 부는 바람은?
   ① 편서풍　　　② 편동풍
   ③ 무역풍　　　④ 극동풍

5. 상층의 공기가 천천히 하강하여 발생하는 역전은?
   ① 침강역전　　② 전선역전
   ③ 접지역전　　④ 이류역전

6. 시정이 얼마 미만일 때 fog로 보고되는가?
   ① 0.8 km　　　② 1 km
   ③ 1.5 km　　　④ 3 km

7. 따뜻한 공기가 찬 지면 위를 지날 때 생기는 안개는?
   ① 증기무　　　② 복사무
   ③ 이류무　　　④ 활승무

8. 경도풍(gradient wind) 이란?
   ① 기압경도력에 의한 바람
   ② 등압선에 평행하게 부는 바람
   ③ 기압경도력이 전향력과 균형을 이루며 서로 반대방향으로 작용할 때 부는 바람
   ④ 기압경도력, 전향력, 원심력 3개의 힘이 평형을 이루며 부는 바람

9. 우리나라에서 여름철 장마가 물러가면 영향을 미치는 기단은?
   ① 양쯔강 기단　　② 북태평양 기단
   ③ 오호츠크해 기단　④ 적도 기단

10. 한랭전선의 바람 변화로 맞는 것은?
    ① 남동풍이 남서풍으로 변한다.
    ② 북동풍이 남동풍으로 변한다.
    ③ 동풍이 서풍으로 변한다.
    ④ 남서풍이 북서풍으로 변한다.

11. 뇌우에 대한 설명 중 틀린 것은?
    ① 기단 뇌우는 약 1~2시간 정도 지속되면서 강한 비와 돌풍을 동반하기는 하나, 그 수명이 짧고 규모가 작다.
    ② 악성 뇌우는 강수나 바람이 심하지만 그 크기가 크지 않고 1~2시간 이내로 소멸된다.
    ③ 단세포 뇌우는 한 개의 강한 상승기류 영역과 그에 수반된 강수로 구성된 뇌우로서 그 수명이 아주 짧아서 보통 1시간 정도 지속된다.
    ④ 다세포 뇌우는 여러 단계와 여러 개의 대류세포가 뭉쳐진 현상으로서 2~10시간 유지되며 수십 km의 수평규모를 갖는다.

12. 착빙에 영향을 주는 요소가 아닌 것은?
    ① 기압　　　　② 수적의 크기
    ③ 항공기 속도　④ 수증기량

13. 다음 중 착빙이 잘 발생하는 구름은?
   ① Ar   ② Cu
   ③ As   ④ Sc

14. 중심 부근의 최대풍속이 34~63 KTS인 열대성저기압은?
   ① Typhoon(TY)
   ② Topical Depression(TD)
   ③ Tropical Disturbance(TD)
   ④ Tropical Storm(TS)

15. Moderate turbulence 시의 대기속도 변화치는?
   ① 0~5 kts   ② 5~15 kts
   ③ 15~25 kts   ④ 30 kts 이상

16. 청천난기류(CAT)에 대한 설명 중 틀린 것은?
   ① 제트기류에서만 생긴다.
   ② 대류권계면의 불연속면에서 발생한다.
   ③ 공기의 대류현상과는 관련이 없다.
   ④ 15,000 ft 이상 비행하는 제트 항공기의 비행 장애요소가 된다.

17. 일기도에서 등압선이 간격이 넓어질 때의 기상현상은?
   ① 바람의 속도가 줄어든다.
   ② 바람의 속도가 빨라진다.
   ③ 북서풍이 분다.
   ④ 날씨가 맑다.

18. 전선의 불연속 기상요소가 아닌 것은?
   ① 온도   ② 기압
   ③ 풍향   ④ 이슬점

19. METAR에서 기온이 "M01/M04"로 보고되었다면 노점온도는 얼마인가?
   ① 영하 1℃   ② 영상 1℃
   ③ 영하 4℃   ④ 영상 4℃

20. 등풍속선을 관측할 수 있는 기상도는?
   ① 300 mb 일기도   ② 500 mb 일기도
   ③ 700 mb 일기도   ④ 850 mb 일기도

21. TAF에서 기상현상이 기간 내의 불특정 시간에 일정 또는 불규칙적인 변화를 보이며 서서히 새로운 기상현상으로 변화되어 바뀌는 것을 나타내는 변화지시군은?
   ① FM   ② BECMG
   ③ TEMPO   ④ PROB

22. 이륙예보는 출발예정시간 전 ( ) 이내에 운항승무원에게 제공될 수 있어야 한다. ( ) 안에 맞는 것은?
   ① 30분   ② 1시간
   ③ 2시간   ④ 3시간

23. 기상현상 hail을 나타내는 기호는?
   ① BR   ② HZ
   ③ SG   ④ GR

24. 높이 2 m 위에서는 시정이 1 km 이상인 안개를 나타내는 부호는?
   ① PRFG   ② MIFG
   ③ BCFG   ④ VCFG

25. ATIS의 권장 방송시간은?
   ① 20초   ② 30초
   ③ 60초   ④ 90초

제8회 정답 및 해설

문제	1	2	3	4	5
정답	❹	❸	❸	❸	❶
문제	6	7	8	9	10
정답	❷	❸	❹	❷	❹
문제	11	12	13	14	15
정답	❷	❶	❷	❹	❸
문제	16	17	18	19	20
정답	❶	❶	❷	❸	❶
문제	21	22	23	24	25
정답	❷	❹	❹	❷	❷

1. ④

성층권(stratosphere)은 기온이 일정하다가 어느 고도 이상에서부터 고도에 따라 기온이 증가하는 기온역전이 일어난다. 이는 고도 약 15~40 km에 존재하는 오존이 태양의 자외선을 흡수하기 때문이다.

2. ③

기온이 표준온도보다 높은 지역에서는 진고도(TA)가 지시고도보다 높아지고, 낮은 지역에서는 진고도(TA)가 지시고도보다 낮아진다.

3. ③

안정도에 따른 대기의 특성은 다음과 같다.

안정도 구분	안 정	불안정
구름	층운형(stratiform)	적운형(cumuliform)
대기	안정 대기	난류(turbulence)
시정	불량, 안개(fog)	양호
강수	지속성	소낙성(간헐성)

4. ③

대기의 순환에 따른 바람 분포는 다음과 같다.

바람 분포	발생 지역	내 용
극동풍	고위도	극 고압대에서 고위도 저압대로 부는 바람
편서풍	중위도	중위도(위도 30° 아열대) 고압대에서 고위도 저압대로 부는 바람
무역풍	저위도	중위도(위도 30° 아열대) 고압대에서 적도 저압대로 부는 바람

5. ①

기온역전의 종류는 다음과 같다.

종류	내 용
복사 역전	야간에 지면이 복사(輻射)에 의하여 냉각되기 때문에 지면 부근의 공기가 상공보다 급격하게 낮아져서 발생하는 기온역전으로 접지역전이라고도 한다.
침강 역전	상층의 공기가 서서히 하강하면서 단열압축에 의해 가열되기 때문에 하층의 온도가 낮은 공기와의 경계에 형성되는 기온역전
이류 역전	차가운 지표상에 외부에서 따뜻한 공기가 흘러 들어왔을 때, 하층의 기온이 상층의 기온보다 낮은 경우 이류에 의해 발생하는 기온역전

6. ②

무수히 많은 미세한 물방울들이나 습한 흡습성 입자들이 대기 중에 떠있는 현상으로 수평시정이 1 km 미만일 때를 안개(fog), 수평시정이 1 km 이상일 때는 박무(mist)라고 한다.

7. ③

이류안개(advection fog)는 온난 습윤한 공기가 한랭한 지표면 또는 수면 위로 이동함에 따라서 지표면 또는 수면과 접촉되는 공기가 냉각되어 형성된다.

8. ④

바람의 종류는 다음과 같다.

종 류	내 용
지균풍	마찰력이 무시된 상공에서 등압선이 직선일 때, 기압경도력과 전향력이 평형을 이루어 등압선에 평행하게 부는 바람
경도풍	등압선이 곡선일 때 기압경도력, 전향력, 원심력이 평형을 이루며 부는 바람(마찰이 없는 상공에서 곡선 등고선을 따라 부는 바람)
지상풍	기압경도력이 전향력과 마찰력을 합한 힘과 평형을 이루며 부는 바람
선형풍	기압경도력과 원심력이 평형을 이루어 등압선에 평행하게 부는 바람

9. ②

북태평양 기단은 우리나라의 무더운 여름철 기후에 영향을 주고, 한랭 습윤한 기단인 오호츠크해 기단과 만나 장마전선을 이룬다. 여름철 장마가 지나면서 북태평양 기단의 영향으로 본격적인 더운 날씨가 시작된다.

10. ④

한랭전선 전방은 남풍 또는 남서풍, 통과 후에는 서풍 또는 북서풍으로 변한다.

11. ②

독립된 뇌우인 기단 뇌우와 악성 뇌우의 특징은 다음과 같다.
1. 기단 뇌우: 약 1~2시간 정도 지속되면서 강한 비와 돌풍을 동반하기는 하나, 그 수명이 짧고 규모가 작다.
2. 악성 뇌우: 적어도 2시간 이상 지속되면서 50 kt 이상의 돌풍, 직경 2 cm 이상의 우박, 그리고 강한 토네이도 등과 같은 악기상을 동반한다.

12. ①

항공기 착빙 발생에 영향을 미치는 요소는 수증기량, 물방울(수적)의 크기, 그리고 항공기 속도이다.

13. ②

구름의 유형에 따른 착빙의 발생 확률은 다음과 같다.

운 형	발생 확률
Cu, Cb, Ns	높음
Sc, Ac, As 동반한 Ac	약 50%
As	낮음
St	낮음

14. ④

최대풍속에 따른 태풍의 분류는 다음과 같다.

34 KTS 미만	34~47 KTS	48~63 KTS	64 KTS 이상
열대저기압 (Tropical Depression)	열대폭풍 (Tropical Storm)	강한 열대폭풍 (Severe Tropical Storm)	태풍 (Typhoon)

15. ③

난류를 강도에 따라 분류하면 다음과 같다.

강 도 \ 항 목	풍속 변동폭(knots)
약함(Light)	15 이하
보통(Moderate)	15~25
심함(Severe)	25 이상
극심함(Extreme)	

16. ①

청천난류는 주로 제트기류(jet stream) 부근에서 발생하는데, 그 이유는 제트기류 부근에는 강한 바람쉬어로 인해 난류가 생기기 때문이다. 그러나 모든 청천난류가 제트기류와 연관되어 있는 것은 아니다.

17. ①

일기도 상에서 등압선의 간격이 좁을수록 기압의 차가 크므로 기압경도와 바람의 세기가 강하고, 간격이 넓을수록 기압의 차가 작으므로 기압경도와 바람의 세기가 약해진다.

18. ②

전선은 기온, 노점온도, 풍향, 그리고 기압경도가 불연속(기압 자체는 연속)을 이루어 이들 값이 급변하는 지역에 위치할 가능성이 크다.

19. ③

METAR에서 기온 및 이슬점온도는 기온과 이슬점온도 사이에 "/"를 넣어 구분한다. 온도가 영하인 경우에는 "M"을 온도값 앞에 붙여서 보고한다.

20. ①

상층 일기도 중 등풍속선(Jet 분석)을 분석요소로 하는 것은 300 hPa, 200 hPa와 100 hPa 일기도이다.

21. ②

TAF에 사용하는 변화지시군(change indicator groups)의 종류는 다음과 같다.
1. BECMG(Becoming) : 기상상태가 특정 기간 내의 불특정 시간에 규칙적 또는 불규칙적으로 서서히 변할 것이 예상될 때 사용한다.
2. TEMPO(Temporary) : 기상상태가 특정 기

간의 어느 시간에 일시적으로 변할 것이 예상될 때 사용한다.
3. FM(From) : 일련의 우세한 기상상태가 뚜렷하게 변하여 다른 기상상태로 변화할 것으로 예상될 때 사용해야 한다.

22. ④
이륙예보는 요청에 따라 출발예정시간 전 3시간 이내에 운항자 및 운항승무원에게 제공될 수 있도록 발표해야 한다.

23. ④
부호 "GR"은 우박(hail)을 나타낸다.

24. ②
안개의 상태를 나타내는 부호는 다음과 같다.

부 호	상태 종류
MIFG	지상 2 m 높이에서의 시정은 1,000 m 이상이지만, 지면으로부터 2 m까지의 안개층을 통해서 볼 수 있는 시정이 1,000 m 미만일 때
VCFG	관측장소에는 없으나 공항 인근지역의 안개를 관측했을 때
BCFG	산재한 안개 덩어리를 보고할 때
PRFG	안개가 공항의 일부지역에 끼어있음을 보고할 때

25. ②
ATIS 메시지는 송신속도 또는 ATIS 송신에 사용되는 항행안전시설의 식별신호에 의해 저해되지 않도록 가능한 30초를 초과하지 않아야 한다.

자격분류명	자격명	과목명	시험시간	문제수	성 명	점 수
항공종사자 자격증명	조종사	항공기상	30분	25문항		

항공종사자 자격증명시험 제9회 모의고사

1. 대류권계면 고도가 높은 곳부터 순서대로 바르게 나열된 것은?
   ① 적도 - 극지방 - 중위도
   ② 적도 - 중위도 - 극지방
   ③ 극지방 - 적도 - 중위도
   ④ 극지방 - 중위도 - 적도

2. 지표면이 표준기압일 때, 대기압이 해면기압의 1/2로 감소되는 고도는?
   ① 8,000 ft   ② 10,000 ft
   ③ 15,000 ft   ④ 18,000 ft

3. 안정되고 습윤한 공기가 산비탈을 타고 상승할 때 발생하는 구름은?
   ① Nimbostratus   ② Cumulonimbus
   ③ Cirrus   ④ Altocumulus

4. 고기압에 대한 설명으로 틀린 것은?
   ① 구름이 있어도 소멸되어 일반적으로 날씨가 좋다.
   ② 기압경도는 고기압 중심일수록 작으므로 풍속도 중심일수록 약하다.
   ③ 북반구에서는 시계 방향으로 회전하며, 고기압 중심으로 수렴한다.
   ④ 중심 근처에 수증기가 풍부하고 수렴이 있으면 기상이 악화될 수 있다.

5. 정지해 있는 바람을 움직이게 하는 원동력은?
   ① 전향력   ② 기압경도력
   ③ 마찰력   ④ 구심력

6. 맑은 날 여름철 오후에 생겼다가 저녁에 사라지는 구름은?
   ① Cs   ② Sc
   ③ St   ④ Cu

7. 대기 중 공기 냉각의 원인이 아닌 것은?
   ① 온위면의 하강으로 인한 냉각
   ② 단열상승에 의한 냉각
   ③ 찬 공기와 더운 공기의 혼합
   ④ 야간 지면복사에 의한 냉각

8. 고기압 통과 시 발생하는 안개의 종류는?
   ① 이류무   ② 활승무
   ③ 전선무   ④ 복사무

9. 한랭건조기단이 온난한 해양 위를 지날 때 기상현상은?
   ① 강한 상승운동이 생기며, 적란운이 생긴다.
   ② 강한 상승운동이 생기며, 안개가 생긴다.
   ③ 강한 하강운동이 생기며, 적란운이 생긴다.
   ④ 강한 하강운동이 생기며, 안개가 생긴다.

10. 온난전선 접근 시 일반적으로 나타나는 구름의 순서는?
    ① Ci - As - Cb - Cu - Ns
    ② As - Ci - Cs - St - Ns
    ③ Ci - Cs - As - Ns - St
    ④ Cb - St - As - Cs - Ci

11. 우리나라 장마에 영향을 주는 전선은?
    ① 온난전선   ② 한랭전선
    ③ 정체전선   ④ 폐색전선

12. 뇌우 및 강한 echo의 적란운이 형성되어 있을 때 이를 회피하기 위한 결정은 언제 하여야 하는가?
    ① 10 NM 전에 하여야 한다.
    ② 20 NM 전에 하여야 한다.
    ③ 30 NM 전에 하여야 한다.
    ④ 40 NM 전에 하여야 한다.

13. 서리(frost)가 항공기 안전에 미치는 영향은?
    ① 서리는 조종효과를 감소시킨다.
    ② 서리는 날개의 기본적인 항공역학적 형태를 변화시킨다.
    ③ 서리는 공기 흐름을 조기에 분리시켜 양력을 감소시킨다.
    ④ 서리는 날개 상부의 공기 흐름을 느리게 하여 항력을 감소시킨다.

14. 다음 중 severe icing이 예상되는 조건은?
    ① freezing rain
    ② -10℃의 층적운
    ③ -10℃ 부근의 적운
    ④ 권적운

15. 태풍과 관련된 특성에 대한 설명으로 틀린 것은?
    ① 태풍의 중심부 주변에는 적란운이 존재하고, turbulence가 심하다.
    ② 등압선을 따라 비행해도 고도가 1,000 m 씩 차이가 나기도 한다.
    ③ 태풍의 눈 부분이 바람이 가장 약하다.
    ④ 저고도 비행 시 태풍의 중심을 오른쪽에 두고 비행하면 배풍을 받아 비행에 유리하다.

16. 산악파에 대한 설명 중 맞는 것은?
    ① 산악파는 산 정상에만 있다.
    ② 가장 위험한 것은 풍하쪽의 말린구름이다.
    ③ 산의 전면부가 위험하다.
    ④ 산의 후면부는 위험하지 않다.

17. 저고도 기온역전에 의한 wind shear의 발생조건으로 적합한 것은?
    ① 역전층 간의 온도 변화가 10℃ 이상 되어야 한다.
    ② 지표면과 역전층 상부의 바람 간에 풍향 변화가 30° 이상 되어야 한다.
    ③ 지표면과 역전층 상부의 바람 간에 풍향 변화가 60° 이상 되어야 한다.
    ④ 지표면보다 상대적으로 강한 바람이 역전층 상부에 불어야 한다.

18. 기상기호가 맞게 연결된 것은?
    ① △ - Hail   ② ○ - Snow
    ③ ❜ - Rain   ④ ✶ - Drizzle

19. 500 hPa 등압면의 기준고도는?
    ① 10,000 ft   ② 14,000 ft
    ③ 18,000 ft   ④ 22,000 ft

20. 아래와 같은 TAF 전문의 유효시간은 얼마인가?
    "TAF KPIT 091730Z 0918/1024 15005KT 5SM HZ FEW020 WS010/31022KT"
    ① 12시간   ② 20시간
    ③ 24시간   ④ 30시간

21. 용어 METAR의 의미는?
    ① 정기기상보고   ② 특별기상보고
    ③ 공항예보   ④ 지역예보

22. METAR에서 시정의 표시에 대한 방법으로 옳은 것은?
    ① 최단시정을 기준으로 하고 8방위를 뒤에 표시한다.
    ② 시정이 800 m 미만인 경우 10 m 단위로 표시한다.
    ③ 시정이 800 m 이상 5,000 m 미만인 경우 100 m 단위로 표시한다.
    ④ 시정이 10 km 이상인 경우 CAVOK을 사용할 조건인 경우에는 "9999"로 표시한다.

23. 가장 시정이 좋지 않은 기상현상은?
    ① 연무   ② 연기
    ③ 스모그   ④ 안개

24. 강수 또는 시정장애 현상으로 하늘이 차폐되어 활주로에서 구름을 관측할 수 없을 때 보고되는 것은?
    ① RVR   ② 우시정
    ③ 수직시정   ④ 최단시정

25. ATIS에서 시정과 운고를 생략할 수 있는 기상 조건은?
① 시정 3 NM, 운고 3,000 ft 이상인 경우
② 시정 5 NM, 운고 5,000 ft 이상인 경우
③ 시정 10 NM, 운고 10,000 ft 이상인 경우
④ 시정 20 NM, 운고 20,000 ft 이상인 경우

제9회 정답 및 해설

문제	1	2	3	4	5
정답	②	④	①	③	②
문제	6	7	8	9	10
정답	④	①	④	①	③
문제	11	12	13	14	15
정답	③	②	③	①	④
문제	16	17	18	19	20
정답	②	④	①	③	④
문제	21	22	23	24	25
정답	①	③	④	③	②

1. ②
대류권계면의 높이는 적도지방에서 가장 높고, 고위도 지역인 극지방으로 갈수록 낮아진다. 같은 위도일 때에는 여름철에 높고 겨울철에 낮다.

2. ④
대기압은 고도 10,000 ft 까지 1,000 ft 당 약 1 inHg의 비율로 감소하여, 18,000 ft에서의 대기압은 해면 대기압의 약 1/2이 된다.

3. ①
안정되고 습윤한 공기가 산비탈을 타고 상승할 때는 수평 방향으로 넓게 퍼진 층운형(stratiform) 구름이 나타날 수 있다.

4. ③
고기압권 내의 상공에서 수렴된 공기는 하강기류가 되어 북반구에서는 고기압 중심 주위를 시계 방향으로 회전하면서 불어나가고, 남반구에서는 반시계 방향으로 회전하면서 불어나간다.

5. ②
수평면 위의 두 지점에서 기압차로 인하여 생기는 힘을 기압경도력이라고 한다. 기압경도력은 바람이 부는 근본 원인이며 모든 바람에 영향을 끼친다.

6. ④
적운(Cu, 뭉게구름)은 대부분 여름철에 지면 가열에 의한 대류에 의해 형성된다. 지표면이 많이 가열되는 맑은 날 여름철 한낮이나 오후에 산 등성이 등에 잘 나타나며, 일몰과 함께 소산된다.

7. ①
안개가 발생하기 위해서는 공기가 이슬점온도 이하로 냉각되어야 하며, 대기 중의 공기가 냉각되는 원인으로는 다음과 같은 것을 들 수 있다.
1. 공기가 상승하면서 일어나는 단열팽창에 의한 냉각
2. 찬 공기와 더운 공기의 혼합에 의한 난기 냉각
3. 야간 지면복사로 인한 지표면 부근의 공기 냉각

8. ④
복사안개를 형성하는데 가장 유리한 대기의 조건은 맑은 날씨에 약한 바람(5 kt 미만)과 높은 상대습도이며, 이 조건은 고기압 지배하에 있는 내륙에서 잘 일어난다.

9. ①
따뜻한 지역을 지나는 한랭건조기단은 하층이 가열되어 불안정해지므로 상승기류가 발달하고, 수면 위를 지나는 경우 하층에서 수증기를 공급받아 적운이나 적란운이 생기기 쉽다. 또한 소낙성 강수의 가능성이 증가한다.

10. ③
온난전선 접근 시 구름은 전선 전방에서부터 권운(Ci), 권층운(Cs), 고층운(As), 난층운(Ns), 층운(St) 순으로 형성되며, 때로는 약간의 고적운(Ac)이 나타나기도 한다.

11. ③

정체전선 근처에서는 날씨가 흐리고 비가 오는 시간도 길어지는데, 우리나라 여름철 장마전선이 대표적인 예이다.

12. ②

기상 레이더에 강한 뇌우로 식별되거나, 또는 강한 레이더 반사파(radar echo)가 나타나는 뇌우는 최소한 20 NM 이상 회피하여야 한다.

13. ③

항공기 표면에 부착된 서리(frost)는 항공기 표면을 거칠게 하여 공기가 원활하게 흐르지 못하게 한다. 따라서 조기에 박리현상을 일으켜 항력을 증가시키고 양력을 감소시킨다.

14. ①

어는 비(freezing rain)가 내리는 기상환경에서 비행 시에 구조적 착빙이 가장 빠른 속도로 발생하고, 심한 착빙(severe icing)이 예상된다.

15. ④

저고도 비행 시 태풍의 눈을 왼쪽에 두고 비행하면 배풍을 받고 비행하여 비행시간을 줄일 수 있다.

16. ②

말린구름(rotor cloud) 내부 및 그 하층이나 말린구름(rotor cloud) 풍하측의 하강기류 지역은 산악파에서 가장 위험한 지역이다.

17. ④

맑고 바람이 약한 야간에 지표 부근에 기온 역전층이 생겼을 때, 상층은 역전층 하층의 안정층에 비해 비교적 풍속이 크기 때문에 풍속차로 윈드시어(windshear)가 발생할 수 있다.

18. ①

각 기상기호는 다음과 같다.
① △ : 우박(Hail)
② ✳ : 눈(Snow)
③ ● : 비(Rain)
④ ❜ : 이슬비(Drizzle)

19. ③

각 상층 일기도의 기준고도는 다음과 같다.

종류 \ 내용	기준고도 MSL	gpm
925 hPa	2,500 ft	810 gpm
850 hPa	5,000 ft	1,500 gpm
700 hPa	10,000 ft	3,000 gpm
500 hPa	18,000 ft	5,400 gpm
300 hPa	30,000 ft	9,000 gpm
200 hPa	39,000 ft	12,000 gpm
100 hPa	-	16,200 gpm

20. ④

"0918/1024" ; TAF 전문의 유효시간은 9일 1800(UTC)부터 10일 2400(UTC)까지 30시간이다.

21. ①

용어 METAR는 정시관측보고(METeorological Aerodrome Routine report)의 약어이다.

22. ③

시정의 보고방법은 다음과 같다.
1. 시정 보고 단위: 시정이 800 m 미만인 경우 50 m 단위로, 800 m 이상 5 km 미만인 경우 100 m 단위로, 5 km 이상 10 km 미만인 경우 1 km 단위로 표시
2. 시정 보고 형식
 가. 우세시정을 4자리의 숫자를 사용하여 m 또는 km 단위로 보고
 나. 시정이 10 km 이상인 경우 CAVOK를 사용할 조건인 때를 제외하고는 "9999"로 보고

23. ④

장애에 따른 수평시정은 다음과 같다.

장애 종류	수평시정
박무(Mist)	1,000~5,000 m
안개(Fog)	1,000 m 미만
연기(Smoke), 모래(Sand), 연무(Haze)	5,000 m 이하
널리 퍼진 먼지(Widespread Dust)	5,000 m 미만

24. ③

　관측지점에서 강수 또는 시정장애 현상으로 하늘이 차폐되어 구름을 관측할 수 없을 때는 수직방향으로 특정 목표물을 확인할 수 있는 거리, 즉 수직시정을 관측하여 100 ft 단위로 보고한다.

25. ②

　운고(ceiling)가 5,000 ft를 초과하고, 시정이 5 mile을 초과하면 ATIS 방송에서 운고/하늘상태, 시정 및 시정장애를 생략할 수 있다.

항공종사자 자격증명시험 제10회 모의고사

자격분류명	자격명	과목명	시험시간	문제수	성 명	점 수
항공종사자 자격증명	조종사	항공기상	30분	25문항		

1. 대부분의 기상현상이 발생하는 대기는?
   ① Thermosphere   ② Tropopause
   ③ Troposphere   ④ Stratosphere

2. 20℃를 화씨로 변환하면 몇 °F 인가?
   ① 43°F   ② 68°F
   ③ 75°F   ④ 88°F

3. 1 m^{3}의 공기 당 수증기의 g수를 나타내는 용어는?
   ① 절대습도   ② 상대습도
   ③ 비습   ④ 혼합비

4. 기온역전에 대한 설명으로 틀린 것은?
   ① 고도의 증가에 따라 기온이 동일하거나 상승하는 현상이다.
   ② 대기는 불안정한 상태에 있다.
   ③ 지표면에서라면 안개가 발생할 수 있다.
   ④ 상층 역전층에서는 구름이 생성될 수 있다.

5. 지상 일기도에서 바람이 등압선과 교각을 이루며 수렴하는 이유는?
   ① 원심력 때문에
   ② 코리올리스의 힘 때문에
   ③ 기압경도력 때문에
   ④ 지면 마찰 때문에

6. 다음 중 상층운이 아닌 것은?
   ① 권층운   ② 권운
   ③ 권적운   ④ 고층운

7. 영상의 기온에서 온도와 노점기온이 같을 때 가장 자주 생기는 것은?
   ① 안개   ② 비
   ③ 서리   ④ 스모그

8. 따뜻한 지표면에 한랭한 공기가 밀려올 때 발생하는 안개는?
   ① 복사안개   ② 활승안개
   ③ 증기안개   ④ 이류안개

9. 한랭전선 통과 후의 특징으로 틀린 것은?
   ① 통과 후 온도가 상승한다.
   ② 통과 후 기압이 상승한다.
   ③ 통과 후 풍향은 서풍으로 변한다.
   ④ 통과 후 시정이 좋아진다.

10. Clear icing에서 rime icing으로 변환되는 온도는?
    ① -5℃   ② -10℃
    ③ -15℃   ④ -20℃

11. 뇌우에서 상승기류와 하강기류가 동시에 존재하는 단계는?
    ① 성숙기   ② 발달기
    ③ 소멸기   ④ 전 단계 모두

12. 심한 난기류 시 유지해야 하는 비행속도는?
    ① Vx 이하의 속도
    ② Vse 이하의 속도
    ③ Vy 이하의 속도
    ④ Va 이하의 속도

13. 착빙강도에 대한 설명으로 옳은 것은?
    ① Trace : 착빙의 누적률이 녹는률보다 조금 낮다.
    ② Light : 방빙장치를 사용하지 않아도 문제가 발생하지 않는다.
    ③ Severe : 제빙 또는 방빙장치를 사용해도 제거가 어려우며, 항공기 조종에 큰 악영향을 미친다.
    ④ Moderate : 방빙장치를 사용하여야 하나 비행경로 등을 변경할 필요는 없다.

14. 비행 중 조우하면 위험한 구름은?
① Sc   ② Ac
③ Cb   ④ Cs

15. 중심 부근의 최대풍속이 48~63 KTS인 열대성저기압을 무엇이라 하는가?
① Severe Tropical Storm(STS)
② Topical Depression(TD)
③ Tropical Storm(TS)
④ Typhoon(TY)

16. 제트기류에 대한 설명으로 틀린 것은?
① 겨울에 강하고 여름에 약한 경향이 있다.
② 위도 50도에서 부는 편동풍이다.
③ 제트기류는 북측이 남측보다 윈드시어가 크다.
④ 여름철에는 북상하고 겨울철에는 남하한다.

17. Jet 항로 비행 중 측풍방향에서 제트기류로 인한 청천난류(CAT)가 나타났을 때 올바른 조치사항은?
① 온도가 높아지면 속도를 높이고, 온도가 낮아지면 속도를 낮춘다.
② 온도가 높아지면 고도를 높이고, 온도가 낮아지면 고도를 낮춘다.
③ 온도가 높아지면 속도를 줄이고, 온도가 낮아지면 속도를 높인다.
④ 온도가 높아지면 고도를 낮추고, 온도가 낮아지면 고도를 높인다.

18. Thunderstorm을 나타내는 기상기호는?
① ▽̇   ② ↕
③ ⌐   ④ ∞

19. 통상 관제탑에서 불러주는 풍속은?
① 자북 기준 10분 단위의 평균 풍속이다.
② 자북 기준 2분 단위의 평균 풍속이다.
③ 진북 기준 10분 단위의 평균 풍속이다.
④ 진북 기준 2분 단위의 평균 풍속이다.

20. 수직시정을 관측할 수 없을 때의 부호는?
① VV0   ② VV/
③ VV//   ④ VV///

21. Significant Weather Chart에서 기호 -V-V- 가 의미하는 것은?
① 광범위한 안개   ② 심한 난류
③ 악기상 구역   ④ 심한 스콜라인

22. 제트기류를 관측할 수 있는 기상도는?
① 300 mb 일기도   ② 500 mb 일기도
③ 700 mb 일기도   ④ 850 mb 일기도

23. 공항으로부터 8 km~16 km 이내의 거리를 나타내는 부호는?
① VC   ② BC
③ PR   ④ MS

24. 아래와 같은 TAF에서 2300Z에 예상되는 시정은?
"TAF OEDR 281000Z 281120 VRB05KT
4000 BR SCT005 OVC013 BECMG
1920 9000 SHRA OVC015 PROB40
BECMG 2022 CAVOK BECMG 2223
23024KT 7000"
① 9,000 m   ② 7,000 m
③ 5,000 m   ④ 4,000 m

25. 바람, 시정, 구름 등 일기요소의 변화가 끝났을 때 변화의 예보에 사용하는 단어 형식의 약어는?
① NIL   ② SKC
③ NOSIG   ④ NSW

제10회 정답 및 해설

문제	1	2	3	4	5
정답	❸	❷	❶	❷	❹
문제	6	7	8	9	10
정답	❹	❶	❸	❶	❷
문제	11	12	13	14	15
정답	❶	❹	❸	❸	❶
문제	16	17	18	19	20
정답	❷	❷	❸	❷	❹
문제	21	22	23	24	25
정답	❹	❶	❶	❷	❸

1. ③

대류권(troposphere)에는 공기 중에 수증기가 포함되어 있고, 대류작용으로 인한 수직운동이 활발하므로 구름, 비, 눈 등 대부분의 기상현상이 거의 이 영역에서 일어난다.

2. ②

섭씨(℃)를 화씨(℉)로 환산하는 식은 다음과 같다.

- 화씨(℉) $= \frac{9}{5}℃ + 32 = \left(\frac{9}{5} \times 20\right) + 32 = 68℉$

3. ①

절대습도(absolute humidity)란 $1\,m^3$ 공기 중에 포함되어 있는 수증기의 g수를 말한다.

4. ②

기온 역전층에서는 대기가 정역학적으로 안정 상태에 있고, 상하의 난류 현상이 적다. 역전층 상부에는 층상운이 나타나며, 하부에서는 연무 또는 안개로 인해 악시정을 동반하기도 한다.

5. ④

지표면 위를 이동하는 대기는 지표면과 마찰이 생겨서 물체의 운동을 방해받는데 이러한 힘을 마찰력이라 한다. 대기가 지표면의 마찰력을 받는 범위에서는 이 마찰력 때문에 바람은 등압선에 평행하게 불지 않고 어떤 각도를 가지고 등압선을 횡단하여 불게 된다.

6. ④

구름을 높이에 따라 분류하면 다음과 같다.

구 분	구름의 종류
상층운	권운(Ci), 권적운(Cc) 및 권층운(Cs)
중층운	고적운(Ac), 고층운(As)
하층운	난층운(Ns), 층적운(Sc), 층운(St)
수직운	적운(Cu), 적란운(Cb)

7. ①

온도와 이슬점(노점)이 같거나 거의 동일하여 지상의 물체 위에 수증기가 응결되면 이슬이나 서리가 되고, 지면 근처에는 안개가 형성된다. 서리는 이슬점온도가 0℃ 이하일 때 발생한다.

8. ③

증기안개(steam fog, 김안개)는 찬 공기가 상대적으로 높은 온도의 수면 또는 온난하고 습한 지표면 위를 지날 때 증발된 수증기가 포화되고 응결되어 발생하는 안개이다.

✔ **증기따지한공**으로 기억하세요.
증기안개는 따뜻한 지면 위를 한랭한 공기가 지날 때 발생

9. ①

한랭전선 통과 후 기압은 급상승, 기온 및 노점 온도는 급격히 하강한다.

10. ②

기온에 따른 착빙의 종류는 다음과 같다.

기온 범위	착빙의 종류
0~-10℃	맑은착빙(clear icing)
-10~-15℃	혼합착빙(mixed icing) 또는 거친착빙
-15~-20℃	거친착빙(rime icing)

11. ①

뇌우의 각 단계별 기류의 특징은 다음과 같다.

단 계	기류의 특징
발달기(적운기) (Cumulus Stage)	강한 상승기류 발생
성숙기 (Mature Stage)	상승기류와 하강기류 공존
소멸기 (Dissipating Stage)	하강기류 우세

12. ④

난기류가 심한 뇌우지역을 통과할 때는 권장하는 난기류 통과속도로 동력설정을 유지한다. 권장속도가 달리 지정되어 있지 않다면, 비행기의 구조적인 응력을 최소화하기 위하여 비행속도를 설계기동속도(V_A) 이하로 유지하여야 한다.

13. ③

착빙 강도의 분류는 다음과 같다.

강도의 분류	축적상태	조치
미약함 (Trace)	축적률(누적율)이 승화율(녹는율)보다 약간 크다.	1시간 이상 계속해서 지속되지 않는 한 제빙/방빙장치를 사용할 필요는 없다.
약함 (Light)	축적률이 승화율보다 크다.	제빙/방빙장치를 사용하면 문제가 되지는 않는다.
보통 (Moderate)	축적률이 단시간 조우에도 잠재적 위험을 내포한다.	제빙/방빙장치의 사용과 이탈비행이 필요하다.
심함 (Severe)	축적률이 매우 크다.	제빙/방빙장치가 효과가 없으며, 즉각적인 이탈비행이 필요하다.

14. ③

뇌우는 적란운(Cb)이나 적란운이 모여 발달한 국지적인 폭풍우로서 항공기에 가해지는 가장 위험한 기상요소를 많이 포함하고 있다.

15. ①

최대풍속에 따른 태풍의 분류는 다음과 같다.

34 KTS 미만	34~47 KTS	48~63 KTS	64 KTS 이상
열대저기압 (Tropical Depression)	열대폭풍 (Tropical Storm)	강한 열대폭풍 (Severe Tropical Storm)	태풍 (Typhoon)

16. ②

제트기류는 대류권 상부 또는 성층권(일반적으로 고도 10~12 km의 대류권계면)에서 서에서 동으로 부는 편서풍이다.

17. ②

만약 측풍방향에서 제트기류로 인한 청천난류가 나타나면 항로나 비행고도를 바꾸는 것은 중요하지 않다. 전진함에 따라 온도가 상승하면 고도를 높이고, 온도가 하강하면 고도를 낮추어야 청천난류 지역에서 빠르게 벗어날 수 있다.

18. ③

각 기상기호의 의미는 다음과 같다.
① ▽ : 소나기(shower rain)
② S : 광범위한 모래 또는 먼지 폭풍
③ R : 뇌우(thunderstorm)
④ ∞ : 연무(haze)

19. ②

이착륙 항공기를 위해 관제탑에 의해 발부되는 풍향은 자북기준의 2분간 평균값을 사용한다.

20. ④

운고계가 없는 공항에 한하여 수직시정 관측이 불가능할 때는 "VV///"로 보고한다.

21. ④

Significant Weather Chart에서 기호 –V–V–는 심한 스콜라인(severe squall line)을 나타낸다.

22. ①

제트기류(jet stream)의 위치와 강도를 관측할 수 있는 상층 일기도는 300 mb, 200 mb 및 100 mb 일기도이다.

23. ①

인접(VC; Vicinity)이란 수식어는 공항 내는 아니지만 공항 기준위치로부터 약 8~16 km 이내를 뜻한다.

24. ②

"BECMG 2223 23024KT 7000"; 2200(UTC)에서 2300(UTC) 사이에 점진적으로 지상풍은 풍향 230도, 평균풍속 24 kt로 변하고, 시정은 7,000 m로 변화할 것으로 예상된다.

25. ③

경향형 예보기간(2시간) 동안에 지상풍, 시정, 일기, 구름 등의 일기요소에 어떤 중대한 변화도 발생하지 않을 것으로 예상될 경우 약어 NOSIG를 사용한다.

항공종사자 자격증명시험 제11회 모의고사				
자격분류명	자격명	과목명	시험시간	문제수
항공종사자 자격증명	조종사	항공기상	30분	25문항

1. ICAO에서 정하고 있는 표준대기는?
   ① 29.92 inHg, 15℃
   ② 1013.2 mb, 59℃
   ③ 29.92 mb, 59°F
   ④ 1013.2 inHg, 15℃

2. 고도계 setting의 종류가 아닌 것은?
   ① QNF   ② QNE
   ③ QNH   ④ QFE

3. 포화공기의 안정도에 대한 설명 중 틀린 것은?
   ① 기온감률이 습윤단열감률보다 크고 건조단열감률보다 작으면 대기는 불안정하다.
   ② 습윤단열감률보다 기온감률이 작으면 대기는 안정하다.
   ③ 건조단열감률보다 기온감률이 크면 대기는 안정하다.
   ④ 기온감률과 습윤단열감률이 같으면 대기는 중립상태이다.

4. 맑은 날 밤에 복사에 의하여 지표면이 냉각되면 지표면의 대기온도가 상층의 대기온도보다 낮아져 형성되는 기온역전은?
   ① 전선역전   ② 침강역전
   ③ 이류역전   ④ 접지역전

5. 항공기 타이어의 압력이 121 psi 일 때, 동적수막이 발생할 수 있는 속도는?
   ① 110 knots   ② 96 knots
   ③ 89 knots   ④ 60 knots

6. 저고도에서 바람의 강도를 결정하는 요소는?
   ① 기압경도력과 중력
   ② 기압경도력과 전향력
   ③ 기압경도력과 원심력
   ④ 기압경도력과 마찰력

7. 다음 중 어느 구름이 가장 큰 난기류를 갖고 있는가?
   ① 타워링 적운   ② 난층운
   ③ 적란운   ④ 층적운

8. 습윤한 공기가 차가운 지면 또는 수면으로 이동할 때 발생하는 안개는?
   ① 복사무   ② 활승무
   ③ 이류무   ④ 전선무

9. 차고 불안정한 공기가 따뜻한 지역을 지나면 어떻게 되는가?
   ① 하강기류와 안개가 형성된다.
   ② 하강기류와 지속성 강수가 발생한다.
   ③ 상승기류와 안개가 형성된다.
   ④ 상승기류와 소낙성 강수가 발생한다.

10. 온난전선과 관련된 가장 일반적인 비행 위험은?
    ① 이류안개   ② 복사안개
    ③ 강수안개   ④ 활승안개

11. Squall line이 주로 생기는 지역은?
    ① 온난전선 전면   ② 온난전선 후면
    ③ 한랭전선 전면   ④ 한랭전선 후면

12. 항공기 표면에 icing이 가장 잘 생기는 온도는?
    ① 0℃~-10℃   ② 10℃~0℃
    ③ -15℃~-20℃   ④ -20℃~-35℃

13. 기내에서 걷기가 힘든 정도의 turbulence가 발생했을 때 이 turbulence의 강도는?
    ① Light   ② Severe
    ③ Moderate   ④ Extreme

14. 착빙 시 조치사항으로 옳지 않은 것은?
   ① 착빙 예상지역 이탈 시 정상보다 느린 속도로 상승한다.
   ② 비행 전에 얼음을 제거한다.
   ③ 기체의 착빙이 심할 때는 power landing을 시도한다.
   ④ 착빙 조건에서는 전선에 평행하게 비행하지 않는다.

15. 저고도의 수증기 포함 양을 알 수 있는 대표적인 저고도 기상도는?
   ① 850 hPa 일기도   ② 700 hPa 일기도
   ③ 500 hPa 일기도   ④ 300 hPa 일기도

16. 다음 그림에서 sub-tropical jet stream의 위치는?

   ① A
   ② B
   ③ C
   ④ D

17. 산악파 조우 시 비행절차로 틀린 것은?
   ① 기압고도계는 실제고도보다 높게 지시할 수 있다는 것을 유의해야 한다.
   ② 산맥에 접근할 때는 45도 정도의 각도를 유지한다.
   ③ 풍하측에서 산맥에 접근할 때에는 충분히 먼 곳에서부터 상승한다.
   ④ 적어도 산정상의 30% 높이만큼의 고도를 취하여야 한다.

18. 항공기가 활주로에 접근 중 윈드시어가 가장 위험한 시기는?
   ① 정풍에서 배풍으로 바뀔 때
   ② 배풍에서 정풍으로 바뀔 때
   ③ 측풍으로 흩어질 때
   ④ 아래로 흩어질 때

19. 아래 그림의 기호가 의미하는 것은?

   ① Stationary front
   ② Warm front
   ③ Occluded front
   ④ Cold front

20. Clear icing이 생기는 구름은?
   ① Cc   ② Cu
   ③ Cs   ④ Ci

21. 다음과 같은 TAF 전문에서 풍향과 풍속은?
   TAF RKSI 130500Z 130606 21015G25KT
      8000 SHRA SCT010CB BECMG 1214
      NSW SCT025
   ① 풍향 210°, 최대순간풍속 15 kt, 평균풍속 25 kt
   ② 풍향 210°, 최대순간풍속 25 kt, 평균풍속 15 kt
   ③ 풍향 15°, 최대순간풍속 21 kt, 평균풍속 21 kt
   ④ 풍향 15°, 최대순간풍속 25 kt, 평균풍속 210 kt

22. High-Level Prog SIGWX Chart에서 그림과 같은 기호가 나타내는 구름의 높이는?

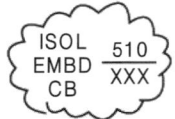

   ① FL510에서 FL250 까지
   ② FL510 미만에서 FL250 까지
   ③ FL510에서 FL250 이하의 어느 지점까지
   ④ FL510 미만에서 FL250 이하의 어느 지점까지

23. TAF에서 부호 "PO"가 의미하는 기상현상은?
   ① Fog
   ② Dust Devils
   ③ Funnel Cloud, Tornado, or Waterspout
   ④ Small Hail and/or Snow Pallets

24. 강도가 중간 정도인 비를 표시하는 방법으로 맞는 것은?
   ① −RA   ② 0RA
   ③ +RA   ④ RA

25. 아래와 같은 METAR에서 ceiling은 얼마인가?

"METAR RKSS 211025Z 31015KT 6000 1400SW R14L/P1500 +SHRA BR BKN008 OVC020 18/15"

① 600 ft ② 800 ft
③ 1,400 ft ④ 2,000 ft

제11회 정답 및 해설

문제	1	2	3	4	5
정답	❶	❶	❸	❹	❷
문제	6	7	8	9	10
정답	❹	❸	❸	❹	❸
문제	11	12	13	14	15
정답	❸	❶	❸	❶	❶
문제	16	17	18	19	20
정답	❷	❹	❶	❶	❷
문제	21	22	23	24	25
정답	❷	❸	❷	❹	❷

1. ①

국제표준대기(ISA)의 조건은 다음과 같다.
- 기압 $P_0 = 760$ mmHg $= 29.92$ inHg
  $= 1013.25$ hPa(mb) $= 14.7$ psi
- 온도 $t_0 = 15℃ = 59℉$
- 중력가속도 $g_0 = 9.8066$ m/s^2
- 음속 $a_0 = 340.429$ m/s

2. ①

고도계 설정(altimeter setting)에는 QNH, QFE, QNE 및 QFF 방식이 있다.

3. ③

안정과 불안정의 체감률을 비교하면 다음과 같다. (여기에서, γ: 기온감률, γ_d: 건조단열감률, γ_s: 습윤단열감률)

구 분	체감률 비교	비 고
조건부 (불)안정	$\gamma_d > \gamma > \gamma_s$	불포화 안정 포화 불안정
절대 불안정	$\gamma > \gamma_d$ 또는 $\gamma > \gamma_d > \gamma_s$	포화여부 관계없음
절대 안정	$\gamma < \gamma_s$, 또는 $\gamma < \gamma_s < \gamma_d$	
중립	$\gamma = \gamma_d$ ($\gamma = \gamma_s$)	(건조 중립)

4. ④

기온역전의 종류는 다음과 같다.

종류	내 용
복사 역전	야간에 지면이 복사(輻射)에 의하여 냉각되기 때문에 지면 부근의 공기가 상공보다 급격하게 낮아져서 발생하는 기온역전으로 접지역전이라고도 한다.
침강 역전	상층의 공기가 서서히 하강하면서 단열압축에 의해 가열되기 때문에 하층의 온도가 낮은 공기와의 경계에 형성되는 기온역전
이류 역전	차가운 지표상에 외부에서 따뜻한 공기가 흘러 들어왔을 때, 하층의 기온이 상층의 기온보다 낮은 경우 이류에 의해 발생하는 기온역전

5. ②

수막현상이 발생하는 최소속도를 V_H(knots)라고 하면,

$$\therefore V_H = 8.73 \times \sqrt{\text{Tire Pressure}} = 8.73 \times \sqrt{121} = 96 \text{ knots}$$

6. ④

저고도에서 바람의 강도에 영향을 주는 힘은 다음과 같다.
1. 기압경도력(pressure gradient force): 수평면 위의 두 지점에서 기압차로 인하여 생기는 힘을 기압경도력이라고 한다. 기압경도력은 바람이 부는 근본 원인이며 모든 바람에 영향을 끼친다.
2. 마찰력(friction force): 지표면은 기복과 굴곡이 많은 지형으로 되어 있어서, 그 위를 이동하는 대기는 지표면과 마찰이 생긴다. 이 마찰력은 저고도에서 바람의 강도에 영향을 끼친다.

[참고] 전향력(Coriolis force)은 풍향에만 영향을 주고 바람의 강도(풍속)에는 영향을 주지 않는다.

7. ③

적란운(Cb, 소나기구름)은 강수, 번개, 우박 및 돌풍 그리고 강한 상승과 하강기류 등 여러 가지 악기상을 동반한다. 때때로 적란운은 심한 난기류의 존재를 암시한다.

8. ③

이류안개(advection fog)는 온난 습윤한 공기가 한랭한 지표면 또는 수면 위로 이동함에 따라서 지표면 또는 수면과 접촉되는 공기가 냉각되어 형성된다.

9. ④

따뜻한 지역을 지나는 한랭건조기단은 하층이 가열되어 불안정해지므로 상승기류가 발달하고, 수면 위를 지나는 경우 하층에서 수증기를 공급받아 적운이나 적란운이 생기기 쉽다. 또한 소낙성 강수의 가능성이 증가한다.

10. ③

온난전선은 상층부의 더운 공기군으로 인하여 형성된 구름으로부터 비가 내릴 때 전선 하층부의 한랭기단을 통과하면서 강수안개(precipitation-induced fog)가 형성된다. 짙은 강수안개가 장시간 지속되며 광범위하게 확산되어 항공기 운항을 제한하는 장애요인이 된다.

11. ③

스콜라인(squall line)은 주로 습윤하고 불안정한 대기 속을 빠르게 이동하는 한랭전선의 전면 50~300 mile 지점에 평행하게 발생한다.

12. ①

과냉각물방울은 0~-20℃에서 가장 자주 관측되므로 이 온도 범위 내에 있는 구름은 착빙의 가능성이 있다고 보아야 하며, 착빙은 보통 0~-10℃에서 가장 잘 발생한다.

13. ③

난류를 강도에 따라 분류하면 다음과 같다.

강 도	체감정도
약함(Light)	음식 서비스와 걷기가 불편하며, 안전벨트 착용이 요구된다.
보통(Moderate)	음식 서비스와 걷기가 힘들어 진다.
심함(Severe) 극심함(Extreme)	심한 충격이 있으며, 음식 서비스와 걷기가 불가능해 진다.

14. ①

상승 시 착빙이 예상되는 층을 통과할 때는 실속(stall) 예방을 위해 정상적인 경우보다 조금 빠른 속도를 유지하여야 한다.

15. ①

850 hPa 일기도의 용도는 다음과 같다.
1. 대류권 하층에서의 기압계 분포와 강도를 한 눈에 파악할 수 있으므로 각종 기상 브리핑에 이용할 수 있다.
2. 하층운 강수예보에 이용한다.
3. 기압계의 이동을 예보하는데 이용한다.
4. 대류권 하층에서의 습기 유입상태를 조사하는데 이용한다.

16. ②

문제의 그림에서 각 제트기류의 명칭은 다음과 같다.
1. A: 한대 제트기류(polar jet stream)
2. B: 아열대 제트기류(subtropical jet stream)

17. ④

가능하면 산악파가 있는 지역을 우회하고, 우회가 어려울 때는 산 정상 높이보다 최소한 50%(1.5배) 이상 높은 고도로 비행해야 한다.

18. ①

항공기가 활주로에 접근 중에 윈드시어가 발생하여 갑자기 배풍(tail wind)으로 변하면 고도가 급격하게 감소하여 활주로에 못 미쳐 추락하거나, 불시착 사고처럼 착륙 도중 뒤집힐 수도 있다.

19. ①

전선의 기호는 다음과 같다.

구 분	기 호
한랭전선(cold front)	▲▲▲▲
온난전선(warm front)	●●●●
정체전선(stationary front)	▼▼▼
폐색전선(occluded front)	▲●▲●

20. ②

구름의 유형에 따른 착빙의 종류는 다음과 같다.

구름 유형	구 름	착빙 종류
층운형 구름	층운(St) 고층운(As)	거친 착빙과 혼합 착빙
적운형 구름	적란운(Cb) 적운(Cu)	대부분 맑은 착빙(clear icing)
권운형 구름	권운(Ci)	거의 발생하지 않음

21. ②

공항예보(TAF) 전문에서 지상풍은 다음과 같이 표시해야 한다.
1. 바람은 5자리 숫자로 표시한다. 첫 3자리 숫자는 진북 기준 10° 단위의 풍향을 나타낸다. 다음의 2자리 숫자는 풍속을 나타내며 약어 "KT"를 덧붙인다.
2. 최대순간풍속(돌풍, gust)이 평균풍속보다 10 kt 이상 지속될 것으로 예상되면 평균풍속 뒤에 문자 "G"를 덧붙이고, 최대순간풍속을 표시해야 한다.
  [예] "21015G25KT" ; 풍향 210도, 평균풍속 15 kt, 최대순간풍속 25 kt

22. ③

High-Level Prog SIGWX Chart에서 문제의 그림과 같은 기호가 나타내는 구름의 높이는 다음과 같다.
1. 510: 운정고도(top)는 FL510 이다.
2. XXX: 운저고도(base)는 해당 차트의 하한(lower limit)인 FL250 이하의 어느 지점까지이다.

23. ②

부호 "PO"는 먼지/모래선풍(dust/sand whirls (dust devils))을 나타낸다.

24. ④

강도를 나타내는 수식어는 다음과 같다.

부 호	강도 종류	예
−	약함(Light)	−RA (약한 강도의 비)
표시 없음	보통(Moderate)	RA (보통 강도의 비)
+	강함(Heavy)	+RA (강한 강도의 비)

25. ②

실링(ceiling)은 운량이 5/8 이상인 "BKN", "OVC" 또는 "차폐(obscuration)"로 보고되는 가장 낮은 구름층까지의 운저높이를 100 ft AGL 단위로 보고한다. 문제의 TAF에서 운량이 5/8 이상으로 보고된 전문 "BKN008"과 "OVC020" 중 낮은 구름층은 "BKN008"이므로 실링(ceiling)은 800 ft AGL이다.

항공종사자 자격증명시험 제12회 모의고사

자격분류명	자격명	과목명	시험시간	문제수	성 명	점 수
항공종사자 자격증명	조종사	항공기상	30분	25문항		

1. 성층권에 대한 설명 중 틀린 것은?
   ① 일정 고도까지는 온도가 동일하다가, 고도가 상승할수록 온도가 증가한다.
   ② 온도가 일정한 층 부근에서는 불순물이 없다.
   ③ 고도 40 km 부근에 오존층이 가장 많이 형성되어 있다.
   ④ 태양에서 오는 짧은 파장의 자외선을 흡수하여 온도가 높아진다.

2. 1,000 ft 당 표준 기온감률은?
   ① -1℃   ② -2℃
   ③ -3℃   ④ -4℃

3. 대기의 안정성에 대한 설명 중 틀린 것은?
   ① 대기가 안정하면 dust devil이 생긴다.
   ② 대기가 안정하면 층운형 구름이나 안개가 생긴다.
   ③ 대기가 불안정하면 뇌우가 발생한다.
   ④ 대기가 불안정하면 소나기나 수직으로 발달한 구름이 생긴다.

4. 공기의 냉각에 의해 발생하는 안개가 아닌 것은?
   ① 복사무   ② 이류무
   ③ 활승무   ④ 증기무

5. 각 바람에 대한 정의로 옳은 것은?
   ① 선형풍은 마찰이 없는 상공에서 곡선 등고선을 따라 부는 바람이다.
   ② 경도풍은 기압경도력과 전향력이 평형을 이루며 등압선에 평행하게 부는 바람이다.
   ③ 지균풍은 등압선이 곡선인 경우 기압경도력, 전향력, 원심력이 평형을 이루어 부는 바람이다.
   ④ 지상풍은 기압경도력이 전향력과 마찰력을 합한 힘과 평형을 이루며 부는 바람이다.

6. 다음 중 중층운에 해당하는 구름은?
   ① As   ② St
   ③ Cu   ④ Cs

7. 안개의 소산조건이 아닌 것은?
   ① 지면의 가열   ② 난기류 작용
   ③ 고기압 저하   ④ 난기 유입

8. 다음 중 북반구 저위도에서 부는 바람은?
   ① 편서풍   ② 무역풍
   ③ 편동풍   ④ 극동풍

9. 여름철 장마전선이 북상한 후 우리나라를 지배하는 기단은?
   ① 오호츠크해 기단   ② 북태평양 기단
   ③ 시베리아 기단   ④ 적도 기단

10. 한랭전선 통과 후의 기상현상으로 맞는 것은?
    ① 북서풍
    ② 기온 및 노점온도 상승
    ③ 지속적 강수
    ④ 불량한 시정

11. 다음 중 저기압이 예상되는 전선은?
    ① 온난전선   ② 한랭전선
    ③ 폐색전선   ④ 정체전선

12. 뇌우지역 통과 시에 취해야 할 비행행동으로 맞는 것은?
    ① 자동조종장치를 사용하여 고도 및 속도를 일정하게 유지한다.
    ② Va 이하의 속도로 비행한다.
    ③ 조종실 조명을 최대한 어둡게 한다.
    ④ 뇌우에 진입하였다면 가능한 빨리 되돌아 나온다.

13. 서리가 생기기 쉬운 조건은?
① On overcast nights with freezing drizzle precipitation.
② On clear nights with convective action and a small temperature/dewpoint spread.
③ On overcast nights with unstable air and moderate winds.
④ On clear nights with stable air and light winds.

14. 착빙이 가장 잘 발생하지 않는 구름층은?
① 저층운   ② 적란운
③ 고층운   ④ 적운

15. 마이크로버스트 하강기류(downdraft)의 최대 풍속은?
① 5,000 FPM   ② 6,000 FPM
③ 7,000 FPM   ④ 8,000 FPM

16. CAT가 잘 발생하는 부분은?
① Jet 기류의 북쪽
② Jet 기류의 남쪽
③ Jet 기류의 중심부 최대풍 지역
④ Jet 기류의 남쪽과 북쪽

17. 비행 중 IAS 증가, pitch 증가, 그리고 sink rate 감소가 발생할 수 있는 조건은?
① Tailwind component 증가
② Headwind component 증가
③ Tailwind component 감소
④ Headwind component 감소

18. 기압골이 조밀하게 형성되어 있는 곳에서 나타나는 현상은?
① 심한 바람   ② 기온의 상승
③ 기압의 증가   ④ 강우량의 증가

19. 지상 일기도 분석에서 알 수 없는 것은?
① 기온과 노점온도   ② 운량
③ 제트기류   ④ 전선 위치

20. 500 hPa 기상도와 관련이 없는 것은?
① 비발산고도   ② 등온도선
③ 등고도선   ④ Jet 기류

21. 고고도 중요기상 예보도(high-level significant weather prog chart)의 적용 고도는?
① FL200~FL520   ② FL250~FL630
③ FL230~FL580   ④ FL300~FL650

22. SIGMET에 관한 설명 중 틀린 것은?
① 유효시간은 24시간이다.
② 항공기 안전운항에 영향을 미칠 수 있는 특정 항공로 상의 기상현상에 대한 정보이다.
③ 해당 관제구역을 표시해야 한다.
④ 승인된 ICAO 평문 약어를 사용하여 작성해야 한다.

23. Wind calm의 정의로 맞는 것은? (ICAO 기준)
① 풍속이 0 km/h 미만일 때
② 풍속이 2 km/h 미만일 때
③ 풍속이 3 km/h 미만일 때
④ 풍속이 5 km/h 미만일 때

24. 수평시정이 1 km 미만으로 감소하는 차폐현상은?
① 안개   ② 박무
③ 연무   ④ 스모그

25. METAR에 반드시 포함되어야 하는 구름은?
① CI, TCU   ② CS, TCU
③ CB, TCU   ④ CU, TCU

제12회 정답 및 해설

문제	1	2	3	4	5
정답	❸	❷	❶	❹	❹
문제	6	7	8	9	10
정답	❶	❸	❷	❷	❶
문제	11	12	13	14	15
정답	❹	❷	❹	❸	❷
문제	16	17	18	19	20
정답	❶	❷	❶	❸	❹
문제	21	22	23	24	25
정답	❷	❶	❷	❶	❸

1. ③

성층권(stratosphere)은 기온이 일정하다가 어느 고도 이상에서부터 고도에 따라 기온이 증가하는데, 이는 고도 약 15~40 km에 존재하는 오존이 태양의 자외선을 흡수하기 때문이다. 특히 고도 약 25 km를 중심으로 오존이 밀집되어 있으며, 이 층을 오존층(ozone layer)이라 한다.

2. ②

표준대기(ISA)에서 평균기온감률은 0.6℃/100 m (2℃/1,000 ft) 이다.

3. ①

먼지선풍(dust devil)은 대기가 건조하여 불안정한 증거이다.

4. ④

안개를 발생 원인별로 분류하면 다음과 같다.

발생 원인	종 류
공기의 냉각	복사안개(radiation fog)
	이류안개(advection fog)
	활승안개(upslope fog)
수증기의 증발	김안개(증기안개, steam fog)
	전선안개(frontal fog)
	얼음안개(ice fog)

5. ④

바람의 종류는 다음과 같다.

종 류	내 용
지균풍	마찰력이 무시된 상공에서 등압선이 직선일 때, 기압경도력과 전향력이 평형을 이루어 등압선에 평행하게 부는 바람
경도풍	등압선이 곡선일 때 기압경도력, 전향력, 원심력이 평형을 이루며 부는 바람(마찰이 없는 상공에서 곡선 등고선을 따라 부는 바람)
지상풍	기압경도력이 전향력과 마찰력을 합한 힘과 평형을 이루며 부는 바람
선형풍	기압경도력과 원심력이 평형을 이루어 등압선에 평행하게 부는 바람

6. ①

구름을 높이에 따라 분류하면 다음과 같다.

구 분	구름의 종류
상층운	권운(Ci), 권적운(Cc) 및 권층운(Cs)
중층운	고적운(Ac), 고층운(As)
하층운	난층운(Ns), 층적운(Sc), 층운(St)
수직운	적운(Cu), 적란운(Cb)

7. ③

안개의 소산조건은 다음과 같다.
1. 지면의 가열
2. 난기류 작용
3. 난기(열기구) 유입
4. 고기압 창출

8. ②

대기의 순환에 따른 바람 분포는 다음과 같다.

바람 분포	발생 지역	내 용
극동풍	고위도	극 고압대에서 고위도 저압대로 부는 바람
편서풍	중위도	중위도(위도 30° 아열대) 고압대에서 고위도 저압대로 부는 바람
무역풍	저위도	중위도(위도 30° 아열대) 고압대에서 적도 저압대로 부는 바람

9. ②

북태평양 기단은 우리나라의 무더운 여름철 기후에 영향을 주고, 한랭 습윤한 기단인 오호츠크해 기단과 만나 장마전선을 이룬다. 여름철 장마가 지나면서 북태평양 기단의 영향으로 본격적인 더운 날씨가 시작된다.

10. ①

한랭전선 전방은 남풍 또는 남서풍, 통과 후에는 서풍 또는 북서풍으로 변한다.

11. ④

찬 공기와 따뜻한 공기가 만나 정체전선이 형성되면 한랭전선과 온난전선이 발달하여 온대저기압이 형성된다.

12. ②

뇌우지역 비행절차는 다음과 같다.
1. 자동조종장치를 사용하고 있다면 고도와 속도 유지 mode를 해제한다. 일정한 자세를 유지하고, 고도 및 속도가 변동될 수 있도록 놓아두라.
2. 번개로 인한 일시적인 시력상실을 줄이기 위하여 조종실 조명을 최대한 밝게 조절한다.
3. 비행속도를 설계기동속도(V_A) 이하로 유지하여야 한다.
4. 기상 레이더를 사용하고 있다면 때때로 안테나의 각도를 상하로 기울인다.
5. 일단 뇌우 속에 들어갔다면 되돌아가지 마라.

13. ④

일반적으로 서리(frost)는 대기가 안정된 상태에서 맑고 바람이 약한 날에 지표 복사냉각으로 땅 표면 온도가 영하로 떨어지는 경우에 주로 발생한다.

14. ③

착빙은 기본적으로 중층운과 하층운에서 나타나고, 권운형의 고층운(상층운)에서는 거의 나타나지 않는다.

15. ②

마이크로버스트는 분당 6,000 ft 정도의 강력한 하강기류(downdraft)로 발달할 수 있다.

16. ①

제트기류에서 청천난류가 주로 발생하는 곳은 제트기류 북쪽의 차가운 쪽(cold side)인 극측(polar side)의 상층 기압골(upper trough)이다.

17. ②

윈드시어(windshear)의 변화에 따른 항공기의 영향은 다음과 같다.

구 분	정풍에서 배풍으로	배풍에서 정풍으로
지시대기속도(IAS)	감소	증가
피치(pitch)	감소	증가
강하율(sink rate)	증가	감소

18. ①

일기도 상에서 등압선의 간격이 좁을수록 기압의 차가 크므로 기압경도와 바람의 세기가 강하고, 간격이 넓을수록 기압의 차가 작으므로 기압경도와 바람의 세기가 약해진다.

19. ③

제트기류 분석은 300 hPa, 200 hPa 및 100 hPa 상층 일기도에서 이루어진다.

20. ④

500 hPa 상층 일기도의 분석요소는 등고선, 등온선 및 기압능/기압골이다.

21. ②

악기상예보(SIGWX Chart)를 적용 고도별로 구분하면 다음과 같다.
1. 저고도(low-level) 악기상예보: 지상~10,000ft
2. 중고도(mid-level) 악기상예보: 10,000ft~25,000ft
3. 고고도(high-level) 악기상예보: 25,000ft~63,000ft

22. ①

SIGMET의 유효시간은 4시간을 초과하지 않아야 하며, 화산재 구름과 태풍과 같은 특별한 경우의 전문은 6시간을 초과하지 않아야 한다.

23. ②

풍속이 1 kt(2 km/h) 미만일 때 즉, 정온(calm)인 경우에는 "00000"으로 표기해야 한다. [ICAO]

24. ①

장애에 따른 수평시정은 다음과 같다.

장애 종류	수평시정
박무(Mist)	1,000~5,000 m
안개(Fog)	1,000 m 미만
연기(Smoke), 모래(Sand), 연무(Haze)	5,000 m 이하
널리 퍼진 먼지(Widespread Dust)	5,000 m 미만

25. ③

METAR에서 적란운(CB) 또는 탑상적운(TCU)이 관측될 때는 반드시 보고해야 한다.

자격분류명	자격명	과목명	시험시간	문제수	성 명	점 수
항공종사자 자격증명	조종사	항공기상	30분	25문항		

항공종사자 자격증명시험 제13회 모의고사

1. 대류권에서 발생하는 대기 현상이 아닌 것은?
   ① 구름, 비, 안개 등의 기상현상
   ② 공기의 대류현상
   ③ 자외선 흡수
   ④ 청천난류, 제트류 발생

2. 대기압이 해면기압의 1/2이 되는 고도는?
   ① 12,000 ft   ② 15,000 ft
   ③ 18,000 ft   ④ 21,000 ft

3. 습윤공기 1 kg에 포함되어 있는 수증기의 질량을 나타내는 용어는?
   ① 상대습도   ② 비습
   ③ 혼합비   ④ 포화수증기압

4. 저기압의 특성이 아닌 것은?
   ① 발달, 성숙, 쇠퇴기가 규칙적이다.
   ② 저기압권 내는 일교차가 비교적 적다.
   ③ 상승 수렴으로 인해 악기상을 초래한다.
   ④ 통상 단일 기단이다.

5. 적도에서 부는 바람에는 영향을 미치지 않는 힘은?
   ① 기압경도력   ② 원심력
   ③ 마찰력   ④ 전향력

6. 다음 중 저고도 구름은?
   ① Ac   ② As
   ③ Cc   ④ St

7. 이동성 고기압이 한반도 위에 있을 때 예측 가능한 날씨는?
   ① 야간에 복사냉각으로 복사안개가 발생한다.
   ② 불안정하여 뇌우가 동반된다.
   ③ 바람이 강하게 분다.
   ④ 소나기성 강수가 나타날 수 있다.

8. 바람의 영향으로 생기는 안개는?
   ① 이류안개, 복사안개
   ② 이류안개, 활승안개
   ③ 김안개, 전선안개
   ④ 복사안개, 활승안개

9. 우리나라 동해안의 겨울철 기상에 영향을 미치는 기단은?
   ① 북태평양 기단   ② 시베리아 기단
   ③ 오호츠크해 기단 ④ 양쯔강 기단

10. 한랭한 공기가 온난기단 밑으로 파고들 때 형성되는 전선은?
    ① 한랭전선   ② 온난전선
    ③ 폐색전선   ④ 정체전선

11. 전선 통과 후 기온과 압력 변화에 대한 설명으로 틀린 것은?
    ① 한랭전선 통과 후 기온은 급격히 하강한다.
    ② 한랭전선 통과 후 기압은 급격히 상승한다.
    ③ 온난전선 통과 후 기온은 하강한다.
    ④ 온난전선 통과 후 기압은 하강한다.

12. 뇌우에서 강우가 시작되는 단계는?
    ① 생성기   ② 발달기
    ③ 성숙기   ④ 소멸기

13. 다음 중 severe icing이 예상되는 조건은?
    ① freezing rain
    ② -10℃의 층적운
    ③ -10℃ 부근의 적운
    ④ 권적운

14. 태풍(typhoon) 중심 부근의 최대풍속은?
    ① 47 KTS 이상   ② 58 KTS 이상
    ③ 64 KTS 이상   ④ 72 KTS 이상

15. Mountain wave의 생성과 관계가 없는 것은?
 ① 산 위의 안정된 대기
 ② 불규칙한 표면을 흐르는 약한 바람
 ③ 25노트 이상의 수직 바람 성분
 ④ 산맥 축에 45도 이내의 바람

16. 산악풍이 있는 지역 비행 시 절차로 맞는 것은?
 ① 산악파를 피하기 위해 산맥의 90도 정면으로 접근한다.
 ② 산악파는 산의 정상에만 있으므로 산 정상 부근을 우회한다.
 ③ 최소한 산 정상 높이보다 30% 이상의 고도를 취한다.
 ④ 풍하에서 산악지역으로 접근 시 미리 풍하 이상의 충분한 고도로 상승한다.

17. 일기도의 등압선에 대한 설명 중 틀린 것은?
 ① 대칭적인 두 고기압이나 두 저기압끼리 만날 때 등압선 간격은 일정하지만 바람방향은 반대이다.
 ② 등압선은 중간에 갈라지거나 합쳐지지 않는다.
 ③ 등압선은 교차할 수 있다.
 ④ 폐곡선이거나 일기도의 가장자리에서 시작하여 가장자리에서 끝나게 된다.

18. 다음 그림과 같은 일기도에서 기압골(trough)을 나타내는 부분은?

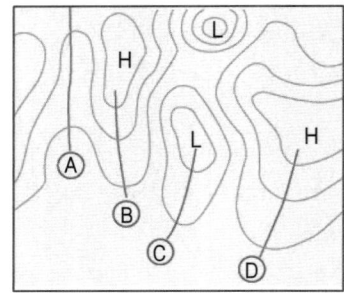

 ① A, B
 ② C, D
 ③ B, D
 ④ A, C

19. 지면으로부터 2 m 이하에서 수평시정이 1,000 m 미만인 시정층이 있는 안개를 나타내는 표기는?
 ① MIFG　　② VCFG
 ③ BCFG　　④ PRFG

20. 200 mb, 300 mb 차트에서 볼 수 없는 것은?
 ① 기온　　② 풍속
 ③ 습도　　④ 제트기류

21. Moderate turbulence를 표시하는 기호는?
 ① ∧　　② ⋀
 ③ ⋎　　④ ⋏

22. 특별관측이 필요 없는 경우는?
 ① 특별기상 시작 시　② 특별기상 지속 시
 ③ 특별기상 해제 시　④ 특별기상 급변 시

23. 시정의 단위로 사용하지 않는 것은?
 ① Statute mile　② Nautical mile
 ③ Feet　　④ Kilometer

24. 아래 그림과 같은 weather depiction chart의 기호에서 노점온도는 얼마인가?

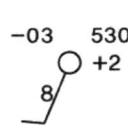

 ① -3℃
 ② 8℃
 ③ 53°F
 ④ 2℃

25. METAR에서 변화지시자 "BECMG"에 대한 다음 설명 중 맞는 것은?
 ① BECMG 0203 2000: 02시에 시정은 2,000 m 이다.
 ② BECMG FM0600 3000: 06시에 시정은 3,000 m 이다.
 ③ BECMG TL1030 2000: 10시 30분에 시정은 2,000 m 이다.
 ④ BECMG FM1030 TL1130 3000: 10시 30분에 시정은 3,000 m 이다.

제13회 정답 및 해설

문제	1	2	3	4	5
정답	❸	❸	❷	❹	❹
문제	6	7	8	9	10
정답	❹	❶	❷	❷	❶
문제	11	12	13	14	15
정답	❸	❸	❶	❸	❷
문제	16	17	18	19	20
정답	❹	❸	❹	❶	❸
문제	21	22	23	24	25
정답	❶	❷	❷	❷	❸

1. ③

성층권(stratosphere)에서는 기온이 일정하다가 어느 고도 이상에서부터 고도에 따라 기온이 증가하는 기온역전이 일어난다. 이는 고도 약 15~40 km에 존재하는 오존이 태양의 자외선을 흡수하기 때문이다.

2. ③

대기압은 고도 10,000 ft 까지 1,000 ft 당 약 1 inHg의 비율로 감소하여, 18,000 ft에서의 대기압은 해면 대기압의 약 1/2이 된다.

3. ②

비습(specific-humidity)은 1 kg의 습윤공기 속에 포함된 수증기의 질량(g)을 말한다.

4. ④

전선 저기압인 온대성 저기압은 기압경도가 큰 한대기단과 열대기단의 경계에서 주로 발생한다. 온대성 저기압이 발생하기 위해서는 우선 2개의 기단이 접근하여 정체전선을 형성해야 한다. 이후에 중심 기압이 낮아지면서 한랭전선과 온난전선이 형성되고 저기압이 더욱 발달하게 된다.

5. ④

바람은 지구 자전의 영향을 받으며, 지구 자전에 의해 생기는 가상의 힘을 전향력 또는 코리올리 힘(Coriolis force)이라고 한다. 전향력의 크기는 상대속도에 비례하며, 일정한 두 지점간의 상대속도는 위도가 높은 지방일수록 크다. 따라서 전향력은 극 지방에 가까울수록 커지고, 적도 지방에서는 거의 영향을 미치지 않는다.

6. ④

구름을 높이에 따라 분류하면 다음과 같다.

구 분	구름의 종류
상층운	권운(Ci), 권적운(Cc) 및 권층운(Cs)
중층운	고적운(Ac), 고층운(As)
하층운	난층운(Ns), 층적운(Sc), 층운(St)
수직운	적운(Cu), 적란운(Cb)

7. ①

복사안개를 형성하는데 가장 유리한 대기의 조건은 맑은 날씨에 약한 바람(5 kt 미만)과 높은 상대습도이며, 이 조건은 고기압 지배하에 있는 내륙에서 잘 일어난다.

8. ②

바람의 영향으로 생기는 안개는 이류안개와 활승안개이다.
1. 이류안개(advection fog)는 5~15 kts의 바람이 부는 바다와 해안선에서 많이 형성되며, 풍속 15 kts 정도까지는 점점 더 짙어진다.
2. 활승안개(upslope fog)를 형성하고 지속하게 하는 데는 상승 활주하는 바람이 반드시 있어야 한다.

9. ②

시베리아 기단이 동해나 서해를 지날 때 해상의 수증기를 얻어 하층이 다습하고 불안정하여 산맥을 타고 상승할 때는 많은 눈을 내리게 한다. 겨울철에 동해안의 울릉도 및 호남지역에 눈이 많이 내리는 까닭은 이 때문이다.

10. ①

한랭전선과 온난전선을 비교하면 다음과 같다.
1. 한랭전선(cold front): 인접한 두 기단 중 한랭기단의 찬 공기가 온난기단의 따뜻한 공기 쪽으로 파고들 때 형성되는 전선

2. 온난전선(warm front): 온난 공기가 한랭 공기 쪽으로 이동해 한랭한 공기 위로 상승할 때 형성되는 전선

11. ③

온난전선 통과 후 기온은 상승하고, 기압은 하강한다.

12. ③

뇌우의 단계 및 특징은 다음과 같다.

단계	특징
발달기(적운기) (Cumulus Stage)	• 강한 상승기류 발생 • 적운 성장
성숙기 (Mature Stage)	• 상승기류와 하강기류 공존 • 강수 시작
소멸기 (Dissipating Stage)	• 하강기류 우세 • 강수 약해짐

13. ①

어는 비(freezing rain)가 내리는 기상환경에서 비행 시에 구조적 착빙이 가장 빠른 속도로 발생하고, 심한 착빙(severe icing)이 예상된다.

14. ③

최대풍속에 따른 태풍의 분류는 다음과 같다.

34 KTS 미만	34~47 KTS	48~63 KTS	64 KTS 이상
열대저기압 (Tropical Depression)	열대폭풍 (Tropical Storm)	강한 열대폭풍 (Severe Tropical Storm)	태풍 (Typhoon)

15. ②

산악파(mountain wave)의 발생조건은 다음과 같다.
1. 산정을 지나는 풍속의 수직성분이 25 kt 이상이어야 함
2. 풍향은 산맥의 축에 수직으로 45° 이내로 불 것
3. 산정의 상부에 안정층이 존재할 것

16. ④

산악파 지역 비행절차는 다음과 같다.

1. 산악파가 있는 지역을 우회하기 어려울 때는 산악의 높이보다 최소한 50%(1.5배) 이상 높은 고도로 비행해야 한다.
2. 산맥에 접근할 때는 45° 정도의 각도를 유지한다.
3. 강풍 시에 풍하측에서 산맥에 접근할 때는 충분히 먼 곳에서 상승을 개시할 필요가 있다.

17. ③

일기도에서 등압선의 특성은 다음과 같다.
1. 등압선은 반드시 폐곡선이 되든가 아니면 일기도의 가장자리에서 끝나게 된다.
2. 등압선은 서로 교차하거나 도중에 두 갈래로 갈라지지 않는다. 또한 두 등압선은 한 등압선으로 합쳐지지 않으며 도중에 끊어지지도 않는다.
3. 대칭적인 두 고기압이나 두 저기압 사이에는 같은 기압값의 두 등압선이 서로 마주보나 흐름은 서로 반대 방향이다.

18. ④

문제의 일기도에서 선 A와 C는 기압골(trough), 선 B와 D는 기압능(ridge)을 나타낸다.

19. ①

안개의 상태를 나타내는 부호는 다음과 같다.

부호	상태 종류
MIFG	지상 2 m 높이에서의 시정은 1,000 m 이상이지만, 지면으로부터 2 m까지의 안개층을 통해서 볼 수 있는 시정이 1,000 m 미만일 때
VCFG	관측장소에는 없으나 공항 인근지역의 안개를 관측했을 때
BCFG	산재한 안개 덩어리를 보고할 때
PRFG	안개가 공항의 일부지역에 끼어있음을 보고할 때

20. ③

200 mb와 300 mb 상층 일기도의 분석요소는 다음과 같다.
1. 200 mb: 등고선, 등온선, 등풍속선(Jet 분석)
2. 300 mb: 등고선, 등온선, 등풍속선(Jet 분석), 기압능/기압골

21. ①

난류(난기류, turbulence)를 표시하는 기호는 다음과 같다.

구 분	기 호
보통 난류(moderate turbulence)	∧
심한 난류(severe turbulence)	⋀⋀

22. ②

특별관측보고(SPECI)는 정시관측 사이에 특정 기준값 이상의 변화가 있을 때, 해당 기상현상 또는 그 복합현상이 시작, 종료 또는 강도의 변화가 발생할 때 실시한다.

23. ②

시정의 보고단위는 다음과 같다.
1. 시정은 우세시정을 4자리의 숫자를 사용하여 m 또는 km 단위로 보고한다.
2. 〔ICAO〕시정의 거리는 SM 단위로, 그 밖의 모든 거리는 NM 단위로 표시한다.

24. ②

그림과 같은 weather depiction chart 기호에서 노점온도는 8℃, 기온은 -3℃이다.

25. ③

변화지시자 BECMG에 따른 의미는 다음과 같다.
1. BECMG 0203 2000: 02시에 변화가 시작되어 03시에 시정은 2,000 m 이다.
2. BECMG FM0600 3000: 06시에 변화가 시작되며, 예보기간의 종료시간에 시정은 3,000 m 이다.
3. BECMG TL1030 2000: 10시 30분에 시정은 2,000 m 이다.
4. BECMG FM1030 TL1130 3000: 10시 30분에 변화가 시작되어 11시 30분에 시정은 3,000 m 이다.

자가용/사업용/운송용 조종사를 위한

항공기상 필기

1판 1쇄 발행	2022년 8월 10일
2판 1쇄 발행	2024년 3월 20일
2판 2쇄 발행	2025년 4월 2일

지은이 | 편집부
펴낸이 | 김명선
펴낸곳 | 항공출판사
등 록 | 2022. 7. 4(제25100-2022-000042호)
주 소 | 경기도 부천시 경인로 605 103동 2401호
문 의 | 항공출판사 네이버 카페(Cafe.Naver.net/aerobooks)

정 가   18,000원
ISBN 979-11-979475-2-0 93550

※ 항공출판사의 서면 동의 없이 이 책을 무단 복사, 복제, 전재하는 것은 저작권법에 저촉됩니다.
※ 파손된 책은 구입한 곳에서 교환해 드립니다.

Copyright©2022 aviation books. All rights reserved.